为水泥事业健康工作五十年
——张振昆学术专利文集

张振昆　著

中国建材工业出版社

图书在版编目（CIP）数据

为水泥事业健康工作五十年：张振昆学术专利文集/
张振昆著. --北京：中国建材工业出版社，2023.6
ISBN 978-7-5160-3695-2

Ⅰ. ①为… Ⅱ. ①张… Ⅲ. ①水泥—工程技术—文集
Ⅳ. ①TQ172.6-53

中国国家版本馆CIP数据核字（2023）第005620号

为水泥事业健康工作五十年——张振昆学术专利文集
WEI SHUINI SHIYE JIANKANG GONGZUO WUSHINIAN — ZHANGZHENKUN XUESHU ZHUANLI WENJI
张振昆　著

出版发行：中国建材工业出版社
地　　址：北京市海淀区三里河路 11 号
邮政编码：100831
经　　销：全国各地新华书店
印　　刷：北京天恒嘉业印刷有限公司
开　　本：787mm×1092mm　1/16
印　　张：20.75
字　　数：500 千字
版　　次：2023 年 6 月第 1 版
印　　次：2023 年 6 月第 1 次
定　　价：**298.00 元**

张振昆，1947年1月出生，毕业于台北科技大学机械工程专业。

1968年加入亚洲水泥，历任亚洲水泥台湾新竹厂主管工程师、亚洲水泥台湾花莲厂工务组主任、首席副厂长。历任江西亚东水泥公司厂长、首席副总经理兼筹建处主任、总经理，四川亚东水泥公司总经理，湖北亚东水泥有限公司总经理，黄冈亚东水泥有限公司总经理及兼任亚洲水泥（中国）副执行长兼技术总监。

现任台湾亚洲水泥董事、亚洲水泥（中国）执行董事兼行政总裁、江西亚东水泥有限公司董事长。自2022年5月10日升任执行长以来，负责亚洲水泥（中国）公司营运及高阶管理事务。先后主导规划建设了亚洲水泥（中国）12条大型新型干法短窑生产线。在水泥行业从事生产技术研究、企业管理50多年，是业内著名技术专家。

• 主要荣誉

2008年全国优秀总工程师　　　　2016年江西省优秀企业家

2014年九江市优秀企业家　　　　2017年瑞昌市优秀企业家

2016年九江市劳动模范　　　　　2018年瑞昌市优秀管理人才

2016年九江市十大企业领军人物

• 论文发表

2001年在德国KHD学术研讨会上发表 *The New 4200 t/d Clinker Production Line of Jiangxi Ya Dong Cement Co. Ltd. P.R. of China*

2001年在德国KHD学术研讨会上发表 *From Clinker to Slag and Limestone-this Grinding Plant fits all*

《分磨砂岩粉与石灰石粉配置生料粉技术应用实践》

《超级微晶耐磨陶瓷辊套及陶瓷衬板在亚东水泥大型立磨应用》

《江西亚东低氮燃烧脱硝技术应用实践》

《水泥厂执行超低排放脱硝脱硫解决方案探讨》

《利用高镁废石烧制优质熟料，提高矿山资源综合利用率》

2018年在德国GLOBAL CEMENT国际期刊上发表 *Successful Operation Merits of Cement Short Rotary Kilns in Asia Cement (China) Holdings Corporation*

《漫谈水泥生产品质的系统规划和精细管理》

《利用高镁废石烧制优质熟料，提高矿山资源综合利用率》

• 主要研究成果

分磨砂岩粉改善生料易烧性提高熟料产量和品质

主导规划设计国内第一条双向曲线输送皮带机

主导规划设计国内第一套水泥装卸船管带机输送设备

江西亚东五六线无氨脱硝创新技术

散装水泥装船精准计量筒称技术

黄冈亚东水泥有限公司石灰石高镁配方生产优质水泥

• 获得专利

散装水泥称量系统实用新型专利，专利号：ZL201820227208.0

水泥生产装置实用新型专利，专利号：ZL201820240368.9

脱硝装置实用新型专利，专利号：ZL201820368441.0

窑口防护装置实用新型专利，专利号：ZL201820777269.4

尾气处理装置实用新型专利，专利号：ZL201820857163.5

水泥卸船装置实用新型专利，专利号：ZL201821210927.8

下坡式皮带传输装置实用新型专利，专利号：ZL201820999164.3

输送设备实用新型专利，专利号：ZL201821050275.6

高效螺旋输送混合搅拌器发明专利，专利号：ZL201810176083.8

一种水泥熟料生产方法发明专利，专利号：ZL201810060556.8

看似寻常最奇崛

——为张振昆先生《为水泥事业健康工作五十年》一书作序

　　张振昆先生，应该是国内外目前还在水泥生产管理岗位上的年纪最大的老水泥人了。他 1947 年出生，早年毕业于台北科技大学，1968 年加入亚洲水泥公司，一直追随 100 岁高龄荣退的亚洲水泥老董事长张才雄先生，一干就是 55 个年头；现今仍然担任亚洲水泥（中国）控股公司执行长兼江西亚东、武汉长亚航运董事长。振昆先生既是资深企业管理者，也是高级技术专家，环视行业圈内，能在企业连续工作 40 年以上的已是屈指可数，而能将自己一生事业的技术专利、论文汇集出版的更是绝无仅有。这本书的出版体现了老一代水泥技术专家对科技创新的永恒冲动，彰显了水泥人对事业和情感的责任担当。

　　振昆先生在亚洲水泥（中国）公司工作期间，曾获得全国水泥企业优秀总工程师、江西省优秀企业家、国家科技进步三等奖等多项殊荣，获得一系列独具匠心的国家发明和实用新型专利，发表了近 20 篇水泥技术论文。振昆先生担任过多家水泥生产企业的厂长、总经理，现在还是亚洲水泥集团执行董事、执行长，负责集团的生产技术及研发活动。可以说，振昆先生是一位极其优秀的技术型的企业管理者，他的成就让众多水泥企业生产经营管理者仰望而不可及。

　　《为水泥事业健康工作五十年》的书名实在是寓意深刻。我以为"水泥事业"和"健康工作"最有意义，看似平淡，实有升华。"水泥事业"是指一个人在水泥工作岗位上取得的成就和贡献，创造出有益的社会价值。事业成功要靠对事业的热爱并为之付出时间和精力来追求进步和创新。"健康工作"应不仅仅指身体健康，还应保持健康心态、健康精神面貌从事水泥工作。振昆先生同时做到了这两点，这就是他水泥人生的辉煌。

　　工作是事业，事业靠健康，健康在心态，心态源于文化。

本书的出版，是中国水泥行业先进文化的弘扬，更是水泥行业精神文化的产品。

中国水泥行业正经历着历史的转折时期，并向着更高的目标迈进，愿更多的水泥企业管理者把自己的"水泥人生"留下来，启迪后人，为行业发展史留下浓重的一笔！

2023 年 5 月于北京

目　录
CONTENTS

中国水泥网人物专访

　　中国水泥网 2018 年对张振昆进行人物专访，撰稿《专访著名技术专家张振昆：漫漫五十一年的水泥工业老兵》，文章刊登于 2018年第 2 期网刊。

亚泥（中国）执行董事、
副行政总裁兼技术总监
张振昆

专访著名技术专家张振昆：
漫漫五十一年的水泥工业老兵

人物专访刊登于中国水泥网 2018 年第 2 期网刊

江西省位于沿长江经济带和沿京九经济带的交汇点，同武汉城市圈、长株潭城市群、皖江城市带共同构成中部地区经济增长极，在我国乃至全球生态格局中都拥有十分重要的地位。这片赣鄱大地，是古代书院的起源地，南昌起义、秋收起义的发起地，从"小平小道"出发，中国特色社会主义事业不断从胜利走向新的胜利，因此这里也被称为"中国革命的胜利福地"。

张振昆：毕业于台北科技大学的机械工程专业，1968 年加入亚洲水泥集团，1997 年11 月加入亚泥（中国），现任亚泥（中国）执行董事、副行政总裁兼技术总监。

在海峡两岸日益密切的友好交往与经贸合作中，孕育了一批又一批优秀的企业家，水泥工业也不例外。作为江西大型台资企业，江西亚东兴建于 1997 年，在有"三省通衢"之称的瑞昌，坐拥丰富的矿产资源，北襟长江"黄金水道"，东连我国对外开放港口城市九江，交通便捷，信息灵通。仁者爱山，智者爱水。江西亚东凭借得天独厚的先天之便，其现代化的生产技术和永续发展的经营理念早已声明远播，也使得水泥工业领域的这颗璀璨之星誉满海内外。

在新时代，我国水泥工业几乎同步把握了世界新型干法水泥生产技术的发展脉搏。伴随着改革开放经济发展的大浪潮，水泥生产实现由落后技术向先进技术的跨越，一大批水泥工业企业家和技术专家通过他们的智慧和勤奋以独特的方式诠释着行业的发展和变迁，把我国水泥工业推向新的时代。

• 一流技术铸造一流品质 细化水泥工业顶层设计

张振昆先生已经从事水泥行业研究五十一年，虽年过古稀，但他对技术研发依然保持充分的热情和执着。在台湾新竹及花莲厂工作三十余年后，先后又经历了 2005 年瑞昌地震和 2008 年的四川"5·12"特大地震，五十年如一日深耕水泥工业制造技术，如今仍然坚守在江西亚东的生产第一线。

　　新建厂看4万张图纸，系统性动态设计企业经营战略，工业发展与环境保护可并行不悖。他是一名水泥工业老兵，更是一名当之无愧的技术行家。

　　自江西亚东水泥公司第一条日产熟料5000t新型干法水泥生产线于1997年12月动工以来，亚泥在大陆共建设了12条短窑生产线。生产线主设备采用国际知名品牌"点菜式"配置，同时根据已经投产生产线使用的经验对后续的生产线设备进行优化改进。通过优化配置、不断摸索总结，并将短窑系统配置逐步完善，使各项指标均处于国内国际领先水平。

　　在技术方面，张振昆是一个"完美主义者"。在中国水泥网总经理江勋和记者一行走访江西亚东期间，张振昆展示了很多"创新技术发明"，这些均由他亲自主导设计，并与设备供应商充分交流论证以达最优效果。

江西亚东短窑

　　从原材料选取到水泥出厂至终端用户，江西亚东的设计处处充满着"科技感"。矿山开采选用美国卡特彼勒设备和瑞典的阿特拉斯钻机，年开采量达1900万吨，充分利用高附加值的CaO和MgO资源，动态调整原材料级配，同时发展骨料产业。此外，还大力推进绿色矿山建设，对残留边坡进行复绿，未来还计划在矿山周边发展生态农业，开发畜牧养殖、果树栽培、蔬菜种植和观光旅游，将矿山打造为一体化的风景区。

双向曲线皮带长廊

张振昆自主开发设计的翻转皮带长廊也是一项"神器",连接矿山和江西亚东二厂的石灰石下坡节能发电带运机,总长 3.6km,运送 1500t/h,发电量 300(kW·h)/h,利用重力势能发电,回程皮带实现翻转,让与料接触的皮带面一直朝上,干净环保。二厂至码头间的双向曲线输送带运机,横跨两厂、居民区和工厂直至港口,总长 2.92km,上行送熟料至码头 1000t/h,回程送多种原燃料至二厂 600t/h,高效节能,变频控制速度,耗电不到 0.5(kW·h)/t。

回程皮带实现翻面

节能环保方面,无氨脱硝、六级预热器、分磨砂岩、新型微晶陶瓷耐磨材料、新型高效率推棒式冷却机等新型技术也让人眼前一亮。其中,无氨脱硝采用煤粉缺氧燃烧,产生的一氧化碳,在缺氧环境下还原氮氧化物,脱硝效率达 60%~70%,硬质砂岩和石灰石分开研磨,再依指定细度与配比均化后促进 SiO_2 与 CaO 颗粒之间在窑中的固态扩散反应速率,提升 C_3S 活性,进而提升熟料稳定性和品质;耐磨陶瓷辊胎和水泥磨陶瓷球的成功运用,则使水泥生产成本进一步降低,窑头窑尾采用耐高温袋式收尘机,使粉尘排放量低于 $10mg/Nm^3$,实现超低排放。

在强大的智力支持和技术支撑下,江西亚东的水泥品质自然也获得广大客户和同业的认可。"水泥建筑物要承受 50 到 100 年才对,这是永久性建筑。"品质和安全性张振昆先生都尤其注重,他指出江西亚东生产的水泥均富余一个强度等级,高质量发展将是他们当前和今后任何一个时期的主旋律。

• 纵横长江中下游 上海升为一级战区

由于"洋房牌"水泥良好的口碑,在长江沿岸沿海和南昌地区,江西亚东成为雄踞在赣鄱大地的一方霸主。与此同时,基于得天独厚的水运优势,江西亚东可以辐射几亿人口的范围，即便运输到上海地区，运费也仅需每吨 20 元，超低的成本为企业的核心竞争力提供了基本保障。

便利的水运是江西亚东最明显的优势之一，为了充分地"扬长"，企业也做了大量的工作。江西亚东选用自动插袋准确率 98% 的 HAVER IBAU 八嘴包装机及喷射式自动插包机，通过年装卸量 1800 万吨专用码头的精准计量系统，配合螺旋铰刀等高效率装卸设备，完全实现现代化自动系统，实现了将产品远销长江沿岸甚至美国。

张振昆还表示，由于上海是高阶市场，借助布局在上海区域的中转库和搅拌站，2018 年将调整上海为一级战区。

当大风来的时候，有人垒墙，有人建风车。江西亚东属于后者。在日益趋严的环保大形势下，工业和信息化部又出台《水泥玻璃产能置换办法》，张振昆认为未来淘汰产能的速度会加快，市场将更为规范，未来市场的竞争主要将是环保、品质、成本的竞争。他还指出，行业需要进入竞争与合作的良性发展。

江西亚东厂景

市场方面，张振昆对于未来需求充满信心。他预计 2018 年全国的水泥需求将与去年持平，受城镇化推进、地下管廊等基础设施建设拉动，未来至少仍有五年需求将维持乐观水平。

价格方面，他认为 2018 年水泥价格仍然将维持高位。前期市场出现熟料水泥价格倒挂现象，他认为这不是常态，未来水泥价格将更趋于稳定，"未来的熟料价格我们认为在 350~380 元 /t 左右是合理的位置，水泥价格在 400 元 /t 是合理的"。

• 多产业联动 打造水泥产业航母

水泥厂管理有很多窍门，张振昆运筹帷幄，深谙权衡各产业间的平衡。

在江西亚东，由于企业内部规定石灰石原料中 MgO 含量一定要低于 1.5%，每年可能面临丢弃 150 万吨高 MgO 石灰石，为此黄冈亚东还曾出现过矿山堆积 450 万吨废土石的困境。鉴于这种情况，张振昆对生料配比进行整改，优化熟料烧成操作，将黄冈亚东包括湖北亚东的三条窑石灰石原料中 MgO 含量控制在 2.5%~3% 之间，此举使得石灰石矿山寿命增加 8 年，产值增加几亿，开采成本降 2.5 元 /t。

江西亚东充分利用不同品类矿石的特点，高 MgO 石灰石用作骨料，高 CaO 石灰石制作水泥，为企业带来了丰厚的利润回报。即便如此，张振昆认为水泥主业仍然是他们最应该专注的方向。

基于未来水泥行业的发展和日益趋严的环保趋势，前瞻科学性的决策是江西亚东做强水泥主业的关键之一。当然，在近年来水泥行业逐步兴起的水泥窑协同处置城市垃圾及危险废弃物，江西亚东同样成效显著。

江西亚东积极协助地方政府处置房屋拆迁建渣垃圾，将建渣垃圾磨细作为水泥磨混合材使用，降低生产成本，善尽企业社会责任。张振昆说："欧洲水泥厂替代燃料比例高达 80%~100%，大多数水泥厂全部使用替代燃料，不使用煤炭，具有明显的经济效益和环保效益，未来这将是水泥企业环保发展的一个大趋势"。为此，江西亚东水泥公司也正在积极配合九江市、瑞昌市政府规划建设水泥窑协调处置生活垃圾和危险废弃物项目，亚泥（中国）下属各公司也在规划固废危废处置项目。

为做好水泥窑协同处置生活垃圾和危险废弃物，张振昆还对飞灰三级漂洗技术、垃圾发电技术等进行了深入的调查研究。张振昆告诉中国水泥网记者，飞灰漂洗后可以用于制作工业钾盐、钠盐，进行废水处理后，余渣还可进行固化、滤干处理，制作成颗粒状用作水泥厂原料，经水泥窑 1400~1500℃高温处理完全杜绝二噁英、重金属污染。

"垃圾处理是民生工程，我们有责任有义务和政府携手，这对子孙后代是有利的"，张振昆表示。

2018 年是实施"十三五"规划的中期阶段，高质量、高水平的精细化发展已经成为全要素生产的大趋势。江西亚东在多产业积极联动的综合布局下，不断挖掘企业的创新活力，不偏不倚，为企业快速、健康发展提供了坚实的基础，为成为水泥工业领域航母不断积攒能量。

张振昆

• 实施人才战略　引领创新发展

　　人才资源是经济社会发展的第一资源，企业的竞争归根到底还是人才的竞争。

　　作为一位五十余年专注于技术研发的水泥工业老兵，张振昆精心培养并塑造了一支高技术水平的精英团队。他特别指出，将致力于弘扬"亚东以瑞昌为家、瑞昌以亚东为荣"的文化，同仁的小事就是总经理的大事，提升每一位员工的幸福感，让厂区成为每一位员工的家。

　　据张振昆介绍，江西亚东十分强调企业的永续经营，除了从台湾来的高层之外，公司十分注重本土化人才的培养。目前，应届毕业生的比例在中基层中占40%左右。张振昆认为，他们可塑性强、培训接受的能力快、认知度强，在经过学习、培训之后能够更快地认同企业文化，部分已经到了副理、经理甚至副总

讨论工作

级。"用心投入，没有学不会的东西"，张振昆介绍每年企业还会组织员工参加很多内部和外部培训，他们更注重团队之间的合作，而不仅仅是培养个人精英。

　　在中国水泥网"2017年中国水泥熟料产能百强榜"中，亚泥入选全国前十、六大区域产能排行榜前十。在企业发展进程中，江西亚东积极承担社会责任，援建亚东希望小学，支持九江瑞昌贫困村庄硬化道路。因高度重视节能减排，还获得了国家工业和信息

化部"清洁生产全国示范企业荣誉称号"，江西省科技厅、省工业和信息化委、省发展改革委、省环保厅联合评定的"2013年度江西省节能减排科技创新示范企业"，江西省环境保护先进企业等荣誉称号。

党的十九大报告中指出，要加快建设制造强国，做好信息化与工业化深度融合这篇大文章，发展智能制造。江西亚东将大力推进智能化工厂升级，"争取3年实现生产车间无人化"，张振昆指出，三班制使得员工作息不规律，未来将逐步实现中夜班无人巡检，完成自动化生产，"自动化虽智能，但我们会下大力气留住高阶人才"。

水泥工业在高速飞驰发展的进程中，不断闪亮着中国制造与中国智慧。从水泥工业老兵到企业的财富，从中国品牌到中国创造，从海峡两岸到开放共享，一个崭新的以创新驱动战略为核心的企业正在不断刷新水泥工业的厚度和高度，走向纵深。

亚洲水泥（中国）控股公司简介

2006年12月1日，四川亚东水泥公司向彭州市捐赠城市建设费用30万元、教育基金50万元及洒水车一辆

远东集团董事长徐旭东一行出席"5·12"汶川地震灾后援建彭州市新兴亚东小学捐赠仪式

2008年5月15日，四川亚东水泥公司向"5·12"汶川地震灾区捐助物资

由亚洲水泥（中国）控股公司大陆管理总部代表捐赠四川地震灾区现金1000万元及物资200万元

一号窑竣工投产开业典礼捐赠给新洲区政府 医疗设备及文化下乡演出设备 经费合计人民币100万元

由台湾亚东医院和四川亚东水泥公司共同前往"5·12"汶川地震重灾区实行医疗救助及灾区服务

1998年，筹建中的江西亚东水泥公司以母公司亚洲水泥公司名义向洪水灾区捐款100万元

黄冈亚东抗洪救灾捐赠水泥3500吨，价值100万元

　　亚洲水泥（中国）控股公司（以下简称公司）系于2004年4月在开曼群岛注册成立，下辖一贯化水泥制造厂、研磨厂、水泥制品厂、运输公司及投资公司五大类型合计共21家公司及3家策略合作伙伴公司（占股小于或等于50%），资产总额近200亿人民币。2008年5月20日，公司成功于香港主板上市，代号0743。

　　自江西亚东水泥公司第一条日产熟料5000吨新型干法水泥生产线于2000年7月成功点火投产以来，先后又在江西九江、四川成都、湖北武汉及黄冈等地共有九条自行建设的同型生产线竣工投产，2013年9月及2014年1月，江西亚东两条日产熟料6000吨之新型干法水泥生产线也加入运营，加上2010年收购的武汉亚鑫水泥公司及2014年收购的四川兰丰水泥公司，目前公司旗下合计有15条从日产3000吨到6000吨熟料的各类新型干法水泥生产线同步运行，年产水泥达3500万吨，2017年经中国水泥协会评核，位列国内熟料产能与水泥综合实力第10名。

　　公司秉持远东集团"诚、勤、朴、慎·创新"的企业精神，传承台湾经验，致力在大陆建造高环保、高品质、高效率、低成本之"三高一低"的大型现代化模范水泥厂，为企业永续发展奠定良好基础。一直以来，公司均以"工业发展与环境保护可并行不悖"的理念，采用先进的预热预煅式旋窑设备，配合废热回收发电技术，有效节约能源，除引进先进的收尘设备，有效控制落尘，使之远低于国家标准外，每单位产品综合能耗也处于水泥企业能耗的先进行列，至于利用电厂、钢厂的废弃物如水渣、各类矿渣、脱硫石膏、粉煤灰等每年也高达数百万吨。公司还投入大量的人力、物力，致力于污水处理、矿山复育和环境绿美化，尽量保留各种原生植物，厂区矿山绿化成果绩效卓著，广受政府及社会专业机构之肯定，多次获颁能源节约及矿山开采先进企业和环境保护模范企业等奖项，誉满海内外。

　　展望未来，公司下辖之江西亚东、湖北亚东、武汉亚东、黄冈亚东、扬州亚东均临江而建，并沿长江向外辐射，而位于四川成都之四川亚东与四川兰丰，则拥有都会地利之便，配合政府开发中西部之政策，使公司已然成为长江中下游及西南（成都）地区主要的大型水泥企业集团，在武汉、九江、南昌、扬州、上海、成都等地，公司产品——洋房牌水泥，已系高品质水泥的代表，今后仍将继续选择合适机会，希望经由自建、并购或策略合作，继续做大做强，努力达成 5000 万吨总产能的最终目标，为国内大力推展的城镇化和各项建设作出水泥企业应有的贡献。

亚泥（中国）重大活动照片

2000年亚泥（中国）第一条旋窑（江西亚东一号窑）点火仪式

2003年9月江西亚东二号窑点火仪式

2013年9月江西亚东五号窑点火仪式

2014年1月江西亚东六号窑点火投产典礼

集团远东精神奖

　　远东集团每年开展"远东精神奖"评选活动，分为佳作和优等奖，得奖者将于远东关系企业联席会议中接受公开颁奖表扬。

　　张振昆作为技术团队负责人，带领生产及工程技术人员，秉持"诚、勤、朴、慎·创新"的企业精神，开拓进取，不断创新。2013—2018年获得四项远东精神奖，其中一项佳作奖、三项优等奖。

2013 远东精神奖申请表（获得佳作奖）

案件名称	全国首创砂岩分磨改善烧成技术成功应用		
申请公司	江西亚东水泥公司	团队人数	☐ 团体：6 人

联络人数据

姓名		公司电话	
职称		移动电话	
电子邮件信箱			

团队成员

单　位	姓　名	职　称
亚泥中控技术研发部	李绍先	经理
亚泥中控技术研发部	王玉田	副经理
江西亚东水泥公司	朱新锋	主任
江西亚东水泥公司	方泽森	主任
江西亚东水泥公司	沈国军	主任
江西亚东水泥公司	卢春林	副主任

具体事迹

事迹摘要	（请重点摘要案件内容，限 200 字以内） 　　针对江西亚东水泥公司自有花屋矿山的砂岩难磨、难烧、造成熟料产量低，熟料强度下降、预热机结料多等问题，经过试验研究在中国国内首创砂岩单独分磨改善烧成工艺。2012 年 11 月 18 日砂岩分磨系统建成投产，运行后生料易烧性大幅改善，#3、#4 窑熟料日产量增加 150~200t，熟料 28d 强度增加约 2MPa，进一步节约了能源消耗，降低了生产成本，同时预热机结料情况也明显改善，降低了人员捅料的劳动强度，此工艺将在 #5、#6 线继续推广
具体成效 起始日期	（事迹之具体成效必须发生于 2012 年 8 月 1 日至 2013 年 7 月 31 日） 2012 年 11 月起
事迹发生经过具体说明 （建议可包含以下 4 个部分： 1. 案件目的或动机 2. 背景描述 3. 解决办法 4. 具体效益）	**一、案件目的** 　　中国国内水泥市场竞争激烈，市场供大于求，水泥市场竞争的核心是质量和成本，为提高公司"洋房牌"水泥竞争力，江西亚东水泥公司不断对生产流程进行创新优化，对原材料进行整理整顿，通过整顿原料发现公司自有矿山砂岩难磨难烧，存在熟料产量低，熟料强度下降问题，经过中控技术研发部和江西亚东生产技术团队的反复试验论证，将砂岩单独分磨可以改善熟料烧成，提高熟料强度，降低生产成本，提升公司产品竞争力。

具体事迹

事迹发生经过具体说明

（建议可包含以下 4 个部分：

1. 案件目的或动机
2. 背景描述
3. 解决办法
4. 具体效益）

二、背景描述

江西亚东水泥公司生料配料时使用公司自有矿山砂岩作为硅质校正原料，公司自有硬质砂岩（主要是含 SiO_2）难磨难烧，公司按传统工艺研磨生料时大于 200μm 者超过 1.0%，超过 200μm 粗颗粒中大部分来自砂岩中的 SiO_2，在实际生产中存在熟料煅烧困难，熟料质量下降等问题。

三、解决办法

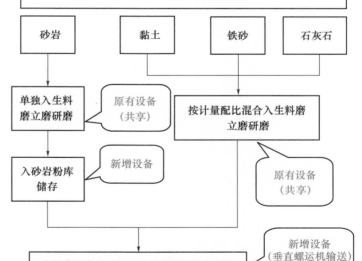

传统水泥生料磨制过程是砂岩、黏土、铁砂、石灰石按配比混合进入生料磨研磨，通过调整选粉机转速控制成品细度为 75μm 筛余 15%~17%，成品进入

	具体事迹
事迹发生经过具体说明 （建议可包含以下 4 个部分： 1. 案件目的或动机 2. 背景描述 3. 解决办法 4. 具体效益）	生料库均化，均化后的生料进入预热器进行脱酸再入窑煅烧。由于四种原料研磨指数不同，混合研磨时好磨的原料会磨得很细，难磨的原料如砂岩会有许多粗颗粒，砂岩难磨且含有石英硅，因此生料成品中粗颗粒大部分是砂岩，未磨细的石英硅对熟料煅烧造成非常大的负面影响。公司经过反复试验论证，将砂岩单独入生料磨研磨，75μm 筛余细度控制更细，成品入砂岩粉库储存，黏土、铁砂、石灰石三种原料混合入生料磨研磨，简称为"石灰石粉"，75μm 筛余控制更粗，石灰石粉研磨后的半成品再与研磨好的砂岩粉按配比进行搅拌混合，混合好的生料再入生料库均化。砂岩单独粉磨系统只需要增加储存砂岩粉用的铁库和搅拌混合设备，其他设备可以共享，不需要新建。每次单独研磨砂岩粉 15h 左右至砂岩粉库高料位，再磨石灰石粉，在研磨石灰石粉时按配比与砂岩粉进行搅拌混合入生料库。 水泥熟料煅烧主要化学反应如下 $$SiO_2 + 2CaO \longrightarrow C_2S$$ $$C_2S + CaO \xrightarrow{\text{液相}} C_3S$$ 　　200μm 以下细颗粒 SiO_2 所形成的 C_2S 基质粒径小，与 CaO 反应生成 C_3S 的转化率高，反应所生成的 C_3S 晶格小；而大于 200μm 粗颗粒 SiO_2 所形成的 C_2S 基质粒径大，与 CaO 反应生成 C_3S 基质粒径大且转化率低，容易产生 f-CaO，反应所生成的 C_3S 晶格大。砂岩分磨后生料中粗颗粒 SiO_2 的含量大于 200μm 者为 0%，大于 125μm 者为 0.52%，因此砂岩分磨后降低了 SiO_2 的细度，改善了生料的颗粒级配，生料易烧性得到大幅提升，熟料产量和质量得到明显改善，窑熟料日产量增加 150~200t，熟料 28d 强度增加约 2MPa。 **四、具体效益** 　　2012 年 11 月 18 日开始进行 #4 生产线砂岩的分磨，配制的生料于 11 月 21 日入 #4 窑试烧，#3 生料磨于 2013 年 1 月 16 日也开始研磨石灰石粉掺配砂岩粉配料，于 1 月 18 日入 #3 窑试烧，经过摸索、调整，目前 #3 生料磨、#4 生料磨研磨及 #3、#4 窑烧成均已稳定，实际经济效益分析如下： 1. #3 窑熟料日产量提高 150t，#4 窑熟料日产量提高 200t，#3 窑、#4 窑每年增产熟料 106012t，以每吨熟料综合效益 31.5 元计算，每年效益为 334 万元。 2. 因 #3 窑熟料日产量增加 150t，#4 窑熟料日产量增加 200t，熟料耗电降低约 0.5kW·h/t，每年节约电费为 340 万元 ×0.5kW·h/t×0.59 元 =100.3 万元。 3. 砂岩分磨后，#3 窑、#4 窑的熟料 28d 强度较以前增加约 2MPa，以增加 2MPa 计算，研磨水泥时可减少熟料（成本 199 元/t）2%，多配石灰石（11.5 元/t）1% 和矿渣（110 元/t）1%，每吨水泥可以降低成本 199×2%－11.5×1%－110×1%=2.76 元，#3 水泥磨、#4 水泥磨、#5 水泥磨全年预计研磨水泥 300 万吨，因强度提高可降低生产成本 300 万吨 ×2.76 元 =828 万元。 4. #3 生料磨、#4 生料磨可完全使用自有硬质砂岩，不需要高价外购风化砂岩，每吨生料成本可降低 0.375 元，即每年可节约原料费用为 190 万元。 5. 每年砂岩分磨综合经济效益 =334+100.3+828+190=1452 万元。

续表

具体事迹	
远东精神评量 （诚、勤、朴、慎·创新之远东精神，具体表现于以下四大类别，请从中勾选1~2项最符合申请案件之事迹类别，并请详述） ☑前瞻创新 □企业形象 □营运绩效 □积极任事	**诚：** 在竞争激烈的大陆地区水泥市场，我们将创新技术稳步推广，有效提升竞争力，维持优良质量、提高生产效率。我们真心忠诚、积极奉献，为远东集团打造大陆地区水泥市场的优异地位。 **勤：** 中控技术研发部和江西亚东公司生产技术团队勤恳努力，积极做好精细化管理，对砂岩粉分磨生产流程不断更新，不断优化，将新工艺里面的每一个细节做到最好。 **朴：** 通过砂岩分磨工艺，改善生料颗粒级配，提高熟料产量和质量，每年可以创造1452万元人民币经济效益。 **慎：** 为谨慎摸清砂岩分磨后的控制指标，在没有任何可以参考的数据和范例情况下，中控技术研发部和江西亚东水泥公司生产技术团队对砂岩粉细度、石灰石粉细度进行了几十次的试烧试验，通过试烧试验得出可操作的控制指标，对砂岩分磨成功投产起到关键性的作用，试烧报告的背后充满着丰富的讨论实践和孜孜不倦的日夜测试。 **前瞻创新：** 当大多数水泥企业熟料28d强度维持在56~58MPa低水平时，江西亚东水泥公司在中国水泥业首创砂岩分磨工艺，通过砂岩分磨，改善生料颗粒级配，生料易烧性大幅提高，砂岩分磨改善烧成技术取得成功，熟料日产量增加150~200t，熟料28d强度达到58~60MPa，比水泥同业高出2MPa，提高"洋房牌"水泥市场竞争力，目前已经有山水集团等同业前来观摩学习。江西省人民政府科技厅于2013年8月授予砂岩分磨项目为"江西省节能减排科技示范项目"，公司获得江西省政府科技厅颁发10万元人民币奖励金。水泥同业的肯定、政府的表彰大大增加了集团内的士气，足以成为表现远东精神的重要典范，将激励远东人再接再厉、再创辉煌。

推荐人：＿＿＿＿＿＿＿＿＿（签名）

日期：2013年＿＿＿月＿＿＿日

注：所有字段皆必须填写，字段无说明文字可删除。表格可自行延长使用。

《附件》

1. 请提供申请案件相关照片4~6张，并贴于下方表格及简要说明照片意涵。
2. 若有其他佐证资料，如新闻报导、影片、证书等，也可附上。

续表

照片1 新增砂岩粉与石灰石粉强制
搅拌混合设备

照片2 新增砂岩粉库

2014 远东精神奖申请表（获得优等奖）

案件名称	江西亚东二厂熟料、原料双向输送带运机系统创新案		
申请公司	江西亚东水泥公司	团队人数	□ 团体：6 人
联络人数据			
姓名	王玉田	公司电话	0792-4888999
职称	经理	移动电话	18970296650
电子邮件信箱	wangyutian@achc.com.cn		
团队成员			
单　位	姓　名		职　称
亚泥中国技术部设计处	王玉田		经理
亚泥中国技术部设计处	冯湖北		主任
亚泥中国技术部设计处	廖志刚		助理工程师
亚泥中国技术土建处	周武坤		经理
江西亚东	伍美强		主任
江西亚东	殷勇		副主任
案件名称	江西亚东二厂熟料、原煤双向曲线输送带运机系统创新案		

具体事迹	
事迹摘要	为解决江西亚东二厂熟料输送装船、原煤卸船后输送入厂问题，开拓创新，采用新型创新设计，于二厂与一厂之间建造了一条长2932m的双向曲线输送带运机——上层胶带用于将二厂的熟料输送至一厂，同时下层胶带将码头卸船后的原煤及其他原物料输送至二厂。即采用一条带运机同时解决了二厂每年410万吨的原物料及产品的进出厂输送问题。 　　该双向曲线带运机的设计，系全国首创自行设计，较传统的带运机设计，大幅降低投资成本，而且节能减排，有效降低运转能耗
具体成效起始日期	<u>2014</u> 年 <u>4</u> 月起
事迹发生经过	1. 原因 　　1.1 江西亚东二厂设计年产熟料460万吨，建成投产后，每年将有270万吨的熟料需要输送至一厂装船、140万吨的原物料（如原煤、矿渣、钢渣、铜灰渣、石膏等）需要由一厂码头（距离3km以外）卸船后输送入二厂。 　　1.2 每年410万吨的物料吞吐量，颇为艰巨。以传统的输送系统设计，考虑到实际地形及输送需求，需要建造进出厂两套输送系统。其中出厂输送带运机共8条，总长度3251m；进厂输送带运机共10条，总长度3620m。以此设计，带运机总数量18条、总长度达到6871m，还要建造8个转运站，系统繁琐，噪声及结堵料问题造成对沿线百姓的困扰多，建造投资大，运行及维护费用高。 　　1.3 在这种情况下，亚泥中国技术部张总监提出了一个大胆、创新的设计想法——采用一条双向曲线输送带运机，同时解决进出厂物料的输送问题。 　　2. 研究设计过程 　　2.1 一条带运机，上下层胶带同时输送物料，这在全国尚无先例。当时，参与设计投标的国内外多家专业公司均无法提出合理的设计方案。 　　2.2 亚泥中国技术部经过数十次的现场会勘、设计讨论，结合普通带运机、管式带运机、曲线带运机等带运机的设计特点，充分考虑现场地形地貌、多种原物料的不同物理特性，最终确定了设计方案：采用1000mm宽耐热钢丝输送带，上层输送熟料，吞吐量1000t/h，下层输送原物料，吞吐量600t/h，单条带运机总长2932m，沿线转弯半径不足的区域采用U形管带机设计，由3台315kW的马达前后同时驱动。 　　3. 成果 　　3.1 节省投资。如果以传统输送系统设计——两套带运机及8个转运站，投资预算约9150万元。采用新型双向曲线带运机设计，实际投资8073万元，节约投资约12%（1077万元）。 　　3.2 经济效益显著。如果以传统输送系统设计，需要建造带运机18条，装机功率达到1601kW。采用新型双向曲线带运机设计，所需装机功率仅945kW，节约656kW，节约率达到41%。现在实际运转测试电耗，输送每吨原物料耗电约0.86kW·h，如果以传统输送系统设计，输送每吨原物料耗电1.46kW·h，新型设计节约电耗达0.6（kW·h）/t，以每年吞吐量410万吨计算，每年节约用电量达到2460000kW·h，节约电费172.2万元。经济效益颇为可观。 　　3.3 低碳环保，社会效益显著。如果以传统输送系统设计，中间转站众多，每个转站都将产生的扬尘、噪声、结料及堵料等问题。采用新型双向曲线输送带运机设计，全程中间无转站，解决了扬尘问题；选用低噪声滚轮，解决了噪声扰民问题；回程皮带翻转180º使送料面永远向上，解决了漏料问题，皮带下方干干净净。新型双向曲线带运机真正完全做到无扬尘、低噪声、清洁生产、低碳环保，不扰民，敦亲睦邻，彰显公司社会责任感

续表

		具体事迹
远东精神评量	诚	亚泥中国生产技术研发部设计处与承包商，完成全国首次自主设计的双向曲线输送带运机。扩大本集团的综合效益，弘扬远东精神
	勤	亚泥中国生产技术研发部和江西亚东工程人员勤奋努力，积极认真做好现场会勘、地形测量、路线选择等工作，并经过数十次的各项设计会议讨论，终于完成最终方案设计。同时施工团队夙夜匪懈，克服各项施工难题，特别是征地争议、百姓阻扰等，终于在 2014 年 4 月中旬顺利完工，投产使用
	朴	通过新型双向曲线输送带运机的设计建造，产生良好的社会及经济效益，说明如下： 节约投资约 1077 万元。 每年节约用电量达到 2460000kW·h，节约电费 172.2 万元。 低碳环保，完全做到无扬尘、低噪声、清洁生产、不扰民，敦亲睦邻，彰显公司社会责任感
	慎	通过多次的现场会勘、数十次的设计讨论、数以百计的设计计算，谨慎前行，推动项目进展，确保设计方案最优化，确保项目成功
	前瞻创新	以一条带运机同时完成不同物料的双向输送，这种全新的设计在全国尚属首次。当时，为了节约投资，简化设备，减少运行成本，节能环保，果断舍弃传统的成熟设计，积极进取，开拓创新，开发研制新型设计。这正是远东精神的最佳体现
独特性评量		建成后的双向曲线输送带运机，上下起伏、曲折蜿蜒，宛如一条长龙，将江西亚东的一厂、二厂紧密地连接在一起。公司高层领导对此极为重视，都曾到现场参观并驻足合影留念。现在，每有同行到厂参观，也会首选此专案。 显然，这条"长龙"已俨然成为江西亚东二厂建设项目中创新精神集中体现的代表之一

推荐人：＿＿＿＿＿＿（签名）

日期：2014 年＿＿月＿＿日

附件　相关照片

照片1　双向曲线输送带运机——二厂段　　照片2　双向曲线输送带运机——中间段

照片3　双向曲线输送带运机——中间段　　照片4　双向曲线输送带运机——一厂段

2016 远东精神奖报名表（获得优等奖）

案件资料	
案件名称	利用高镁石灰石烧制优质熟料，提高矿山资源综合利用率
申请公司	黄冈亚东水泥有限公司
成员人数	☑ 团体：_8_ 人（2~10 人参与）　　　　□ 个人：仅 ____ 人参与
报名类别 （择一报名）	**限团体报名** 　□ 前瞻创新类：该事迹具备独特性，有领先同业之作为 　□ 企业形象类：该事迹能提升公司形象及名誉 　□ 营运绩效类：该事迹对公司营收、获利绩效、成本节约有重大贡献 　☑ 集团综效类：该事迹由不同公司共同合作，进而提升集团整体绩效 **限个人报名** 　□ 积极任事类：该事迹为超越职责之突出表现

续表

联络人数据			
姓名	杜文斌	公司电话	0713-6543008-7400
职称	主任	移动电话	15926771882
电子邮件信箱			

报名案件成员		
（报名案件之所有成员必须为经理级（含）以下之基层同仁，以10人为限，表格请自行延长）		
单位	姓名	职称
总经理室	刘文元	副厂长
总经理室	李晋翔	助理副厂长
制造组	陈 勇	主任
制造组	罗候东	副主任
采掘组	江先成	主任
采掘组	程博琪	股长
品管组	杜文斌	主任
品管组	甘露生	副工程师

具体事迹	
摘要	（请重点摘要案件内容，限200字以内） 　　黄冈亚东石灰石矿山先天条件不佳，储量中含有大量的低品位石灰石与高镁废石（以下统称剥离物），需要进行大量剥离与抛弃，而大量弃置剥离物更易引发山体滑坡、泥石流等次生地质灾害问题，为利长远发展，公司开展了利用高镁石灰石烧制优质熟料专案，此举乃是大陆水泥公司首创，公司相关人员均审慎应对，历经近一年的努力并克服各种困难，目前已成功实现利用高镁石灰石烧制优质熟料，彻底解决矿山大量抛废问题，达成矿山零排废目标
效益起始 日期	（事迹之具体效益必须发生于2015年8月1日至2016年7月31日期间） 　2015 年 11 月
内容 建议可包含以下4个部分： 一、案件目的（或动机） 二、背景描述 三、解决办法（执行方式） 四、具体效益	一、案件目的（或动机） 　　黄冈亚东石灰石矿山系黄冈亚东公司与湖北亚东公司水泥生产的石灰石原料主要来源，由于该矿山 MgO（氧化镁）平均高达4.2%，若按照原有石灰石品质标准 MgO1.5%~1.8%之要求，则需要丢弃6147万吨剥离物，平均每年需要丢弃200万吨以上。 　　为彻底解决矿山长远发展问题，如何有效提高矿山资源综合利用，已迫在眉睫，而受限于矿山石灰石高氧化镁之先天不利条件，适当提高石灰石氧化镁含量成为唯一解决方案，因此，公司组成技术团队展开了高镁石灰石烧制优质熟料的专案研究，先易后难、逐步推进，同时要兼顾熟料产量与品质，降低矿山开采成本，延长矿山服务年限，提高企业经营效益，为企业永续发展作出正面贡献。

具体事迹

| 内容
建议可包含以下 4 个部分：
一、案件目的（或动机）
二、背景描述
三、解决办法（执行方式）
四、具体效益 | **二、背景描述**

黄冈亚东石灰石矿山从 2010 年开始投入生产，为满足水泥厂对于石灰石的质量要求，每年约需剥离弃置 200 万吨剥离物，才能达到剥采平衡，截至 2013 年已弃置剥离物 400 万~500 万吨，导致矿山三个弃石场均有爆满危机。为此，公司于 2013 年中先投资建设一条年产 100 万吨的建筑碎石加工生产线，每年可回收利用高镁废石约 130 万吨。然矿山长远性的隐忧仍未消除，后在集团公司张振昆总监兼总经理的指导下，于 2015 年 3 月制订了提高石灰石氧化镁含量的政策，希望在不影响熟料产量与质量的前提下，通过调整水泥原料配料之方式，将石灰石中氧化镁含量从 1.5% 提高至 2.5%，按计划每年可消化剥离物约 90 万吨，即可基本实现矿山零排废的终极目标。

三、解决办法（执行方式）

2015 年 3 月开始推动提高石灰石氧化镁含量专案，在 2015 年 8 月至 2016 年 6 月共回收利用 70 万吨高镁废石（详见附表一）。

鉴于氧化镁越高对熟料水泥越不利，按照国标规定熟料氧化镁含量必须小于 5%，且根据国内外相关文献与少数成功案例的经验，提高氧化镁将造成旋窑工况复杂，实施难度极大，因此公司必须小心应对，以利目标的实现，谨将实施过程简述于后。

（1）2015 年 3 月组成技术团队，查阅国内外相关文献与实施案例，邀请集团技术研发部提供技术支持，确认专案项目的可行性，并制订适应高氧化镁的配料方案。

（2）2015 年 4 月至 2015 年 11 月开始将矿山石灰石氧化镁含量逐步提高至 2.35%，在此期间熟料生产遭遇了重大问题，包括预热机系统结料、堵料严重、熟料产量降低，从最高日均 5491t 逐渐下滑至最低日均 5073t，游离钙超限严重、黄心料、粉料偏多，熟料品质波动较大，熟料 28d 强度从最高 58.9MPa 下降至最低 56.6MPa，期间还发生一次因严重堵料被迫停窑检修，但重新开窑后，问题仍然没有得到有效解决。

（3）2015 年 11 月至今，深入检讨前段时间的失败原因与经验总结，重新制定熟料率值 $KH=0.91$、$SM=2.85$、$P=1.50$ 的最佳配料方案，同时加强石灰石原料均化，提高原料稳定性（包括矿山预均化与石灰石大仓均化能力），严格要求砂岩、黏土、铁砂与煤炭的品质指标，增加品管化验次数以便及时调整原料，加强设备巡检与预热机捅料强度，以确保系统通风，强化烧手培训工作，精细化旋窑操作技术，通过以上措施后，熟料产量与质量在 2015 年 11 月起已逐渐恢复至正常水平，并稳定运行至今（详见附表二）。

（4）2016 年 6 月，奉集团张总监指示将公司高镁石灰石烧成的成功经验推广至湖北亚东公司，目前公司供应给湖北亚东的石灰石氧化镁含量已从 1.8% 调高至 2.2%±0.1%，未来将继续逐步提高至 2.4%，目前湖北亚东正在积极调适中。

通过各相关人员的不懈努力，公司已基本实现矿产资源综合利用与矿山零排废的计划目标，效益良好。 |

续表

具体事迹	
内容 建议可包含以下4个部分： 一、案件目的（或动机） 二、背景描述 三、解决办法（执行方式） 四、具体效益	**四、具体效益** 　　本项目成功实施后，主要效益如下： 　　矿山服务年限延长10年，增加石灰石有效储量6147万吨，按每吨石灰石7元利润计算，为集团增加4.3亿元效益。 　　因减少剥离物弃置费用与节省租地费用，每年可产生784万元的直接效益，有效降低矿山开采成本。 　　实现矿山零排废，彻底解决山体滑坡、泥石流等次生地质灾害隐患与二次处理费用，有效提升企业优良形象
远东精神评量	
（案件需具备诚、勤、朴、慎·创新之远东精神，具体表现于"前瞻创新类""企业形象类""营运绩效类""积极任事类""集团综效类"5大类别，请就报名之类别详述，其余4类别请删除）	

　　"营运绩效类"：该事迹对公司营收、获利绩效、成本节约有重大贡献，请就以下三方面进行描述。

　　1. 营收贡献

　　2015年7月至2016年6月共回收利用矿山高镁剥离物70万吨，成功转变为水泥原料，按每吨售价23元（未税）计算，贡献营收 16100000 元。

　　2. 获利贡献（成本节约）

　　（1）延长矿山服务年限10年，增加石灰石储量6147万吨，按每吨石灰石7元利润计算，将为集团增加 4.3 亿元效益（分10年实现）。

　　（2）回收利用高镁剥离物70万吨，每吨弃置费用7.44元，2015年7月至2016年6月共节省弃置费 5208000 元（本项效益已体现在矿山开采成本下降）。

　　剥离物弃置费每吨7.44元，其中采运费每吨5.54元、炸药费每吨1.9元。

　　（3）节省租地（52公顷）费用：

　　为满足6147万吨剥离物弃置堆放，需租用52公顷，租金每年约 430000 元。

　　（因提高石灰石氧化镁含量措施可以满足矿山零排废，使本项费用不发生）

　　（4）上述三项效益合计 435638000 元。

　　（5）本专案无资金投入，营收效益与获利效益随市场价格起伏波动

　　3. 执行困难度

　　（1）使用高镁石灰石时，熟料烧成范围变窄，操作难度加大，生产初期配料方案未及时调整，随氧化镁含量升高，出窑熟料结粒增大不均，飞砂、黄料较多，游离石灰偏高，熟料强度下降。同时，预热机结料严重，窑内通风不畅，因强加煤而造成还原气氛明显，窑尾一氧化碳升高，长厚窑皮，窑皮最长结到24m，窑壳温度最低到130摄氏度，频繁出大球，包黄料，窑况恶化，窑内热工不稳定，多次出现因大料块和结大蛋而停冷却机处理。并出现预热器堵塞等连锁反应，给窑稳定操作带来极大困难，熟料产量降低，熟料质量受到影响。窑尾进料室和上升道结料严重，现场工作人员劳动强度增加。

续表

（2）利用高镁石灰石烧制熟料，需要品质稳定的石灰石，然因矿区断层多、品质变化大，开采过程易发生品质差的灰岩局部集中出露，不易控制品质均匀开采，这给矿山开采工作带来较大的挑战，需要准确的水泥配料方案，缩小原料配料的波动，这也给品管取样化验与配料工作有了更高的要求，而因原料配料波动将造成旋窑热工变化大，需要较高的旋窑操作技术，时刻关注旋窑、预热机与冷却机的变化并及时采取正确措施，才能克服不利因素，确保熟料产量与质量。

推荐人：_____（签名）

日期：2016 年 ____ 月 ____ 日

注：所有字段皆必须填写，字段说明文字可删除。表格可自行延长使用

附件

1. 请提供案件相关照片 4~6 张，并贴于下方表格及简要说明照片意涵。
2. 若有其他佐证资料，如新闻报导、影片、证书等，也可附上。

附表一

年月	自用石灰石（t）			供应湖北亚东石灰石（t）			高镁掺配量合计
	产量	高镁掺配	占比	出厂	高镁掺配	占比	
2015.07	149525	23398	15.6%	256601	27522	10.7%	50920
2015.08	200844	44328	22.1%	215893	15568	7.2%	59896
2015.09	202982	33382	16.4%	211196	18180	8.6%	51562
2015.10	214963	35557	16.5%	247392	13602	5.5%	49159
2015.11	196140	34305	17.5%	278278	26151	9.4%	60456
2015.12	225082	41101	18.3%	250936	21438	8.5%	62539
2016.01	229517	50602	22.0%	245116	19850	8.1%	70452
2016.02	85924	11568	13.5%	109064	6197	5.7%	17765
2016.03	199922	37020	18.5%	369353	24081	6.5%	61101
2016.04	200370	53162	26.5%	329242	24802	7.5%	77964
2016.05	205846	55222	26.8%	332711	24293	7.3%	79515
2016.06	187029	34674	18.5%	341849	23997	7.0%	58671
累计	2298144	454319	19.8%	3188131	245681	7.7%	700000

续表

附表二

月份	石灰石	熟料			
	MgO（%）	MgO（%）	3d 抗压强度（MPa）	28d 抗压强度（MPa）	日均产量（t）
2015.03	1.69	2.27	30.8	58.9	5491
2015.04	1.72	2.48	30.2	58.9	5460
2015.05	1.89	2.69	31.0	58.1	5340
2015.06	1.96	2.58	30.4	56.6	5138
2015.07	2.00	2.62	32.4	57.3	5173
2015.08	2.24	3.03	30.7	57.5	5184
2015.09	2.35	3.36	31.0	57.7	5091
2015.10	2.31	3.16	30.6	58.4	5073
2015.11	2.26	3.12	31.2	58.9	5258
2015.12	2.35	3.29	30.5	58.1	5351
2016.01	2.45	3.45	29.9	58.0	5251
2016.02	2.23	3.36	31.5	57.6	5308
2016.03	2.64	3.81	30.1	57.7	5366
2016.04	2.36	3.55	30.1	57.6	5432
2016.05	2.54	3.68	30.4	59.4	5418
2016.06	2.49	3.28	29.6	—	5395

2018 远东精神奖报名表（获得优等奖）

案件资料	
案件名称	灰岩矿表层土夹石及低钙灰岩综合利用
申请公司	江西亚东水泥有限公司
成员人数	☑ 团体：6 人（2~10 人参与）　　□ 个人：仅 1 人参与

续表

报名类别 （择一报名）	**限团体报名** ☐ 前瞻创新类：该事迹具备独特性，有领先同业之作为 ☐ 企业形象类：该事迹能提升公司形象及名誉 ☑ 营运绩效类：该事迹对公司营收、获利绩效、成本节约有重大贡献 ☐ 集团综效类：该事迹由不同公司共同合作，进而提升集团整体绩效 **限个人报名** ☐ 积极任事类：该事迹为超越职责之突出表现

联络人数据

姓名	汪六生	公司电话	0792-4888999
职称	主任	移动电话	18970253797
电子邮件 信箱			

报名案件成员

（报名案件之所有成员必须为经理级（含）以下之基层同仁，以 10 人为限，表格请自行延长）

单位	姓名	职称
江西亚东水泥有限公司	姚煜国	副经理
江西亚东水泥有限公司	汪六生	主任
江西亚东水泥有限公司	沈国军	主任
江西亚东水泥有限公司	彭守富	助理工程师
江西亚东水泥有限公司	邹孝能	助理工程师
江西亚东水泥有限公司	卢湖飞	助理工程师

具体事迹

摘要	江西亚东水泥有限公司灰岩矿山均为三迭系下统大冶组灰岩，地表以参差不齐的喀斯特地貌为主，尤其在下张灰岩矿山表层有厚达三四米的土夹石料压覆在水泥用灰岩矿上部，影响下部水泥用灰岩的开采。如果剥离丢弃则既增加生产成本又造成资源浪费，同时面临剥离后的土夹石废料无处堆放问题，并可能造成水土流失等对生态环境产生不利影响。 目前国家正在全力倡导建设绿色矿山、科学合理规范化进行矿山开采及综合利用矿产资源。为此，技术总监张振昆先生在 2017 年 9 月份提出由矿山预配黏土，

续表

具体事迹	
摘要	以达成资源综合利用，减少厂内配土量，降低生产成本，实现双赢的创新构想。同时召集生产部门相关人员开会讨论方案的可行性及执行中所遇困难的解决办法，并自 2017 年 9 月开始执行矿山预配黏土方案。通过 9 个月的生产，目前矿山预配黏土已形成标准化，入仓石灰石氧化铝均控制在合理范围，大幅减少厂内黏土使用量，解决了矿山因地表土夹石压矿造成的开采困扰，同时，也有效降低了总体生产成本。 此外，新屋田及下张灰岩矿底板赋存大量低钙灰岩（钙平均 40%，铝 3.0%）。为提升资源综合利用，技术总监提出将低钙灰岩当成配料（代替黏土，提升原料中氧化铝）及利用低钙灰岩生产骨材的构想，并安排品管研发处对利用低钙灰岩生产骨材进行科学试验，研究报告证明方案可行，并进行大胆尝试，目前矿山已经通过储量核实圈定部分低钙灰岩矿量用于生产
效益起始日期	（事迹之具体效益必须发生于 2017 年 8 月 1 日至 2018 年 7 月 31 日期间） 2017 年 9 月
内容 建议可包含以下 4 个部分： 一、案件目的（动机） 二、背景描述 三、解决办法（执行方式） 四、具体效益	**一、案件目的** 本案目的有两个： 1. 系指在矿山破碎石灰石过程中掺配适量的表土至大仓进行均化，以达成入仓石灰石氧化铝符合生产水泥品质要求、减少厂内黏土使用以达到节约综合生产成本之目的。 2. 在下雨不能掺配地表土夹石时，利用低钙灰岩调配入仓石灰石氧化铝，达到工业指标符合生产需求。同时利用低钙灰岩替代优质灰岩生产骨材，延长矿山服务年限。 **二、背景描述** 石灰石矿山表土资源丰富，在开采过程中须先将地表土夹石剥离方能正常开采石灰石，剥离的地表土夹石需找合适的位置分层堆积并进行绿化，以防止水土流失，大幅增加开采成本。为提高资源综合利用率，同时降低生产成本，技术总监张振昆先生在 2017 年 8 月份提出改变生产工艺，由原先由制造车间生料磨配土改成由矿山破碎石灰石时直接预配黏土，既可节省矿山开拓、生态治理及厂内外购黏土的工程费用，同时提高资源综合利用，以达成绿色矿山建设的生产要求。 另，低钙灰岩如不能利用，一方面造成资源浪费，同时开采过程中还需对该部分灰岩进行放坡绿化，造成后期高额治理费用。 **三、解决办法（执行方式）** 地表土夹石因黏性强，易造成破碎机堵料，为此公司专门设计并购买了带有波动棍双锤式破碎机，该系统能够先将土夹石料中的黏土予以筛下，使之不进入破碎机，因此不会造成破碎机堵塞。 同时，双转子锤式破碎机也具备很强的排土能力。在两者的共同作用下，地表土夹石料全部得以入破碎系统并输送到制造厂内石灰石大仓，且入仓石灰石中的氧化铝成分接近配料要求，厂内只需要少量精配黏土，减少了在外采购黏土的量，降低了综合生产成本。（雨天则以低钙灰岩调配氧化铝）

续表

	具体事迹
内容 建议可包含以下 4 个部分： 一、案件目的（动机） 二、背景描述 三、解决办法（执行方式） 四、具体效益	对于低钙灰岩部分，则请中控品管研发处对如何搭配低钙灰岩生产骨材进行研究，包括搭配比例、方式，以及生产出来的成品的压碎值、针片状含量、压强、含泥量等进行测算分析，认为在生产骨材时可搭配 30% 的低钙灰岩。另外，也请江西亚东品管组研究利用低钙灰岩调配入仓石灰石氧化铝的可行性，经过研究，发现搭配低钙灰岩可有效解决雨天掺配黏土不顺等问题，且可节约优质灰岩，延长矿山的寿命。 **四、具体效益** 经统计，2017 年 9 月至 2018 年 6 月矿山累计预配黏土 341430t（详如下表）。本司外购黏土到厂价 28 元 /t，制造生料车间加料费用 2.3 元 /t，黏土使用成本 28+2.3=30.3 元 /t，通过矿山预配黏土(二次铲装运输费用及皮带输送成本约 14 元 /t)可综合节约生产成本约 341430×（30.3−14）=556 万元。

江西亚东矿山表土入仓预配量统计表 （单位：t）

月份	一厂入仓预配	二厂入仓预配	本月预配总量
2017.09	23000	11050	34050
2017.10	24000	11850	35850
2017.11	20200	11000	31200
2017.12	18500	8700	27200
2018.01	17500	9500	27000
201802	19900	7100	27000
201803	32000	13450	45450
201804	17700	13800	31500
2018.05	23680	18000	41680
2018.06	18400	22100	40500
合计	341430		

本案在今年获评由中关村绿产矿山产业联盟颁发的"绿色矿山科学技术奖"，实属不易。

低钙灰岩部分：以平均 30% 的掺配量，全年可利用低钙灰岩生产骨材 140 万吨（年处理原矿 470 万吨，其中的 30% 利用低钙灰岩），税后平均获利 40 元 /t，全年预计获利可达 5600 万余元。

利用低钙灰岩调配入仓石灰石氧化铝一事，可有效延长矿山的寿命。预计掺入比例约为 7%，此项可综合利用 3500 万吨（5 亿吨 ×7%）低钙灰岩。以目前每年生产 1600 万吨石灰石计算，年可综合利用 112 万吨，以税后每吨水泥获利 100 元计，全年预计可产生获利 1.1 亿元

续表

远东精神评量

（案件需具备诚、勤、朴、慎、创新之远东精神，具体表现于"前瞻创新类""企业形象类""营运绩效类""积极任事类""集团综效类"5大类别，请就报名之类别详述，其余4类别请删除）

"营运绩效类"（该事迹对公司营收、获利绩效、成本节约有重大贡献，请就以下三方面进行描述）：

1. 营收贡献：以平均30%的掺配量，全年可利用低钙灰岩生产骨材140万吨，税后平均获利40元/t，全年累计获利可达5600万余元。以目前每年生产1600万吨石灰石计算，年可综合利用112万吨，以税后每吨水泥获利100元计，全年预计可产生获利1.1亿元。两项累计年增加获利1.66亿元。

2. 获利贡献（成本节约）：通过预配黏土，每月可节约综合生产成本约55万元。年可增加获利660万元。

3. 执行困难度：通过对破碎机加装波动棍，增加破碎机吃土能力，遇雨天则通过低钙灰岩进行品质调控，达成厂内少用或不用黏土之目的。另外，利用低钙灰岩生产骨材要充分掺配均匀，避免因掺配不均匀而产生骨材的品质问题

推荐人：＿＿＿＿＿＿＿＿（签名）

日期：2018年＿＿＿月＿＿＿日

注：所有字段皆必须填写，字段说明文字可删除。表格可自行延长使用。

附件

1. 请提供案件相关照片4~6张，并贴于下方表格及简要说明照片意涵。
2. 若有其他佐证资料，如新闻报导、影片、证书等，也可附上。

照片1　矿山地表土夹石

照片2　土夹石现场转运

照片3　土夹石现场转运

照片4　现场预配

续表

照片5　爆破后的低钙灰岩

照片6　获奖证书

绿色矿山奖

为推动绿色矿山建设，促进矿山行业科学技术进步，奖励对绿色矿山科技创新、科技进步工作中作出贡献的集体和个人，中关村绿色产业联盟设立了绿色矿山科学技术奖。

张振昆申报两个项目绿色矿山奖，全部获奖。分别获得个人二等奖一项，个人三等奖一项。

绿色矿山科学技术奖
证　书

为表彰在促进绿色矿山科学技术进步工作中做出突出
贡献的个人，特颁发此证书。

项目名称：利用高镁废石烧制优质熟料，提高矿山资源综合利用率

奖励等级：三等奖

获　奖　者：张振昆

证书编号：LKJ-2017-50-3-01

国科奖社证第0265号

绿色矿山科学技术奖
证　书

为表彰在促进绿色矿山科学技术进步工作中做出突出
贡献的个人，特颁发此证书。

项目名称：利用工业场地复垦为综合生态园绿色矿山建设项目

奖励类型：重大工程类

奖励等级：二等奖

获　奖　者：张振昆

证书编号：LKJ-2018-4-005-2-01

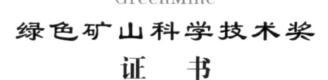

绿色矿山科学技术奖项目申报书

（获得个人三等奖）

一、项目基本情况

奖励类别：

<table>
<tr><td rowspan="2">项目
名称</td><td>中文</td><td>利用高镁废石烧制优质熟料，提高矿山资源综合利用率</td></tr>
<tr><td>英文</td><td>Optimizing the Overall Comprehensive Utilization Rate of Minable Resources by Maximizing High–magnesium–overburden Percentages as Raw Materials in the Clinker Processing, While Maintaining High Cement Quality</td></tr>
<tr><td colspan="2">主要完成人</td><td>张振昆、刘文元</td></tr>
<tr><td colspan="2">主要完成单位</td><td>黄冈亚东水泥有限公司</td></tr>
<tr><td colspan="2">申请奖励等级</td><td>□ 一等　■ 二等　□ 三等</td></tr>
<tr><td colspan="2">矿山类型</td><td>□ 油气　□ 煤炭　□ 黑色金属　□ 有色金属　□ 稀有及贵金属　□ 化工矿山
■ 非金属矿山</td></tr>
<tr><td colspan="2">技术类型</td><td>□ 绿色勘探　□ 资源高效开发（采选）　■ 矿产资源综合利用　□ 环境保护与节能减排
□ 矿山土地复垦与生态重建　□ 矿井安全生产　□ 矿山应急管理　□ 信息化与矿山管理</td></tr>
<tr><td colspan="2">任务来源</td><td>□ 国家计划　□ 部委计划　□ 省、自治区、直辖市计划　□ 基金资助　□ 国际合作
□ 其他单位委托　■ 自选　□ 非职务</td></tr>
<tr><td colspan="2">计划（基金）
名称和编号</td><td></td></tr>
<tr><td colspan="2">项目起止时间</td><td>起始：2015 年 3 月 1 日　　　　完成：2018 年 1 月 31 日</td></tr>
<tr><td colspan="2">联系人及电话</td><td>刘文元；18995736222　　　　填报时间　　2018 年 3 月 1 日</td></tr>
<tr><td colspan="3">单位意见：

　　同意

单位盖章</td></tr>
</table>

二、项目简介

项目所属科学技术领域、主要内容、特点及应用推广情况

黄冈亚东水泥有限公司畚箕山石灰石矿山主要供应水泥厂烧制熟料，其先天条件不佳，整体圈定储量范围平均剥采比达 0.37：1，储量中含有大量的低品位与高氧化镁废石，废石总量预估达 8000 余万吨，严重制约矿山生产，为彻底解决矿山重大危机，研究如何提高矿山资源综合利用，是公司必须面对且克服的重要课题。

一般来说石灰石中氧化镁含量越高对水泥熟料生产与产品质量越不利，按水泥国家标准，熟料氧化镁不能高于 5%。为此公司于 2015 年 3 月成立专案小组，制订目标，确保在维持既有熟料产量与品质不下降的前提下，尽量提高入仓石灰石中氧化镁的含量，最大化掺配低品位及高镁废石，最终目标希望能够充分开发矿山资源综合利用，达到矿山零排废，避免废石堆置造成的占地、环境污染、地质灾害一系列的负面影响，同时还可以延长矿山可采年限，降低矿山生产成本，为企业永续发展作出正面贡献。

项目自 2015 年 3 月开始实施，期间参考大量的文献，不断调整熟料生产配料方案，加强精细化生产操作管理，攻关克难，至 2016 年 6 月，利用高镁废石烧制优质熟料项目基本达成既定目标，迄今为止，熟料 3d 及 28d 强度维持在 30MPa 及 58.5MPa，熟料日产量维持在 5350t 以上。

本项目的成功，不但可以长期有效解决原先废石的弃置与环境灾害问题，变废为宝，并且延长矿山的服务年限，增加石灰石的有效储量，将废弃物转为营收贡献，实现了矿产资源综合利用与矿山零排废的目标，彻底解决山体滑坡、泥石流等次生地质灾害隐患与二次处理费用，为企业永续发展作出正面贡献。

（不超过 800 字）

三、项目详细内容

1. 立项背景

黄冈亚东水泥有限公司所在的湖北省武穴市畚箕山矿区石灰岩矿区地处长江北岸，在武穴市北西 304° 方向约 15km 处，行政区划属武穴市田镇办事处管辖，矿产资源包括：探明的（可研）经济基础储量（121b）：2822 万吨；控制的经济基础储量（122b）：8420 万吨；推断的内蕴经济资源量（333）9620 万吨；资源储量总计 20862 万吨，平均剥采比 0.37：1，废石剥离量预估达 8000 余万吨。

矿场于 2011 年完成基建采准投入生产，开采工艺采用由上而下的阶段露天开采法，阶段高为 12m，此项目施行前（2015 年 2 月底前），水泥厂设定入仓石灰石原料氧化镁的管制标准为 1.4%±0.1%，导致矿场开采过程中大量高镁石灰石（MgO）含量大于

3.5%无法掺配利用，只能运至废石场丢弃，截至2015年2月矿山废石场累计堆存量高达400多万吨，已经严重影响矿场的正常台段降阶及推进。

为达到矿山矿场长期健康发展，公司初步决定采取提高石灰石氧化镁含量，以彻底解决矿场废石排废等问题，但同时公司将面对以下几个问题：

如何制订提高新的入仓石灰石氧化镁的管制标准限值？

氧化镁管制标准放宽后，矿场如何掺配废石，使入仓石灰石维持稳定符合新标准？

氧化镁管制标准提高后，短窑系统熟料生产如何因应，以确保品质与产量不下降。

为此我司于2015年3月由采掘、制造及品管三个单位联合成立专案小组，并由技术总监张振昆亲自担任小组召集人，展开高镁废石烧制优质熟料的专案研究，并根据国内外相关文件及少数成功案例的经验，采取稳健措施逐步提高石灰石氧化镁含量，自2015年4月起氧化镁管制标准从原来的1.4%提高至1.6%，2015年6月起再提高至1.9%，至2016年1月最终确定入仓石灰石氧化镁含量为2.5%±0.1%，并根据此标准制定适应高氧化镁的配料方案。

公司希望通过此项目的攻关克难，确保在维持熟料品质与产量的前提下，提高矿产废石的综合利用量，变废为宝，实现矿产资源综合利用与矿山零排废的目标。

2. 详细科学技术内容

1）发现问题及分析反应

矿场投入生产后，废石抛弃量已经累计400多万吨，因废石弃置引发后续影响正常台段的推进及降阶，可供堆栈的空间越来越少，现有的废石场需要搬移，种种的难题，都跟原来设定的资源利用管制标准有关。2015年2月以前，石灰石原料品质供应水泥厂使用管制标准有两项，除氧化钙（CaO）外，就是对水泥制程的有害物质氧化镁（MgO），设定的氧化镁管制标准为1.4%±0.1%，导致大量低钙高镁废石无法有效被利用。

已经知道因为石灰石原料氧化镁管制过低导致废石堆置量成长快速，知道问题本质后，须要进一步分析问题，此项目的分析难度是如何清楚统计分析全矿品质分布，虽然有地质勘探资料，但都是以间距（200m以上）剖面方式表示，地质报告上品质的计量及平均是以勘探线上的钻孔及探槽取样分析，依据划分化性及物性的不同，划定不同层位的圈定，除了明显地质构造造成变化外，两个剖面件同样层位连接的部分，基本上是参考两条剖面的取样分析结果的平均化验结果，为整个块段一致的呈现，但实际上此矿山存在很多小的不连续面，因此各个地理空间的品质分布，一定存在部分的差异，为呈现地理空间位置不同地点的化性差异，利用相关的地理资讯系统软体（GIS）及统计分析方法，进行地理空间位置不同位置的石灰石化性的推算，实施步骤：①建立空间块体模型：在储量分布范围，建立四方体的大块体模型，再将大块体分切成6m×6m×6m主块体，每个主块体可以再切割至3m³的次块体；②制作数据库：包括勘探资料外，另收

集三个月的钻孔化验资料；③主块体赋值：特定空间位置的主矿体参考已建数据库的附近的数据，依据距离平方反比权重法（Inverse Distance Squared Weighting Method）决定已知空间位置的样本的化性对于特定空间化性影响的权重，

$$Z^n(v)=\sum_{i=1}^{n}\lambda_iZ(x_i)$$

$$\sum_{i=1}^{n}\lambda_i=1$$

$$\lambda_i=\frac{d_i^{-r}}{\sum_{i=1}^{n}d_i^{-r}}$$

其中：$Z^n(v)$ 为化性推测值；$Z(x_i)$ 为已知空间位置样本的化性；λ_i 为已知空间位置样本距离平方反比权重；④分层矿量及化性统计：全部主块体经过赋值的阶段后，再进行分层（台段）矿量及化性的统计，得到全矿区的灰岩平均品质，氧化钙（CaO）47.29%、氧化镁（MgO）4.20%，总矿量（含废石）为2.2亿吨；⑤分析品质政策供层峰决策：依照不同氧化镁的管制标准模拟，提出四种情境供决策参考：a.若品质政策订在氧化镁（MgO）不大于1.5%，全矿区需要剥离丢弃3122万吨；b.若品质政策订在氧化镁（MgO）不大于2.0%，全矿区需要剥离丢弃1605万吨；c.若品质政策订在氧化镁（MgO）不大于2.5%，全矿区需要剥离丢弃387万吨；d.若品质政策订在氧化镁（MgO）不大于3.0%，全矿区则不需要丢弃。经过专案小组充分讨论，考量熟料生产与品质因素，并由技术总监张振昆最终决定，将入仓石灰石氧化镁（MgO）的管制标准订为2.5%±0.1%。

黄冈亚东全矿区（阳城山＋莲花山）开采 MgO 标准设定影响剥离弃置量分析（莲花山开采底高 EL30m、阳城山开采底高 EL75m、年供矿需求量 630 万吨）									
成分	MgO	CaO	MgO	CaO	MgO	CaO	MgO	CaO	MgO	CaO
	4.20%	47.29%	1.50%	49.39%	2.00%	49.06%	2.50%	48.70%	3.00%	48.34%
剥离量（t）（a）	0		61479930		48732682		38505501		28005501	
可供生产量（t）（b）	220304969		158825039		171572287		181799468		192299468	
剥采比（%）（a/b）	0.00%		38.71%		28.40%		21.18%		14.56%	
开采年限（a）			25.21		27.23		28.86		30.52	
年需要抛废量(t)			2438681		1789426		1334353		917499	
2# 角材处理量（t）			1200000		1200000		1200000		1200000	
尚需要处理剥离量（t）			31227541		16052246		3877031		0	

2）组织团队执行目标

专案小组各成员的功能与职责明确如下：采掘组负责矿场开采石灰石品质预配及入

仓品质稳定，品管组负责原燃料品质控管及生料配料并管控熟料品质，制造组负责优化生产操作及加强精细化管理。为及时追踪品质变化，同时由采掘、制造及品管指定专人组成现场采验小组，采验小组组长由品管组主任担任，并接受厂长及技术总监的督导，采验小组每天根据矿山开采、品质检验与熟料生产情况，及时讨论后将信息反馈至相关部门，并与相关部门沟通及建议优化改善措施。

（1）采掘组具体做法：为满足入仓石灰石品质的管制目标，采掘组具体做法如下：

①地质模型定期更新：初步建构完成地质模型，定期需要做地质模型更新，每日进行钻孔作业后钻孔收尘粉料堆进行取样，8~12个孔取混合样，并以手持式 GPS 定位，若是岩层过度带，可以密集取样，并依据化验结果更新数据库，地质模型主要是利用统计方式，模拟现场品质的趋势，呈现拟真的地质品质分布，未来使用者可以依据分层品质平面图，决定开采计划。

②每日钻孔取样分析：每日取样化验的资料填入石灰石取样表及矿场现存量表。

黄冈亚东阳城山矿场现存量日报表

日期	工区	平台	昨日生产量（t）	现存量（t）	CaO（%）	MgO（%）	备注1	备注2
		226	2200	4000	47	1	入口	
2017年9月15日	阳城山	238		2000	43	10	南	tld2-5
				0	50	0.8	西	tld2-4、2-3
				0	47	8	中南	tld2-5，白云质灰岩
				6000	47	1	北	tld2-2
		250		0	49	6	西	tld2-5，白云质灰岩
				4000	51.5	1	西	tld2-3
			2200	3000	44	1	北	tld2-2
				1500	47	8	中南	tld2-5，白云质灰岩
				0	45	1	东（土石）	tld2-1+Q
		262		0	50	1.5	西北	tld2-5
			780	2500	48.5	1	南废料	tld2-2
				3000	53	1	北侧	Plm
			1540	4000	47	8	西南	tld2-5，白云质灰岩
		274		0	47	8	南侧	tld2-5，白云质灰岩
				0	47	1	北侧	Plm
		弃土场			0~40	0~16	废料	Tld3+Q
	圆椅山			2000	43	1	—	Tld3-3
	合计		6720	32000	47.46	2.77		

黄冈亚东阳城山矿场预配计划与实际配料表

日期	预配计划								实际配料							
	来料位置	单车载重	车数	产量小计	CaO (%)	MgO (%)	SO₃ (%)	分配车辆	来料位置	单车载重	车数	产量小计	CaO (%)	MgO (%)	SO₃ (%)	分配车辆
12/23 上午	238北	55	28	1540	47.50	1.01	0.09	2#4#	238北	55	37	2035	47.50	1.01	0.26	
	226平台	55	26	1430	52.40	0.71	0.12	1#6#	226平台	55	20	1100	46.75	2.86	0.13	
	250东	55	15	825	48.00	1.01	0.26	1#6#	226平台	55	9	495	52.40	0.71	0.12	
	250南散料	30	12	360	35.00	18.00	0.02	5#	250西	55	14	770	52.67	0.55	0.04	
								中福	250南散料	30	14	420	35.00	18.00	0.02	
				4155	48.20	2.38	0.13					4820	47.57	2.81	0.16	
12/23 下午	238北	55	30	1650	47.50	1.01	0.09	2#4#	238北	55	9	495	47.50	1.01	0.26	
	226平台	55	26	1430	52.40	0.71	0.12	2#4#	250西	55	20	1100	52.67	0.55	0.04	
	250东	55	15	825	48.00	1.01	0.26	1#6#	226平台	55	8	440	46.75	2.86	0.13	
	250南散料	30	12	360	35.00	18.00	0.02	1#6#	226平台	55	20	1100	52.40	0.71	0.12	
								5#	250东	55	15	825	46.00	1.01	0.26	
								中福	250南散料	30	6	180	35.00	18.00	0.02	
				4265	48.18	2.34	0.13					4140	49.25	1.74	0.14	
12/24 上午	238北	55	16	880	47.50	1.01	0.09	1#2#	250西	55	30	1650	52.67	0.55	0.04	
	250西	55	16	880	52.67	0.55	0.04	5#6#	238北	55	4	220	47.50	1.01	0.26	
	226平台	55	26	1430	52.40	0.71	0.12	5#6#	226平台	55	28	1540	50.50	0.71	0.12	
	250东	55	15	825	46.00	1.01	0.26	4#	226平台	55	13	715	52.40	0.71	0.12	
				4015	50.07	0.80	0.12					4125	51.54	0.66	0.10	

③拟定铲装运输计划：依据矿场现存量表制作隔天的配料计划，决定卡车配料车数，并事先安排铲运设备。

④当日进料实际核实：当日生产依照实际派遣制作实际配料表，结合预配计划及实际配料结果，会产生当日的实际比较表格，是以检视破碎机车数是否按照计划控制。

⑤每堆堆控制平均品质达标：水泥厂石灰石品质是以堆品质合格为标准，原石破碎后，经由竖井及带运机输送，进入石灰石储存仓前，输送皮带上的定时刮料取样机每15min刮料，依据此化验数据每天综合上下午各一次化验结果，以此结果来制作配料汇总表。

下料日期	现堆别 北堆	预配计划 产量 (t)	CaO (%)	MgO (%)	SO₃ (%)	实际配料 产量 (t)	CaO (%)	MgO (%)	SO₃ (%)	入仓实际检验 产量 (t)	CaO (%)	MgO (%)	SO₃ (%)
12/21-12/25		40000	48.30	2.50	0.13	40000	48.30	2.50	0.13	40000	48.30	2.50	0.13
截止目前现堆加权平均		38030	48.37	2.46	0.13	31509	48.81	2.28	0.15	31509	47.84	2.90	0.15
现堆剩余加权平均										8491	50.01	1.03	0.05
12月16日	上午	4076	48.37	2.44	0.10	3083	49.50	2.58	0.10	3083	48.65	2.42	0.10
12月16日	下午	4461	48.57	2.30	0.10	3588	49.24	2.80	0.09	3588	49.43	1.92	0.15
12月17日	上午	3720	48.66	2.33	0.08	4204	47.45	0.92	0.10	4204	49.54	1.14	0.13
12月17日	下午	4060	48.19	2.62	0.08	4552	49.01	1.23	0.10	4552	48.25	1.00	0.12
12月18日	上午	3984	47.03	2.42	0.10	4030	47.38	1.90	0.12	4044	47.44	1.24	0.11
12月18日	下午	4314	48.76	2.31	0.10	4737	47.60	2.24	0.20	4737	47.33	2.07	0.15
12月19日	上午	3950	48.15	2.76	0.08	4130	47.34	3.33	0.16	4130	46.87	2.75	0.17

为水泥事业健康工作五十年 ——张振昆学术专利文集 44

续表

下料日期	现堆别 北堆	预配计划				实际配料				入仓实际检验			
		产量 (t)	CaO (%)	MgO (%)	SO₃ (%)	产量 (t)	CaO (%)	MgO (%)	SO₃ (%)	产量 (t)	CaO (%)	MgO (%)	SO₃ (%)
12月19日	下午	4000	48.03	3.82	0.13	1435	49.41	3.21	0.12	1435	48.43	2.95	0.16
12月20日	上午	3950	49.73	4.07	0.06	3875	47.67	5.30	0.06	3875	49.97	4.22	0.08
12月20日	下午	4270	48.84	2.21	0.16	4755	49.32	4.28	0.06	4755	49.06	4.16	0.07
12月20日	晚上	2090	48.37	0.87	0.15	2090	49.50	2.75	0.12	2090	50.03	2.17	0.13
		42875	48.43	2.63	0.10	40479	48.36	2.73	0.11	40493	48.55	2.34	0.12
12月21日	上午	4160	46.90	2.32	0.16	4735	47.86	3.44	0.15	4735	49.06	3.01	0.13
12月21日	下午	4270	48.45	3.72	0.10	4645	48.16	3.15	0.15	4645	47.56	3.30	0.15

⑥入仓均化作业：水泥厂石灰石仓为长方形仓，分成南北两处堆存，扣除取料机的作业空间，每次可以堆存约4万吨，堆存时间5~6d，为达到均化效果，禁止定点下料，执行移动堆料，为避免最后一天的品质偏移过大，造成堆头的品质与整堆的平均品质有较大的变异，换堆取料时变异状况影响的时间过长，最后一天的堆料时堆头部分内缩1m。

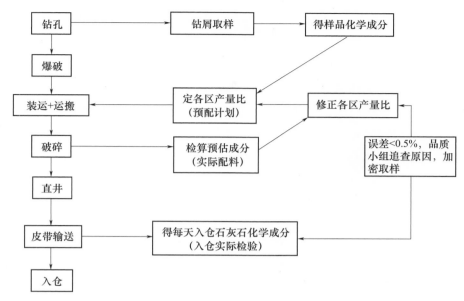

石灰石品质控制流程图

（2）品管组具体做法：为确保熟料生产与质量不下降，具体做法如下：

①优化配料方案：根据高镁石灰石的特性，采取高 n 值方案。制订熟料三率值：n 值为 2.85 ± 0.1，p 值为 1.5 ± 0.05，KH 值为 0.915 ± 0.01。提高熟料 n 值，可以降低熟料液相量、提高耐火度，平衡由于 MgO 提高增加的液相，减少窑内结圈结蛋，影响熟料品质。适当提高 P 值以提高液相黏度，在一定程度上拓宽烧结范围，提高生产操作弹性；适当提高熟料的 KH 值，使熟料强度得到一定的恢复，同时配料时还要防止 MgO 与 R_2O、SO_3 等低熔点有害物质的同时作用。

②稳定生料配料：加强配料人员培训，取样化验与配料工作采取更高标准的要求，确保入窑生料成分一致稳定。

③加强原燃料精细化管理：

a. 加强矿山矿层钻孔取样，做好预配。进行开采搭配和进仓搭配，加强石灰石预均化和生料均化。对于难以掌控的区域不同时进行下料，以减小各成分的波动。

b. 配料需要的校正黏土、砂岩、铁质原料做到源头取样化验，符合要求的才进厂，进厂后加强取样化验，并做好取样代表性；对进厂的原料按照要求分别堆放，避免混料，加强均化，以提高原料稳定性。

c. 砂岩、黏土、铁质矿的选择除要求其化学成分符合外，还特别关注其物理性质，以确保生料易烧性良好。

（3）制造组具体做法：

①转变思想，增强自信：因氧化镁的大幅提高，必然对于生产造成重大影响，因此生

产单位同仁必须转变思想，适应新的配料方案，攻关克难，坚定信心，努力达成既定目标。

②收集文献，夯实基础：收集国内各水泥公司在高镁石灰石应用中遇到的情况及解决措施，了解同行业中高镁石灰石烧制熟料中出现的问题及处理措施。夯实基础知识，从无到有，提高对高镁石灰石烧制优质熟料的认知。

③加强培训，凝聚力量：技术总监张振昆召集品管、制造等相关单位人员组织技术攻关小组，安排时间亲自授课，其中包含学习氧化镁对熟料烧成的影响机理及应对措施，了解高镁石灰石在煅烧过程中的影响，结球成因，分析窑圈的影响因素。风、煤、料、窑速的配合对黄心产生的影响，凝聚力量，抓住关键点，消除不利影响。

④加强精细化生产管理：

a. 稳定窑尾进料室温度：1000~1050℃，C5下料温度：850~860℃，避免温度起伏过大造成窑况不稳定，影响生产。

b. 加强现场每班巡检，及时观察和清理进料室、上升道结料及各下料管的结皮，预防堵塞影响系统通风。

c. 对预热机上升道缩颈处进行改造，增大通风面积，加强窑内通风，避免燃料燃烧不完全造成还原气氛，影响生产。

d. 采用薄料快烧策略，降低窑内填充率，防止窑内结圈、结大球等。

e. 利用停窑机会，彻底清理冷却机空气分布板迷宫内积料，保证空气分布板通风良好，确保达到熟料急冷的效果。

3）实施成果

2015年7月至2018年1月节省排废成本16200364元，创造水泥产值480272274元。

2015年7月至2018年1月增加资源利用量2185002t。

延长资源使用年限0.35年。

通过以上的改善，黄冈亚东水泥有限公司窑平均日产量可达5350~5400t，超过设计产能27%~28%。

熟料3d、28d强度平均达到30.5MPa及58MPa，最高可达31MPa及59MPa，产品品质在水泥生产同行业中处领先地位。

3. 创新点

（1）数字化分析：利用数字化建立矿山的数值化矿山地质块体模型，准确统计出全矿区的平均品质及品质分布情况，并能模拟各种品质管制标准设定所产生的抛废状况。

（2）最高技术主管果断决策：此问题分析是由采矿部门提出，在很短的时间内通过最高技术主管的果断决策，并取得制造组与品管组的高度共识，使得项目可以顺利推展，这在一般企业很难做得到。

（3）精细化管理：所有的实施程序需要透过充分的讨论，并引用外界的信息，将所有的程序细化至可以操作及成果检视。

（4）平行沟通与分工：此项目包括三个功能部门：采掘、品管及制造，大家的目标是一致的，功能部门间的界面产生问题，可以良好沟通，所有的举证是要有依据，最难得一点，是互相会协助对方。

（不超过 400 字）

4. 保密要点

无

（不超过 100 字）

5. 与当前国内外同类研究、同类技术的综合比较

目前国内也有很多成功的案例使用高氧化镁石灰石煅烧优质熟料，但是这些案例几乎无一例外地是利用 72m 以上的长窑（长径比基本在 15）来完成的，而公司则为超短窑，窑长仅 52m（长径比约 11）。众所周知，短窑与长窑相比有很多优势，比如投资和维护成本低、能耗低等；但是相对于长窑，其短窑也有明显的不足之处，就是物料在窑内停留时间比长窑至少短约 10min，对原料的质量和稳定性要求也高，正因为有如此明显的不足，因此短窑在国内一直普及率不高。且这恰恰也是影响氧化镁提高最关键的因素，最终经过公司技术团队的努力，利用短窑使用高氧化镁石灰石煅烧优质熟料取得了成功。

短窑相比于长窑在一些关键控制和技术方面有显著的不同之处，说明如下：

（1）短窑要求生料脱酸度高，一般控制在 95% 以上，而长窑脱酸度基本在 90% 或更低。

（2）在均化方面，短窑要求均化效果好：

①主要原料石灰石的均化，短窑的石灰石的均化倍数在 10~13；而长窑的石灰石的均化倍数一般在 7；

②生料的均化，对于短窑出均化库生料 CaO 标准偏差一般小于 0.05%，而长窑出均化库生料 CaO 标准偏差控制小于 0.2%；

（3）结皮堵塞，短窑的结皮非常明显，操作难度高，且不易捅除，若处理上稍有不慎就有堵塞分解炉的风险，对于长窑来说，分解炉的结皮基本上不存在，为了避免分解炉的结皮堵塞主要作以下控制：

①控制原料中有害成分，特别是 R_2O，短窑熟料中 R_2O 控制小于 0.7%，而长窑完全可以在 1.0% 以上；

②配料方面要更高的 SM，因此短窑熟料 SM 控制在 2.9 左右，而长窑熟料 SM 控制一般在 2.8 以下。

（4）为了维持短窑高脱酸，且避免分解炉结皮，对分解炉和 5 段下料口温度要控制精准。

（5）操作方面需要烧手更具有良好的专业技能，短窑物料在窑内停留时间短，平时

就需要烧手稳定的操作，特别是遇异常时能快速准确地作出有效的调整。

6. 应用情况

（1）数字化矿山地质模型的建立，可以作为矿产资源最有效利用的规划，在开采初期的论证，明确地作出矿场价值的评估。

（2）依照矿山模型并定期钻孔取样分析更新模型，可以做短中长期的开采规划，最有效利用资源，目前矿场每半年更新一次模型，并提供最新可采矿量分层台段的化性分布，工程师依照化性分布图及统计资料，可以调整未来半年的开采计划，并决定新台段开拓的时机点，工程师依据分层平面图与开采现状图叠加，很快便能对于品质的变化有比较准确的地理空间概念。

（3）原料进料均化流程可以作为相关产业应用，达到在最有效利用资源下，达到最佳化生产产品。

（4）高镁原料配方的率值设定及烧成过程的优化，可以提供集团内短窑系统推广运用。

7. 经济效益

（单位：元人民币）

项目总投资额			回收期（年）	
年份	新增利润	新增税收	创收外汇（美元）	节支总额
2015 年 6 月至 12 月				2488918
2016 年				5630721
2017 年至 2018 年 1 月				8080725

各栏目的计算依据

黄冈亚东水泥有限公司石灰石 MGO 提高后掺入高镁量及节省金额表

年	月份	高镁掺入量（t）	矿场生产量（t）	掺入比例（%）	节省排废金额（元）	换算熟料产品（t）	换算水泥产品（t）	换算水泥产值（元）
2015	7—12	334532	2901543	70.87%	2488918	238951	321258	73526235
2016	1—12	788826	5526586	170.62%	5630721	563447	757525	173374665
2017	1—12	965612	5842071	190.44%	7341779	689723	927296	212230264
2018	1	96052	437370	21.96%	738946	68609	92241	21111110
合计		2185022	14707570	113.47%	16200364	1560730	2098319	480242274

8. 社会效益

（1）综合利用矿山废石资源，减少矿产资源浪费。

（2）减少占地，由于项目的实施成功，将减少废石堆置面积 52 公顷土地。

（3）减少地质灾害，大幅减少废石堆置，杜绝了废石堆置可能引发的泥石流等二次地质灾害。

（4）减少环境破坏，大幅减少废石堆置，避免扩大环境破坏，有利维持较好的生态环境。

四、本项目曾获科技奖励情况

获奖时间	奖项名称	奖励等级	授奖部门（单位）
2016	远东精神奖	优等奖	台湾远东集团

五、申请、获得专利情况表

国别	申请号	专利号	名称

六、主要完成人情况表

第一完成人	姓名	张振昆	性别	男	民族	汉
出生地	台湾		出生日期	年月	党派	国民党
工作单位	黄冈亚东水泥有限公司			联系电话	0713-6543008	
通信地址及邮政编码	湖北省武穴市田镇办事处田镇新街 13 号黄冈亚东水泥有限公司（邮编：435406）					
家庭住址	江西省瑞昌市码头镇江西亚东水泥有限公司			住宅电话	0792-4888999	
电子信箱	c.k.chang@achc.com.cn					
毕业学校	台北科技大学	文化程度	大学	学位	学士	
职务、职称	技术总监兼总经理	专业、专长	水泥生产管理及工艺研究	毕业时间	1967 年	
曾获奖励及荣誉称号情况	2008 年全国优秀总工程师；2014 年九江市优秀企业家；2016 年九江市劳动模范；2016 年九江市十大企业领军人物；2017 年瑞昌市优秀企业家					
参加本项目的起止时间	2015 年 3 月至 2016 年 12 月					
主要学术（技术）贡献	第一完成人为集团技术总监兼总经理张振昆先生，具有 50 年的水泥厂生产相关经验，在本项目的发现问题阶段，与采矿专业人员讨论矿山存在问题的过程，展现工程师辩证及实事求是的精神，尊重数字、探索原委并寻求解决，快速拍板决策推进项目，实行的初期一定会面临很多困难，存在员工信心不足，各单位的步调不一致等一系列问题，张总监亲自检视各流程的协调及改善，尤其在水泥窑操作的流程，从集团内调动优秀的人才参与调试，最终完成利用高镁废石在短窑系统中烧制优质熟料的专案。 本人签名： 2018 年 3 月 2 日					

第二完成人	姓名	刘文元	性别	男	民族	汉
出生地	台湾		出生日期	1965 年 1 月	党派	无
工作单位	亚泥水泥（中国）控股公司技术及生产部矿务处			联系电话	0713-6543008	
通信地址及邮政编码	湖北省武穴市田镇办事处田镇新街 13 号黄冈亚东水泥有限公司（邮编：435406）					
家庭住址	湖北省武穴市田镇办事处田镇新街 13 号			住宅电话	0713-6543008	
电子信箱	liuwenyuan@achc.com.cn					

第二完成人	姓名	刘文元	性别	男	民族	汉
毕业学校	Colorado School of Mines, U.S.A.	文化程度	研究所	学位	硕士	
职务、职称	副理	专业、专长	采矿工程采矿规划及复垦	毕业时间	1995 年 6 月	
曾获奖励及荣誉称号情况						
参加本项目的起止时间	2015 年 3 月至 2016 年 12 月					
主要学术（技术）贡献	第二完成人为集团技术部矿务处副理刘文元先生，具有 30 年的水泥厂矿山建厂、营运及复垦的经验，在本项目的发现问题阶段，充分利用数字化建模分析，将矿区的品质分布及全矿的品质总平均值计算出来，提供领导决策参考。另在石灰石原料搭配入仓均化的过程，做到细致化的管理，减少制程上因原料的波动导致制程不稳，在资源的综合利用上，充分利用专业及工具，极大化地利用高镁废石转换成产值。 本人签名：刘文元 2018 年 3 月 2 日					

七、主要完成单位情况表

单位名称	黄冈亚东水泥有限公司	
第　　完成单位　单位性质	☐ 研究院所　☐ 学校　☐ 社会团体　☐ 事业单位 ☐ 国有企业　☐ 民营企业　■ 其他	
联系人	刘文元	联系电话　18995736222
传真	0713-6543007	电子信箱　liuwenyuan@achc.com.cn
通信地址及邮政编码	湖北省武穴市田镇办事处田镇新街 13 号	
技术开发和应用的主要贡献	黄冈亚东水泥有限公司由台湾远东集团旗下的亚洲水泥股份有限公司转投资湖北省黄冈市武穴市独资企业。台湾亚洲水泥在台湾是一家拥有 50 多年水泥制造经验的企业。黄冈亚东水泥公司传承了台湾亚洲水泥先进的生产技术及管理经验，坚持做到"高环保、高品质、高效率，低成本"。尤其对于矿山有序开采、资源综合利用及矿区复垦，一致秉持实干苦干，攻关克难，整体规划。 　　本项目"利用高镁废石烧制优质熟料，提高矿山资源综合利用率"的实施成效，不但可以长期有效解决原先废石的弃置与环境灾害问题，变废为宝，并且延长矿山的服务年限，增加石灰石的有效储量，将废弃物转为营收贡献，实现了矿产资源综合利用与矿山零排放的目标，彻底解决山体滑坡、泥石流等次生地质灾害隐患与二次处理费用，为企业永续发展作出正面贡献	

八、推荐单位意见

（专家推荐不填此栏）

九、绿色矿山科学技术成果简介

成果名称		利用高镁废石烧制优质熟料，提高矿山资源综合利用率		
成果单位	名称	黄冈亚东水泥有限公司		
	联系地址	湖北省武穴市田镇办事处田镇新街 13 号	邮政编码	435406
	联系人	刘文元	电话（区号）	0713-6543008 转 6100
	电子信箱	liuwenyuan@achc.com.cn	传真（区号）	0713-6543007
成果完成单位		黄冈亚东水泥有限公司		
成果类别		■ 新技术　□ 新工艺　□ 新方法　□ 新设计　□ 新产品　□ 新材料　□ 新品种　□ 其他		
成果水平		□ 国际领先国际先进　■ 国内领先国内先进		
成果来源		□ 国家计划　□ 省部计划　■ 其他		
成果评价方式		鉴定评价验收专利其他		
成果简介		主要包括：立项背景、研究主要内容、应用范围、技术特点、主要性能指标、创新性、成果水平、应用效果及推广前景等，可附 1~3 幅图（字数 800~1500 字）。 　　黄冈亚东水泥有限公司畚箕山石灰石矿山主要供应水泥厂烧制熟料，其先天条件不佳，整体圈定储量范围平均剥采比达 0.37：1，储量中含有大量的低品位与高氧化镁废石，废石总量预估达 8000 余万吨，严重制约矿山生产，为彻底解决矿山重大危机，提高水泥厂入仓石灰石氧化镁含量，是可持续且长期有效的解决方案。 　　本项目自 2015 年 3 月开始实行，前期首先要了解全矿品质分布，利用勘探资料及近三个月的钻孔岩屑分析资料，建立数字化的矿山地质块体模型；接下来制作全矿的分层平面品质分布图及品质统计资料；再来分析品质政策，不同的品质政策会有不同情境的废石丢弃，将分析结果提供层峰决策。		

续表

成果评价方式	鉴定评价验收专利其他
成果简介	决策后，即组织各功能人员，明订领导及权责体系，包括采掘、品管及制造人员组织团队，采掘负责矿场品质预配及入仓石灰石品质稳定，品管负责原燃料品质控管及生熟料品质控管，制造负责优化操作及加强精细化管理维持窑况稳定。 执行过程中，各功能部门细化各自的执行过程及随时修正，平行间，又保持互相信息的互通及相互建议，其中采掘组采取的管理方式有：①定期更新地质模型；②每日钻孔取样分析；③拟定铲装运输厂计划；④当日进料实际核实；⑤每堆控制平均品质达标；⑥入仓均化作业。品管组的管理方式：①优化配料方案；②稳定生料配料；③加强原燃料精细化管理。制造组的管理方式：①每班检查进料室顶下料情况，控制窑尾进料室温度；②加强现场每班巡检，及时观察和清理进料室、上升道结料及各下料管的结皮，预防堵塞影响系统通风；③预热机上升道缩颈处进行改造，增大通风面积，加强窑内通风；④采用薄料快烧策略，降低窑内填充率，防止窑内结圈、结大球等；⑤利用停窑机会，彻底清理冷却机空气分布板迷宫内积料，保证空气分布板通风良好，确保达到熟料急冷的效果。 此项目主要应用在矿山资源的综合利用上，这个项目的难度在资源的利用上，也就是要将高镁石灰石烧制优质的水泥熟料，还要维持与未实施前的产能相当，经过一年的调试，基本上已经达成与之前相当的产量与强度

绿色矿山科学技术奖项目申报书

（获得个人二等奖）

一、项目基本情况

项目名称	中文	利用工业场地复垦为综合生态园绿色矿山建设项目
	英文	
主要完成人		张振昆、姚煜国、陈军、汪六生、张志林、王龙
主要完成单位		江西亚东水泥有限公司
申报类型		□ 基础研究　□ 专利　□ 技术研发　■ 重大工程
矿山类型		□ 油气　□ 煤炭　□ 黑色金属　□ 有色金属　□ 稀有及贵金属 □ 化工矿山　■ 非金属矿山　□ 其他
技术类型		□ 绿色勘探　□ 资源高效开发（采选）　□ 矿产资源综合利用 □ 环境保护与节能减排　■ 矿山土地复垦与生态重建　□ 矿井安全生产 □ 矿山应急管理　□ 信息化与矿山管理
重大工程类		□ 绿色勘查　■ 绿色矿山建设　□ 绿色矿业发展示范区　□ 绿色矿山 产业园区　□ 生态修复　□ 其他
任务来源		□ 国家计划　□ 部委计划　□ 省、自治区、直辖市计划　□ 基金资助 □ 国际合作　□ 其他单位委托　■ 自选　□ 非职务
计划（基金）名称和编号		
是否推荐		□ 国家科学技术奖　■ 国家矿产资源节约与综合利用先进适用技术目录
项目起止时间		起始：2017 年 10 月　日　　　　完成：　年　月　日
联系人及电话		姚煜国　18970253771 ｜ 填报时间 ｜ 2018 年 11 月 30 日

单位意见：

　　同意申报。

江西亚东水泥有限公司

二、项目简介

本项目是利用工业场地，因地制宜的复垦为生态农业园和建设矿山公园，创建绿色矿山。

公司码头灰岩矿为山坡露天矿，其中东北侧为村民集镇，在矿山建设初期即向外扩征300m范围作为爆破安全距离，此部分土地初期作为工厂建设机械制作安装的工业场地。随着工厂建成投产，工业场地被弃用，制作厂商撤离后，现场遗留下的建筑垃圾堆积如山，四周则杂草丛生，满目疮痍。不仅影响矿区环境，更是对有限土地资源造成极大浪费。

为改善矿区环境，提高土地资源利用，公司积极响应国家"建设绿色美好家园、走可持续发展之路"政策要求。2017年着手对东北侧非开采区范围内的工业场地规划改造，作为绿色矿山建设重点内容之一，包括：

（1）对原废弃的机械制作场地进行复垦，改造为生态农业园，种植无公害蔬菜瓜果，提供给公司伙食团使用，为员工提供放心食品。同时，增加社会一部分可耕种面积，为提高国家粮食安全尽一份力；

（2）对机修厂、矿山办公室周边的旧工业场地进行改造破碎场地进行搬迁，委托园林设计单位规划建设矿山公园，改善环境同时，为同仁和周边群众提供一处休闲好去处，以提高员工工作获得感，及促进社企和谐关系。

本项目开展一年多来，生态农业园已初步建成，全年可提供员工蔬菜瓜果需求量的1/4。矿山公园正在建设中，预计2019年中可建成，建成后，将免费向全体员工和社会群众开放。

三、项目详细内容

1. 立项背景

码头灰岩矿为山坡露天矿，东北侧临近村民集镇，在矿山建设初期向外扩征300m范围作为爆破安全距离，此部分土地初期作为工厂建设机械制作安装的工业场地。随着工厂建成投产，工业场地被弃用，制作厂商撤离后，现场遗留下的建筑垃圾堆积如山，四周则杂草丛生，满目疮痍。严重影响矿区环境，也是对有限土地资源的极大浪费。

2017年，公司总经理视察矿山指出，要积极响应国家"建设绿色美好家园、走可持续发展之路"要求，借鉴台湾莲厂矿山复绿的成功经验，将矿山环境治理和生态恢复责任提至公司最高战略层面，要把公司矿山建设成江西省乃至全国的绿色矿山样板。根据总经理指示，公司各部门紧急联动、密切合作。

开采区依制订的《地质环境与生态恢复方案》《土地复垦方案》等进行规划建设。

非开采区，本着"因地制宜、农业优先"及"宜农宜乐、统筹兼顾"的原则，对原遗弃的机械制作场地进行复垦，改造为生态农业园，种植无公害蔬菜瓜果，提供给公司伙食团使用，为员工提供放心食品；对机修厂、矿山办公室周边的旧工业场地进行改造，委托园林设计单位规划建设矿山公园，为同仁和周边群众提供一处休闲好去处，以提高员工工作获得感，及促进社企和谐关系。

因开采区终了边坡尚未大规模成型，治理工作任务并不突出，而山下非开采区的爆破安全缓冲区的原工业场地治理则显得尤为重要和急迫。

2. 详细科学技术内容

1）矿区绿化环境

（1）绿化覆盖率

矿山开采及配套共使用面积约 1.1441km²，其中开采区面积总共 0.6051km²，未开采及办公、生产配套共 0.539km²，可绿化面积约 0.1617km²，包括最终边坡、行道树、工业废弃场地、进厂主干道、矿部、各生产车间及配套的办公楼、生活配套设施等建筑物周边除已经路面硬化之外的其余空地。矿山在矿区范围内可绿化地带的清洁化、园林化方面投入了大量资金，制订了详细的卫生管理制度和奖惩制度，招聘专职清洁工和园林工对矿区进行清洁管理。矿山购进香樟树、桂花树、茶花树、四季桂、樱花树、台湾冬青草皮、红叶石楠球、马尼拉草坪草皮、红叶李、紫玉兰、紫薇、大叶黄杨球、金边麦冬、金边黄杨球、金叶女贞球、法国冬青等常绿植物对矿部、中心广场、职工生活区、休闲道路、主干道等地段进行了苗木绿化改造，植树绿化约 700m，铺种草坪及乔灌木近 0.067km²，绿化面积约 0.16km²，矿区范围内可绿化区域的绿化覆盖率达到 90% 以上，绿化树种搭配合理，长势良好，绿化成果绩效卓著。

（2）生态农业园

生态农业园占地 150 余亩（1 亩 =666.67m²），投资一千多万元。其中，果园区占地 35 亩，种植有桃、油桃、梨、葡萄、枇杷、柑橘、柿等优良品种果树，基本上实现四季有花、全年有果。扩建鱼池 35 亩，池内养殖鲫鱼、鲢鳙、草鱼、鳊鱼、鲤鱼等优质鱼种，提供员工垂钓休闲场所。有机蔬菜生产区占地 45 亩，主要利用农家肥种植时令蔬菜，通过采用管网配置、自动喷灌系统等标准化建设，提高产量。

江西亚东水泥有限公司始终以高标准要求自己，邀请了上海东大建筑设计（集团）有限公司，对公司绿色矿山建设进行指导规划。项目除保留原有办公区外，共由蔬菜区、果园区、水池养殖区、绿化休闲区四部分组成，分四期实施。

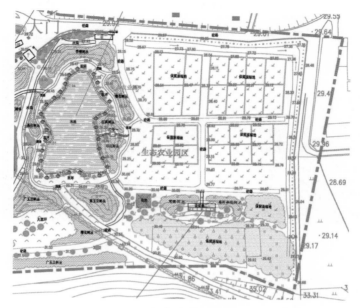

生态农业园

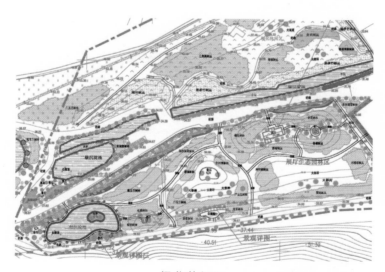

绿化休闲区

　　第一期：2017 年 10 月至 2018 年 1 月，投资 200 万元，利用自有设备及租用设备，将原废旧工业场地进行挖方，把水泥块、石块等硬物运至破碎机，再将矿区地表土过来回填平整。将原有池塘进行开挖扩大。

将水泥块、石块运至破碎机

表土回填

开挖池塘

场地平整之后

第二期：2018年2月至2018年5月，投资100万元，将鱼苗、果苗、树苗等进行种植及投放。

果园区种植有桃、油桃、梨、葡萄、枇杷、柑橘、柿等优良品种果树，基本上实现四季有花、全年有果。果园严格按照有机农产品（水果部分）生产标准进行管理，通过种草养鸡，鸡吃果园害虫，鸡粪还田增强果园土壤肥力等生态措施来管理果园，同时减少劳动用工，减少农药用量，提高了果品质量，还为公司餐厅提供了优质土鸡和土鸡蛋。

果树种植区进行禽类养殖，以散养土鸡为主，同时兴建鸡舍等配套设施，这样既可以充分利用土地，实现果与畜产品的双收。

　　水产养殖区扩建鱼池，池内养殖鲫鱼、鲢鳙、草鱼、鳊鱼、鲤鱼等优质鱼种，提供员工垂钓休闲场所。

　　有机蔬菜生产区，主要利用农家肥种植时令蔬菜，通过采用管网配置、自动喷灌系统等标准化建设，提高产量。

第三期：2018年6月至2018年9月，投资200万元，主要是辅助设施的完善，如水沟浆砌片石、道路硬化、水管铺设，以及绿化休闲区的建设，绿化休闲区主要以鱼池为依托，重点打造鱼塘周边地域绿化景观，通过建设休闲步道、石板桥、凉亭、长廊花架、景观流水沟等人造景观休闲项目，配套种植绿化苗木，供进园游客观赏、休憩、游玩之场地。

第四期：2018年10月至2019年1月投资400万元。新建钢结构覆膜大棚、主要种植特色瓜果蔬菜如小番茄、小黄瓜、草莓或反季节蔬菜，采用现代化施工管理，供同仁休闲采摘或公司餐厅食用。

新建玻璃温室

农业观光及蔬菜采摘区

园区建温室大棚 2 间。另外，农业园还将建设观光型现代温室钢结构玻璃大棚 1 间，温室里种植各种奇特瓜果，四季常绿，极具观赏性。

在温室钢结构玻璃大棚内种植各种绿化植物，按照植物种类的不同划分为四大部分，分别为：花卉区、地被植物区、草本植物区、灌木区。此外，设有 1 处苗木繁殖基地（位于二厂苗木基地），种植有香樟、金桂、三角枫、山茶、杜鹃、梅花、月季、玫瑰等多种绿化苗木和花卉，在生产的基础上，增加其观光旅游的功能。

附　项目区生产的技术方案

1. 有机蔬菜生产区

1）肥料应施用以下几类

（1）有机肥：腐熟的堆肥、沤肥、沼气肥、绿肥、作物秸秆肥。

（2）无机肥：化学氮肥、化学钾肥、化学磷肥、有机无机复混肥。

（3）微生物肥料：根瘤菌肥料、固氮菌肥料、复合微生物肥料等。

（4）中微量元素肥：以钙、镁、钼、硼等中微量元素及有益元素为主。

2）病虫害综合防治技术

（1）物理防治：晒种、温汤浸种等。

（2）生物防治：天敌、杀虫微生物、农用抗生素等。

（3）化学防治：采用高效、低毒、低残留的新农药。

3）自动灌溉技术

在蔬菜区、果园区采用自动喷灌、滴灌方式进行灌溉。

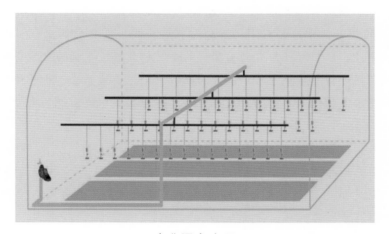

专业温室应用

（1）微喷：可通过球阀来调整水量的大小，压力过大则可多开一个棚开关，压力不够可关闭一个开关，调于适合蔬菜灌溉的最佳状态，喷灌的水量应根据蔬菜不同的生长期适合蔬菜生长的需水量而定，一般喷至蔬菜根际处润湿即可。一天内最佳喷灌时间为：冬春季宜选在早晨蔬菜表面有露水，湿度大，最低温度时喷，夏秋可根据蔬菜类的不

同，如菜秧根系浅的蔬菜早晚都可喷，其他蔬菜以下午温度下降后喷为宜。

（2）滴灌：通过每个棚的球阀来控制水滴的数量，对地块高处应经常检查有无水滴，如高处无水滴则水流量不够应关闭一个棚球阀，滴灌的滴水量应根据蔬菜品种植株的大小确定，每株水应控制在0.3~1.5kg，做到少滴勤滴，节约用水。一天内最佳滴灌时间为：冬春季宜选在中午地温最高时滴，夏秋宜在早晨在下午地温低时滴，有利于蔬菜生长。

4）自动施肥管理

（1）泵前式自动施肥器是利用自吸泵的吸力在水泵前进水管上安装一个 $1'' \times 4'' \times 1''$ 的三通，一个 $4'$ 施肥阀，1根 $\phi 4$ 养料软吸肥管，吸肥端接一过滤网插入贮肥便可将母液吸入稀释均匀地施入土壤。

（2）泵后式自动施肥罐是在水泵后主管上安装2个 $1'' \times 4'' \times 1''$ 的三通，二个 $4'$ 施肥阀，2根 $\phi 8$ 的塑料软管与可封闭的贮肥罐相连而成，在2个三通中间安装一个调控阀，进行水量调控。贮肥罐可用自动喷雾器的塑料桶改装，在桶的上方安装一个出肥开关，实行一桶两用。施肥时将肥料加入到贮肥罐中，将盖子盖紧，打开施肥阀，把调控阀调小流量，使水流从低口冲进贮肥罐将肥料溶解后从高中流出进入主管，随水流施入土壤。

2. 花果苗木种植园

（1）果树引进新品种，果品品质好、产量高。

（2）苗木基地采用光照自动间歇喷雾扦插新技术，光照喷雾苗床使用基质疏松通气，排水良好的河沙、石英砂、锯末等。

3. 鱼塘养殖技术

放养鱼种的规格和质量。我国目前对鱼种规格的要求一般是：鲢、鳙11.5~13.2cm，草鱼13.2~14.8cm，鲤鱼、鲂鱼6.6~8.3cm。投放鱼塘的鱼种要求规格整齐，游动活泼、体质健壮、无病无伤。放养密度和搭配比例。一般主养鲢鱼、鳙鱼，适当搭配其他鱼类，每年每亩放养13~14cm的鱼种300~400尾，其中鲢占50%，鳙占30%，草鱼占10%，鲤鱼、鳊鱼各占5%。

4. 矿山道路

矿山地面硬化长度达到2000m以上，修建排水沟1500多米，修建排洪涵洞3个。采区外运输道路全程硬化，道路完好，道路两旁均设有隔离绿化带，并配备有专门的道路养护设备和人员，对路面破损及时维修，维持道路保洁。

2）矿区废水处理

（1）生产废水

①矿山采坑涌水、地表汇水、冲洗排水等通过在矿山下游沟溪设置的三级沉淀池储存、沉淀处理后循环利用，主要用于矿山洒水降尘（采区、道路除尘洒水、破碎除尘喷水、皮带廊喷水除尘等）、矿区绿化灌溉用水、车辆冲洗等。据估算，矿山废水回用率

达到 95% 以上。同时，废水沉淀处理确保了矿山外排水达标。

按废水产生量设计了三级沉淀池容积，分别为：一级 20000m³、二级 2000m³、三级 800m³，基本满足矿山外排废水的处理要求。

②工业场地、暂置场建有雨水截（排）水沟，做到清污分流，控制了水土流失，杜绝了雨水进入废水沉淀池。

（2）生活污水

①生活污水经化粪池处理后达标排入附近沟溪。

②工业场地地面硬化处理，机修车间采取防渗措施，避免机修跑冒滴漏的废水渗入地下。

③机修废水经隔油沉淀池处理后外排，隔油沉淀池共设 4 个，容积约 100m³。

3）绿色矿山验收

2018 年 12 月，公司向九江市国土资源局申报绿色矿山建设验收。

2019 年 1 月 16—17 日，受九江市国土资源局委托，江西省矿业联合会组织了以欧阳树远为组长，刘保华、孙西安、毛世意为成员的专家组，对公司码头灰岩矿绿色矿山建设进行了评估审核。

专家组经过现场实地核查、听取了公司创建工作汇报、查阅了相关资料后，一致认为：公司领导高度重视、工作组织措施得力、建设资金投入到位，绿色矿山成效明显。依《江西省水泥灰岩绿色矿山建设评估分表》，专家评估得分 93 分，符合江西省水泥灰岩绿色矿山建设的要求，同意推荐公司码头灰岩矿纳入全国绿色矿山名录进行管理。

4）创新点

非开采区，本着"因地制宜、农业优先"及"宜农宜乐、统筹兼顾"的原则，对原废弃的机械制作场地进行复垦，改造为生态农业园，种植无公害蔬菜瓜果，提供给公司伙食团使用，为员工提供放心食品；对机修厂、矿山办公室周边的破碎场地进行搬迁，委托园林设计单位规划建设矿山公园，为同仁和周边群众提供一处休闲好去处，以提高员工工作获得感，及促进社企和谐关系。

绿色矿山生态农业园根据瑞昌市农业发展和气候、环境的具体特点，考虑到现代农业，设施农业、绿色农业，生态农业和效益农业兼顾，提出以畜禽养殖、有机蔬菜、花卉苗木、观光休闲等，来作为水泥行业矿区内生态农业发展的龙头，通过绿色矿山生态农业园先进的现代农业技术和管理，在国内水泥行业内起到技术示范和推广标杆作用。

3. 保密要点

无需保密

（不超过 100 个汉字）

4. 与当前国内外同类研究、同类技术的综合比较

经调查了解周边非金属矿山恢复治理，并没有很好地规划利用非开采区的土地资源，没有坚守"农业优先"的政策方针，主要是以简单地种植树木、播撒草种恢复绿地为主。相比较，江西亚东水泥公司高标准规划，坚持国家既定的"因地制宜、农业优先"的原则，将土地资源充分利用，为社会创造效益、为员工谋福利。

5. 应用情况

本项目总面积 300 亩，包括畜禽养殖区 55 亩，有机蔬菜种植区 35 亩，果蔬及花卉苗木种植园 120 亩，绿化休闲区 100 亩。通过项目区在运行管理、种养模式等方面的探索，逐步形成可复制的模式在亚泥中国其他各公司推广应用通过对原遗弃的机械制作场地进行复垦，改造为生态农业园，种植无公害蔬菜瓜果，提供给公司伙食团使用，为员工提供放心食品；对机修厂、矿山办公室周边的破碎场地进行搬迁，委托园林设计单位规划建设矿山公园，为同仁和周边群众提供一处休闲好去处，以提高员工工作获得感及促进社企和谐关系。

项目采取统一规划，分期实施，滚动发展的模式进行，园区内所有技术均采取国内最新技术，整个规划将近期建设和中长期发展相结合，以 2018 年为主要建设期进行，时序安排合理。

自本项目开展一年多来，生态农业园已初步建成，全年可提供员工蔬菜瓜果需求量的 1/4。既美化了环境，为社会食品安全贡献一份力量，也为公司节约了部分福利费用，更为员工提供了安全绿色食品。

6. 经济效益

本项目主要为社会效益，并无经济效益。

7. 社会效益

我国地大物博，但同时也是人口大国，人均占有土地资源尤其是耕地非常稀缺，国家提出的"十八亿耕地红线"深入民心，由此可见国家耕地资源的减少已对食品安全构成严重影响。公司对废弃的工业场地进行复垦，为社会增加了耕地资源，为国家食品安全贡献了一份力，具有相当的社会效益。

生态农业园的建成可以带来良好的社会效益，诸如品牌提升、人流聚集、产业发展等。在保护生态环境同时带动公司旅游观光业，同时也是对现代化水泥厂环境资源的保护性开发，从其主要形式如旅游观光种植业，以及生态环境保护开发过程，都在很大程度上有利于公司形象提升与参与生态环境的保护的决心和力度。项目区生产不对土壤、大气和水资源造成污染，不仅节约农业开支，而且还有改善环境和平衡生态的作用，园区内果蔬的种植，避免了水土的流失，有效保护和合理利用水土资源，防治生产建设活动造成的人为水土流失，最大限度地减少和降低对生态环境的影响，保障主体工程的顺利建设和安全运行，促进水土资源的可持续利用和生态环境的可持续维护，有效带动当地经济发展，最终实现区域开发与生态建设的双赢。是现代化水泥工厂绿色环保发展的方向。

在安全效益方面，生态园区采用生态农业高效种养模式生产有机农产品，采用有机农业种植和养殖、"鸡—沼—菜—鱼"种养模式，可减少农药的使用量，确保人畜安全。此外，生态农业园的建成，成为周边居民与生产区完美的缓冲地带，使得周边居民区远离爆破作业区之外，很好的缓解了爆破作业带来的粉尘、噪声、振动等影响，使得矿山生产与周边居民生活更加和谐。

四、本项目曾获科技奖励情况

获奖时间	奖项名称	奖励等级	授奖部门（单位）

五、申请、获得专利情况表

国别	申请号	专利号	名称

六、主要完成人情况表

第1完成人	姓名	张振昆	性别	男	民族	汉
出生地	台湾		出生日期	1947年01月	党派	国民党
工作单位	亚洲水泥（中国）控股公司			联系电话	0792-4888999	
通信地址及邮政编码	江西省瑞昌市码头镇江西亚东水泥有限公司（邮编：332207）					
家庭住址	江西省瑞昌市码头镇江西亚东水泥有限公司			住宅电话	0792-4888999	
电子信箱	c.k.chang@achc.com.cn					
毕业学校	台北科技大学	文化程度	大学	学位		
职务、职称	技术总监	专业、专长	水泥生产管理及工艺研究	毕业时间	1967	
曾获奖励及荣誉称号情况	2008年全国优秀总工程师；2014年九江市优秀企业家；2016年九江市劳动模范；2016年九江市十大企业领军人物；2017年瑞昌市优秀企业家；2018年获绿色矿山科学技术奖三等奖。					
参加本项目的起止时间	自2017年12月至2018年9月					
主要学术（技术）贡献	我公司处于南方多雨湿润环境，矿山复垦复绿，可以简单地在工业场地上回铺部分土壤，利用当地自然环境，一个季度至半年时间即可生长出当地草种和灌木，即可达到自然复绿的效果，这种复垦复绿工序简单、成本低，被当地大多矿山采用。亚泥中国技术总监张振昆先生对我国人口基数大、人均土地资源少有着充分的认识，为履行社会责任，毅然决定采用工序更为复杂、成本更高的复垦计划，将工业场地的建筑垃圾清理集中倒入破碎机利用，回填1m以上的土壤，将其复垦为耕地、果园、公园、水源地等不同功能区域，实现了土地供给，为员工供应绿色食品，并提供休闲娱的好场所。 本人签名：					

第2完成人	姓名	姚煜国	性别	男	民族	汉
出生地	河南省焦作市		出生日期	1975年9月	党派	
工作单位	江西亚东水泥有限公司			联系电话	0792-4888999	
通信地址及邮政编码	江西省瑞昌市码头镇江西亚东水泥有限公司（邮编：332207）					
家庭住址	江西省瑞昌市鸿福雅居			住宅电话		
电子信箱	yyg@achc.com.cn					

续表

第2完成人	姓名	姚煜国	性别	男	民族	汉
毕业学校	中南工业大学	文化程度	本科	学 位	学士	
职务、职称	副经理	专业、专长	采矿工程	毕业时间	1998.7	
曾获奖励及荣誉称号情况	2018年绿色矿山科学技术奖三等奖、2018年度集团"远东精神奖"					
参加本项目的起止时间	自2017年12月至2018年12月					
主要学术（技术）贡献	1. 依据技术总监提出的构想蓝图，对项目进行总体规划。 2. 负责项目设计、施工技术审核。 3. 统筹项目施工的组织协调工作。 4. 落实相关单位和责任人，全程参与项目建设。					

本人签名： 姚煜国

第3完成人	姓名	陈军	性别	男	民族	汉
出生地	湖北省襄阳市		出生日期	1976年2月	党派	
工作单位	江西亚东水泥有限公司			联系电话	0792-4888999	
通信地址及邮政编码	江西省瑞昌市码头镇江西亚东水泥有限公司（邮编：332207）					
家庭住址	江西省瑞昌市中房佳园			住宅电话		
电子信箱	Eric@achc.com.cn					
毕业学校	武汉理工大学	文化程度	专科	学 位		
职务、职称	襄理	专业、专长	汽车工程	毕业时间	1999.7	
曾获奖励及荣誉称号情况						
参加本项目的起止时间	自2017年12月至2018年12月					
主要学术（技术）贡献	1. 项目施工总负责，全面负责项目全过程的管理工作。 2. 负责贯彻执行项目的施工组织实施方案，组织项目的施工。 3. 负责项目的安全生产管理工作。 4. 负责机械设备、人员的调度。					

本人签名： 陈军

续表

第4完成人	姓名	汪六生	性别		男	民族	汉
出生地	安徽黄山		出生日期		年　月	党派	群众
工作单位	江西亚东水泥有限公司			联系电话		0792-4888999	
通信地址及邮政编码	江西省瑞昌市码头镇江西亚东水泥有限公司（邮编：332207）						
家庭住址	瑞昌市现代城小区20栋			住宅电话		18970253797	
电子信箱	wls@achc.com						
毕业学校	南方工业学校	文化程度	中专		学位		
职务、职称	主任	专业、专长	露天采矿及态恢复治理	毕业时间		2000年	
曾获奖励及荣誉称号情况	参与矿山预配黏土项目，并将矿区内部分低钙灰岩按比例掺配生产骨材，资源综合利用率大幅提升并节约综合生产成本，该项目获远东集团2018年度"远东精神奖"						
参加本项目的起止时间	自2017年12月至2018年12月						
主要学术（技术）贡献	1. 全程参与项目规划及建设，审核各项工程的质量及进度，并排定项目建设进度表及主要负责人。 2. 协助解决项目建设过程中所遇到的困难，包括施工技术、人力组织及设备调度等。 本人签名：汪六生						

第5完成人	姓名	王龙	性别		男	民族	汉
出生地	江西省九江市共青城市		出生日期		1990年8月	党派	
工作单位	江西亚东水泥有限公司			联系电话		0792-4888999	
通信地址及邮政编码	江西省瑞昌市码头镇江西亚东水泥有限公司（邮编：332207）						
家庭住址	江西省九江市浔阳区九江中航城			住宅电话		18879269166	
电子信箱	wanglong@achc.com.cn						
毕业学校	江西理工大学	文化程度	本科	学位		学士	
职务、职称	助理工程师	专业、专长	采矿工程	毕业时间		2015.7	
曾获奖励及荣誉称号情况	2018年江西亚东水泥有限公司"年度优秀员工"						
参加本项目的起止时间	自2017年12月至2018年12月						

第5完成人	姓名	王龙	性别	男	民族	汉

主要学术（技术）贡献	1. 与项目规划单位进行对接，协助完成了项目总体规划图，项目施工图。 2. 对项目的规划布置、工程落实进行协助，对接项目设计单位与施工单位，协助解决施工过程中遇到的问题。 3. 对施工过程进行影像记录及文字记录。 本人签名：王龙

第6完成人	姓名	张志林	性别	男	民族	汉
出生地	瑞昌市码头镇		出生日期	1978年12月	党派	无
工作单位	江西亚东水泥有限公司			联系电话	0792-4888999	
通信地址及邮政编码	江西省瑞昌市码头镇江西亚东水泥有限公司（邮编：332207）					
家庭住址	瑞昌市码头镇福亚社区			住宅电话	18970253965	
电子信箱	842931591@qq.com					
毕业学校	景德镇高等专科学校	文化程度	大专（进修）	学位		
职务、职称	助工	专业、专长	园林	毕业时间	1997.7	
曾获奖励及荣誉称号情况						
参加本项目的起止时间	自2017年12月至2018年12月					
主要学术（技术）贡献	1. 按照公司高层决议，将采掘组办公室东南侧（原包商冷制作场）空地进行绿化总体规划。 2. 规划完成后的生态农业园区以园林主道路为分割点，总体分为四大区域，绿化休闲区、农业观光产业区、果园区、养殖区，建成后达到集休闲观光与现代化有机农业密切结合的生态农业观光园，将会满足员工物质生活的享受和精神生活的升华，打造带有观赏、休闲一体化的园区。 3. 持续推进无公害蔬菜种植，大幅降低伙食团果蔬禽类采购成本，且提高食材品质。 4. 持续推进规划建设矿山公园。 本人签名：张志林					

七、主要完成单位情况表

单位名称		江西亚东水泥有限公司		
第1完成单位	单位性质	☐ 研究院所　☐ 学校　☐ 社会团体　☐ 事业单位　☐ 国有企业 ☐ 民营企业　■ 其他		
联系人	姚煜国	联系电话	13870207771	
传真	0792-4886998	电子信箱	yyg@achc.com.cn	
通信地址及 邮政编码	江西省瑞昌市码头镇江西亚东水泥有限公司（邮编：332207）			
技术开发和应 用的主要贡献	江西亚东水泥公司生产支援处姚煜国副经理依技术总监规划，组织矿山及秘书处绿化人员，利用自有生产设备将工业场地建筑垃圾清理利用，再将矿山表土资源回填到工业场地复垦，交由秘书处绿化小组耕种，确保了该项目的顺利投产			

八、推荐单位意见

（专家推荐不填此栏）

　　江西亚东水泥有限公司，自矿山开采以来，一直履行恢复治理义务，认真贯彻习近平总书记的"既要金山银山也要绿水青山"，全面落实九江市委市政府的"打造最美长江岸线"，致力于打造示范性绿色矿山企业。其中利用工业场地复垦为综合生态园绿色矿山建设项目，通过利用废旧工业场地，复垦为生态农业园和建设矿山公园的方式，打破了外界对传统矿山的认知，很好地诠释了矿业和谐发展的理念，为全市乃至全省起到了很好的模范和带头作用。同意江西亚东水泥有限公司《利用工业场地复垦为综合生态园绿色矿山建设项目》申报绿色矿山科学技术奖。

九、科学技术成果简介

成果名称		利用工业场地复垦为综合生态园绿色矿山建设项目		
成果单位	名称	江西亚东水泥有限公司		
	联系地址	江西省瑞昌市码头镇 江西亚东水泥有限公司	邮政编码	332207
	联系人	姚煜国	电话（区号）	0792-4888999
	电子信箱	yyg@achc.com.cn	传真（区号）	0792-4886998

成果名称	利用工业场地复垦为综合生态园绿色矿山建设项目
成果完成单位	江西亚东水泥有限公司
成果类别	□ 新技术　□ 新工艺　□ 新方法　□ 新设计　□ 新产品　□ 新材料 □ 新品种　■ 其他
成果水平	□ 国际领先　□ 国际先进　■ 国内领先　□ 国内先进
成果来源	□ 国家计划　□ 省部计划　■ 其他
成果评价方式	□ 鉴定　□ 评价　□ 验收　□ 专利　■ 其他
成果简介	**1. 立项背景** 　码头灰岩矿为山坡露天矿，东北侧临近村民集镇，在矿山建设初期向外扩征300m范围作为爆破安全距离，此部分土地初期作为工厂建设机械制作安装的工业场地。随着工厂建成投产，工业场地被弃用，制作厂商撤离后，现场遗留下的建筑垃圾堆积如山，四周则杂草丛生，满目疮痍。严重影响矿区环境，也是对有限土地资源的极大浪费。 **2. 研究主要内容** 　开采区依制订的《地质环境与生态恢复方案》《土地复垦方案》等进行规划建设。非开采区，本着"因地制宜、农业优先"及"宜农宜乐、统筹兼顾"的原则，对原遗弃的机械制作场地进行复垦，改造为生态农业园，种植无公害蔬菜瓜果；对机修厂、矿山办公室周边的破碎场地进行搬迁，委托园林设计单位规划建设矿山公园。 **3. 应用范围** 　本项目可利用于各矿山可复垦为耕地的工业场地。 **4. 技术特点** 　将工业场地复垦为成本更高、工艺更复杂的农业用地，需要一定的魄力和技术力量，公司为此特聘请了两位农业技术专家，并多次委托相关技术单位给予技术指导。 **5. 创新性** 　在生产的矿山，开创性地将工业场地复垦为农业用地，有效地解决了矿山复垦复绿的基本要求，同时为社会提供了部分粮食，取得了一定的社会效益，更改变了社会公众对矿山开采只会破坏环境的错误感观。 **6. 应用效果及推广前景** 　该项目将工业场地改造成农业用地，在满足矿山复垦复绿的基础上，为我国提供了有限的农业用地，可保障部分人员对粮食的需求，具有良好的推广前景，可在全国符合复垦农业地的矿山全面推广。

生态园改造前后对比图	 改造前  改造后
休闲园改造前后对比图	 改造前 改造后

专利

证书号 第3865706号

发明专利证书

发 明 名 称：高效螺旋输送混合搅拌器

发 明 人：张振昆

专 利 号：ZL 2018 1 0176083.8

专利申请日：2018 年 03 月 02 日

专 利 权 人：江西亚东水泥有限公司

地 址：332207 江西省九江市码头镇亚东大道六号

授权公告日：2020 年 06 月 30 日 授权公告号：CN 108453899 B

　　国家知识产权局依照中华人民共和国专利法进行审查，决定授予专利权，颁发发明专利证书并在专利登记簿上予以登记。专利权自授权公告之日起生效。专利权期限为二十年，自申请日起算。

　　专利证书记载专利权登记时的法律状况。专利权的转移、质押、无效、终止、恢复和专利权人的姓名或名称、国籍、地址变更等事项记载在专利登记簿上。

局长
申长雨

2020 年 06 月 30 日

第 1 页 (共 2 页)

证 书 号 第 3865706 号

　　专利权人应当依照专利法及其实施细则规定缴纳年费。本专利的年费应当在每年 03 月 02 日前缴纳。未按照规定缴纳年费的，专利权自应当缴纳年费期满之日起终止。

申请日时本专利记载的申请人、发明人信息如下：
申请人：
　　　　江西亚东水泥有限公司

发明人：
　　　　张振昆

（19）中华人民共和国国家知识产权局

（12）发明专利

（10）授权公告号 CN 108453899 B
（45）授权公告日 2020.06.30

（21）申请号 201810176083.8

（22）申请日 2018.03.02

（65）同一申请的已公布的文献号
　　　申请公布号 CN 108453899 A

（43）申请公布日 2018 .08 .28

（73）专利权人 江西亚东水泥有限公司
　　　地址 332207 江西省九江市码头镇亚东大道六号

（72）发明人 张振昆

（74）专利代理机构 北京清亦华知识产权代理事务所（普通合伙）11201
　　　代理人 何世磊

（51）Int.Cl.
　　　B28C5/34 （2006.01）
　　　B28C5/08 （2006.01）
　　　B28C7/02 （2006.01）

审查员 袁媛

（54）发明名称
高效螺旋输送混合搅拌器

（57）摘要
本发明提供一种高效螺旋输送混合搅拌器，包括固定支架、流化箱、搅拌组件和空气斜槽，流化箱的进料口设有进料管，进料管的进料口设有进料阀，流化箱的底部设有高压风机，高压风机上设有输风管，输风管的出风口上设有气流阀，搅拌组件包括壳体、搅拌电机、搅拌轴和搅拌叶，搅拌轴与壳体之间设有轴瓦，壳体的上端侧壁设有出料管，出料管的末端与空气斜槽连接，固定支架上设有支撑杆，支撑杆与壳体之间设有限位套，本发明通过高压风机和输风管的设计，保障了流化箱对水泥的流化效果，提高了对水泥的搅拌效果，通过搅拌电机、搅拌轴和搅拌叶的设计，以采用垂直螺旋输送的方式进行水泥的搅拌和运输，提高了水泥品质均匀稳定性，且方便了水泥的运输。

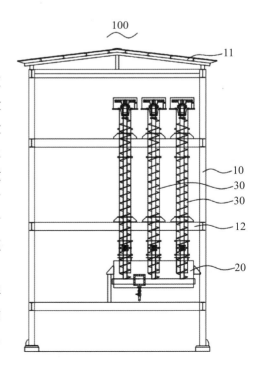

1.一种高效螺旋输送混合搅拌器,其特征在于:包括固定支架和分别与所述固定支架连接的流化箱、搅拌组件、空气斜槽,所述流化箱的进料口设有进料管,所述进料管的进料口设有进料阀,所述流化箱的底部设有高压风机,所述高压风机上设有输风管,所述输风管的出风口上设有气流阀,所述气流阀用于控制所述高压风机向所述流化箱输送的气流量,所述搅拌组件包括壳体、与所述壳体连接的搅拌电机、与所述搅拌电机连接的搅拌轴和设于所述搅拌轴上的搅拌叶,所述搅拌轴的末端插入至所述流化箱内,所述搅拌轴与所述壳体内壁之间设有轴瓦,所述轴瓦套设在所述搅拌轴上,所述壳体的上端侧壁设有出料管,所述出料管的末端与所述空气斜槽连接,所述固定支架上设有支撑杆,所述支撑杆用于所述搅拌组件的固定,所述支撑杆与所述壳体之间设有限位套,所述限位套套设在所述壳体的侧壁上并与所述支撑杆垂直连接;

所述高效螺旋输送混合搅拌器还包括润滑组件,所述润滑组件包括润滑箱、设于所述润滑箱上的电动泵和与所述电动泵连接的输液管,所述输液管的末端与所述轴瓦连接;

所述出料管与所述空气斜槽之间设有软接套,所述软接套避免所述螺旋输送混合搅拌器运转的振动传到所述空气斜槽上并对因温度变化引起的热胀冷缩起补偿作用;

所述搅拌电机的驱动轴上设有小皮带轮,所述搅拌轴的顶端套设有传动轴,所述传动轴上设有大皮带轮,所述大皮带轮与所述小皮带轮相匹配,所述大皮带轮套设在所述传动轴上;

所述进料阀上设有备用输料管,所述备用输料管的出料口与所述空气斜槽连接,且所述备用输料管上设有备用控制阀。

2.根据权利要求1所述的高效螺旋输送混合搅拌器,其特征在于:所述限位套包括多个限位板,所述限位板朝向所述壳体的一侧设有限位槽,所述限位槽采用半圆形结构,所述限位槽用于所述壳体的限位固定,所述限位板上设有螺栓孔,所述螺栓孔内串设有限位螺栓。

3.根据权利要求2所述的高效螺旋输送混合搅拌器,其特征在于:所述限位板和所述壳体上设有腰孔,所述腰孔用于方便所述限位套的固定。

4.根据权利要求2所述的高效螺旋输送混合搅拌器,其特征在于:所述限位槽的内壁上设有橡胶板,所述橡胶板用于增大与所述限位槽与所述壳体之间的摩擦力。

5.根据权利要求1所述的高效螺旋输送混合搅拌器,其特征在于:所述流化箱上设有卡合孔,所述卡合孔上设有端盖,所述端盖用于方便所述流化箱的检查和清理。

6.根据权利要求1所述的高效螺旋输送混合搅拌器,其特征在于:所述固定支架的顶端设有遮挡板,所述遮挡板采用圆锥形结构,所述遮挡板上设有太阳能板,所述太阳能板与所述搅拌电机连接。

高效螺旋输送混合搅拌器

技术领域

[0001] 本发明涉及搅拌器技术领域，特别涉及一种高效螺旋输送混合搅拌器。

背景技术

[0002] 随着我国经济的飞速发展，房地产业已经成为我国 GDP 增长的重要方式，各种建筑的不断建造，对各类建筑器材的要求也越来越高，水泥作为建筑的基本在建筑成型的过程中起了至关重要的作用，搅拌器作为水泥生产上常见的设备之一，在制成水泥的过程中以达到对水泥进行搅拌和混合等效果，进而搅拌器性能的优劣直接影响着水泥品质均匀稳定性，因此搅拌器性能的问题越来越受水泥生产商所重视。

[0003] 现有的搅拌器对水泥的搅拌效率较差，不能有效地进行水泥的混合，导致水泥品质均匀稳定性差。

发明内容

[0004] 基于此，本发明提供一种搅拌效率高的高效螺旋输送混合搅拌器。

[0005] 一种高效螺旋输送混合搅拌器，包括固定支架和分别与所述固定支架连接的流化箱、搅拌组件、空气斜槽，所述流化箱的进料口设有进料管，所述进料管的进料口设有进料阀，所述流化箱的底部设有高压风机，所述高压风机上设有输风管，所述输风管的出风口上设有气流阀，所述气流阀用于控制所述高压风机向所述流化箱输送的气流量，所述搅拌组件包括壳体、与所述壳体连接的搅拌电机、与所述搅拌电机连接的搅拌轴和设于所述搅拌轴上的搅拌叶，所述搅拌轴的末端插入至所述流化箱内，所述搅拌轴与所述壳体内壁之间设有轴瓦，所述轴瓦套设在所述搅拌轴上，所述壳体的上端侧壁设有出料管，所述出料管的末端与所述空气斜槽连接，所述固定支架上设有支撑杆，所述支撑杆用于所述搅拌组件的固定，所述支撑杆与所述壳体之间设有限位套，所述限位套套设在所述壳体的侧壁上并与所述支撑杆垂直连接。

[0006] 上述高效螺旋输送混合搅拌器，通过所述高压风机和所述输风管的设计，能有效地保障所述流化箱对水泥的流化效果，进而提高了对水泥的搅拌效果，通过所述气流阀的设计，方便了工作人员对所述流化箱内水泥流化反应的控制，通过所述搅拌电机、所述搅拌轴和所述搅拌叶的设计，以使采用垂直螺旋输送的方式进行水泥的搅拌和运输，进而提高了所述高效螺旋输送混合搅拌器对水泥的搅拌效果，且方便了水泥的运输，通过所述支

说明书

撑杆的设计，有效地提高了所述搅拌组件与所述固定支架之间结构的稳定性，防止了所述壳体的晃动，通过所述限位套的设计，有效地对所述壳体进行了固定限位，进而进一步防止了所述壳体与所述固定支架之间的晃动，提高了所述高效螺旋输送混合搅拌器整体结构的稳定性，上述高效螺旋输送混合搅拌器通过控制所述搅拌叶的高速旋转，以使对所述流化箱内的水泥混合料进行搅拌并采用螺叶高速旋转将水泥垂直输送到所述空气斜槽，起到提高水泥品质均匀稳定性目的，上述高效螺旋输送混合搅拌器为高速输送，占用空间很小，水泥经过流化箱气化后再经螺旋搅拌叶轴的高速离心力与吸力进行干粉的输送及混合。

[0007] 进一步地，所述高效螺旋输送混合搅拌器还包括润滑组件，所述润滑组件包括润滑箱、设于所述润滑箱上的电动泵和与所述电动泵连接的输液管，所述输液管的末端与所述轴瓦连接。

[0008] 进一步地，所述限位套包括多个限位板，所述限位板朝向所述壳体的一侧设有限位槽，所述限位槽采用半圆形结构，所述限位槽用于所述壳体的限位固定，所述限位板上设有螺栓孔，所述螺栓孔内串设有限位螺栓。

[0009] 进一步地，所述限位板和所述壳体上设有腰孔，所述腰孔用于方便所述限位套的固定。

[0010] 进一步地，所述限位槽的内壁上设有橡胶板，所述橡胶板用于增大与所述限位槽与所述壳体之间的摩擦力。

[0011] 进一步地，所述出料管与所述空气斜槽之间设有软接套，所述软接套避免所述螺旋输送混合搅拌器运转的振动传到所述空气斜槽上并对因温度变化引起的热胀冷缩起补偿作用。

[0012] 进一步地，所述搅拌电机的驱动轴上设有小皮带轮，所述搅拌轴的顶端套设有传动轴，所述传动轴上设有大皮带轮，所述大皮带轮与所述小皮带轮相匹配，所述大皮带轮套设在所述传动轴上。

[0013] 进一步地，所述进料阀上设有备用输料管，所述备用输料管的出料口与所述空气斜槽连接，且所述备用输料管上设有备用控制阀。

[0014] 进一步地，所述流化箱上卡合孔，所述卡合孔上设有端盖，所述端盖用于方便所述流化箱的检查和清理。

[0015] 进一步地，所述固定支架的顶端设有遮挡板，所述遮挡板采用圆锥形结构，所述遮挡板上设有太阳能板，所述太阳能板与所述搅拌电机连接。

附图说明

[0016] 图1为本发明第一实施例提供的高效螺旋输送混合搅拌器的结构示意图；

CN 108453899 B　　　　　　　　　　说明书

[0017]　图 2 为图 1 中搅拌组件的结构示意图；

[0018]　图 3 为图 2 中流化箱的结构示意图；

[0019]　图 4 为图 1 中限位套的结构示意图；

[0020]　图 5 为本发明第二实施例提供的高效螺旋输送混合搅拌器的结构示意图；

[0021]　主要元素符号说明

[0022]

高效螺旋输送混合搅拌器	100100a	固定支架	10
遮挡板	11	流化箱	20
高压风机	21	输风管	22
气流阀	23	润滑组件	24
支撑杆	12	搅拌组件	30
搅拌电机	31	小皮带轮	32
传动轴	33	搅拌轴	34
搅拌叶	35	限位套	36
限位板	361	限位槽	362
限位螺栓	363	腰孔	364

[0023]

轴瓦	37	输料管	38
进料阀	40	进料管	41
备用输料管	50	备用控制阀	51
软接套	39	空气斜槽	381

[0024]　如下具体实施方式将结合上述附图进一步说明本发明。

具体实施方式

[0025]　为使本发明的上述目的、特征和优点能够更加明显易懂，下面结合附图对本发明的具体实施方式做详细的说明。附图中给出了本发明的若干实施例。但是，本发明可以以许多不同的形式来实现，并不限于本文所描述的实施例。相反地，提供这些实施例的目的是使对本发明的公开内容更加透彻全面。

[0026]　需要说明的是，当元件被称为"固设于"另一个元件，它可以直接在另一个元件上或者也可以存在居中的元件。当一个元件被认为是"连接"另一个元件，它可以是直接连接到另一个元件或者可能同时存在居中元件。本文所使用的术语"垂直的""水平的""左""右""上""下"以及类似的表述只是为了说明的目的，而不是指示或暗示所指的装置或元件必须具有特定的方位、以特定的方位构造和操作，因此不能理解为对本发明的限制。

[0027]　在本发明中，除非另有明确的规定和限定，术语"安装""相连""连接""固定"等术语应做广义理解，例如，可以是固定连接，也可以是可拆卸连接，或一体地连接；可以是机械连接，也可以是电连接；可以是直接相连，也可以通过中间媒介间接相连，可以是两个元件内部的连通。对于本领域的普通技术人员而言，可以根据具体情况理解上述术语在本发明中的具体含义。本文所使用的术语"及/或"包括一个或多个相关的所列项目的任意的和所有的组合。

[0028]　请参阅图1至图2，本发明第一实施例提供一种高效螺旋输送混合搅拌器100，包括固定支架10和分别与所述固定支架10连接的流化箱20、搅拌组件30、空气斜槽381，所述固定支架10采用金属材质制成，所述固定支架10用于对所述流化箱20、所述搅拌组件30和空气斜槽381进行承载限位的作用，以提高所述高效螺旋输送混合搅拌器100整体结构的稳定性，所述流化箱20采用透气帆布支撑，当高压气体通过帆布层后对水泥进行气态化混合，以提高水泥均匀稳定性，所述搅拌组件30用于对所述流化箱20内的水泥混合料进行搅拌并采用螺叶高速旋转将水泥垂直输送到空气斜槽，起到提高水泥品质均匀稳定性目的，以起到混合运输的目的，所述空气斜槽381用于装载经所述流化箱20流化处理及所述搅拌组件30搅拌处理后的水泥，所述流化箱20的进料口设有进料管41，所述进料管41的进料口设有进料阀40，通过所述进料管41的设计，方便了工作人员对所述流化箱20的进料处理，通过所述进料阀40的设计，方便了工作人员对所述流化箱20内水泥进料量的控制，进而保障了所述流化箱20内的流化处理效率。

[0029]　本实施例中，可以理解的，所述空气输送斜槽381可用于水泥、粉煤灰等易流态化的粉状物料，该槽以高压离心风机（9-19:9-26型）为动力源，使密闭输送斜槽中的物料保持流态化下倾斜的一端做缓慢的流动，该设备主体部分无传动部分，采用新型涂轮透气层，密封操作管理方便，设备质量轻，低耗电，输送力大，易改变输送方向。

[0030]　请参阅图1至图3，所述流化箱20的底部设有高压风机21，所述高压风机21上设有输风管22，所述高压风机21用于保障所述流化箱20对水泥的流化效果，以提高水泥的质量，所述输风管22的出风口上设有气流阀23，所述气流阀23用于控制所述高压风机21向所述流化箱20输送的气流量，优选的，本实施例中所述气流阀23的数量为两个，分别设于所述流化箱20底部的两侧。

[0031]　所述搅拌轴34与所述壳体内壁之间设有轴瓦37，所述轴瓦37套设在所述搅拌轴34上，所述壳体的上端侧壁设有出料管，所述出料管的末端与所述空气斜槽381连接，通过所述输料管38的设计，保障了水泥的出料输送，所述固定支架10上设有支撑杆12，所述支撑杆12用于所述搅拌组件30的固定，进而有效地提高了所述搅拌组件30与所述壳体之间结构的稳定性，所述支撑杆12与所述壳体之间设有限位套36，所述

限位套 36 套设在所述壳体的侧壁上并与所述支撑杆 12 垂直连接，通过所述限位套 36 的设计，有效地提高了所述壳体与所述支撑杆 12 之间结构的稳定性。

[0032] 优选的，所述高效螺旋输送混合搅拌器 100 还包括润滑组件 24，所述润滑组件 24 包括润滑箱、设于所述润滑箱上的电动泵和与所述电动泵连接的输液管，所述输液管的末端与所述轴瓦 37 连接，所述润滑箱内装载有润滑液，所述润滑液用于保障所述轴瓦 37 润滑，所述输液管用于保障所述润滑箱对所述轴瓦 37 的润滑液的输送，所述电动泵工作时将所述润滑箱内的润滑液送入至所述输液管中，进而进一步保证对所述轴瓦 37 的润滑液的输送。

[0033] 本实施例中，所述搅拌组件 30 的数量为三个，可以理解的在其他实施例中所述搅拌组件 30 的数量可以为其他数量，每个所述搅拌组件 30 均包括壳体、与所述壳体连接的搅拌电机 31、与所述搅拌电机 31 连接的搅拌轴 34 和设于所述搅拌轴 34 上的搅拌叶 35，所述壳体采用圆柱形空心结构，所述壳体用于防止雨水进入对水泥品质造成影响及对所述搅拌轴 34 和所述搅拌叶 35 的腐蚀，进而有效地提高了所述搅拌轴 34 和所述搅拌叶 35 的使用寿命，所述搅拌轴 34 采用圆柱形结构，所述搅拌轴 34 的末端插入至所述流化箱 20 内，进而保障了所述搅拌轴 34 对所述流化箱 20 内水泥的搅拌效果，当所述搅拌电机 31 开启控制所述搅拌轴 34 和所述搅拌叶 35 进行高速转动时，所述流化箱 20 内处于负压状态，进而所述搅拌叶 35 有效地将所述流化箱 20 内的水泥竖直朝上输送，并输送至所述输料管 38 的进料口，水泥通过所述输料管 38 输送至所述空气斜槽 381 内，以达到完成水泥输送效果，优选的，所述空气斜槽 381 的水平高度小于所述输料管 38 的进料口的水平高度，进而此时所述输料管 38 有效地对水泥起到了引流输送的效果，提高了所述高效螺旋输送混合搅拌器 100 的工作效率。

[0034] 请参阅图 4，所述限位套 36 包括多个限位板 361，本实施例中所述限位板 361 的数量为两个，且相互连接在一起，所述限位板 361 朝向所述壳体的一侧设有限位槽 362，所述限位槽 362 采用半圆形结构，所述限位槽 362 用于所述壳体的限位固定，所述限位板 361 上设有螺栓孔，所述螺栓孔内串设有限位螺栓 363，所述限位板 361 之间通过所述限位螺栓 363 和所述螺栓孔固定在一起，进而提高了所述限位套 36 整体结构的稳定性，保障了所述限位套 36 对所述壳体的限位固定效果，所述限位板 361 和所述壳体上设有多个腰孔 364，由于所述壳体要求垂直安装，所述限位套 36 作用是调整螺运机壳体垂直度用的，因此通过所述腰孔 364 的设计，有效地方便了所述限位套 36 的固定。

[0035] 此外，本实施例中所述出料管与所述空气斜槽 381 之间设有软接套 39，所述软接套 39 采用丹尼帆布材质制成，所述软接套 39 避免所述螺旋输送混合搅拌器 100 运转的振动传到所述空气斜槽上并对因温度变化引起的热胀冷缩起补偿作用，进而有效地提高了所述出料管与所述空气斜槽 381 之间结构的稳定性，所述搅拌电机 31 的驱动轴上设有小皮带轮 32，所述搅拌轴 34 的顶端套设有传动轴 33，所述传动轴 33 上设有大皮带轮，所述

大皮带轮与所述小皮带轮 32 相匹配，所述大皮带轮套设在所述传动轴 33 上，通过所述小皮带轮 32、所述大皮带轮和所述传动轴 33 的设计，有效地保障了所述搅拌电机 31 对所述搅拌轴 34 的驱动效果，提高了所述高效螺旋输送混合搅拌器 100 的搅拌效率。

[0036]　优选的，所述流化箱 20 上卡合孔，所述卡合孔上设有端盖，所述端盖用于方便所述流化箱 20 的检查和清理，所述固定支架 10 的顶端设有遮挡板 11，所述遮挡板 11 采用圆锥形结构，所述遮挡板 11 上设有太阳能板，所述太阳能板与所述搅拌电机 31 连接。

[0037]　本实施例中，通过所述高压风机 21 和所述输风管 22 的设计，能有效地保障所述流化箱 20 对水泥的流化效果，进而提高了水泥的品质均匀稳定性，通过所述气流阀 23 的设计，方便了工作人员对所述流化箱 20 内水泥流化反应的控制，通过所述搅拌电机 31、所述搅拌轴 34 和所述搅拌叶 35 的设计，以使采用垂直螺旋输送的方式进行水泥的混合搅拌和运输，进而提高了所述高效螺旋输送混合搅拌器 100 对水泥的搅拌效果，且方便了水泥的运输，通过所述支撑杆 12 的设计，有效地提高了所述搅拌组件 30 与所述固定支架 10 之间结构的稳定性，防止了所述壳体的晃动，通过所述限位套 36 的设计，有效地对所述壳体进行了固定限位，进而进一步地防止了所述壳体与所述固定支架 10 之间的晃动，提高了所述高效螺旋输送混合搅拌器 100 整体结构的稳定性，上述高效螺旋输送混合搅拌器 100 通过控制所述搅拌叶 35 的高速旋转，以使对所述流化箱 20 内的水泥混合料进行搅拌垂直输送到所述空气斜槽 381，以起到均匀混合输送目的，上述高效螺旋输送混合搅拌器 100 为高速输送，占用空间很小，水泥经过流化箱气化后再经螺旋搅拌叶轴的高速离心力与吸力进行干粉的输送及混合。

[0038]　请参阅图 5，为本发明第二实施例提供的高效螺旋输送混合搅拌器 100a 的结构示意图，该第二实施例与第一实施例的结构大抵相同，其区别在于，本实施例中所述进料阀 40 上设有备用料管 50，所述备用料管 50 的出料口与所述空气斜槽 381 连接，且所述备用料管 50 上设有备用控制阀 51，通过所述备用料管 50 的设计，可以使水泥不经过所述流化箱 20 和所述搅拌组件 30 直接输送到所述空气斜槽 381 中，且通过所述备用控制阀 51 的设计，方便了工作人员对所述备用料管 50 开关状态的控制。

[0039]　本实施例中，当所述搅拌组件 30 发生故障为了防止所述流化箱 20 堵塞，可通过所述备用控制阀 51 控制所述备用料管 50 开启，以使可将水泥直接输送至所述空气斜槽 381，有效地防止了所述流化箱 20 的堵塞，提高了所述高效螺旋输送混合搅拌器 100a 的安全性能。

[0040]　上述实施例描述了本发明的技术原理，这些描述只是为了解释本发明的原理，而不能以任何方式解释为本发明保护范围的限制。基于此处的解释，本领域的技术人员不需要付出创造性的劳动即可联想到本发明的其他具体实施方式，这些方式都将落入本发明的保护范围内。

CN 108453899 B　　说明书附图

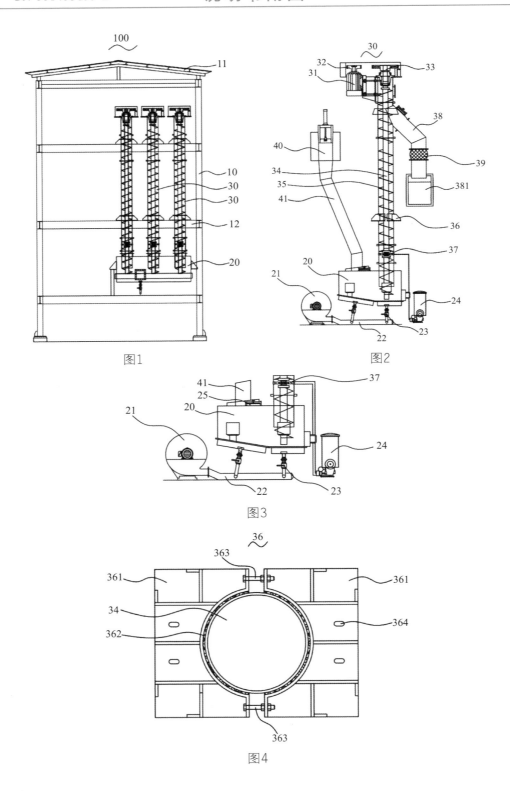

图1

图2

图3

图4

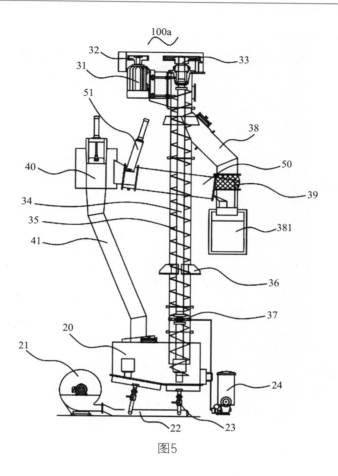

图5

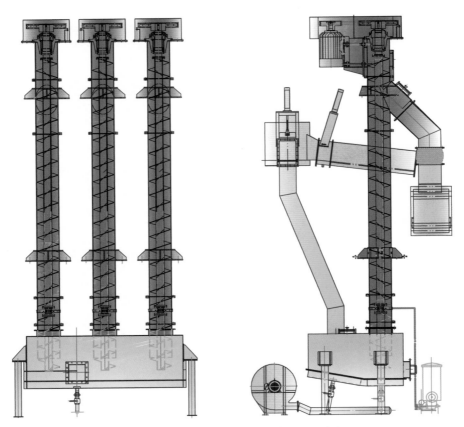

高效螺旋输送混合搅拌器结构图（实）

发明专利证书

证书号第4323789号

发 明 名 称：一种水泥熟料生产方法

发 明 人：张振昆

专 利 号：ZL 2018 1 0060556.8

专利申请日：2018 年 01 月 22 日

专 利 权 人：江西亚东水泥有限公司

地 址：332207 江西省九江市码头镇亚东大道六号

授权公告日：2021 年 03 月 26 日 授权公告号：CN 108328949 B

　　国家知识产权局依照中华人民共和国专利法进行审查，决定授予专利权，颁发发明专利证书并在专利登记簿上予以登记。专利权自授权公告之日起生效。专利权期限为二十年，自申请日起算。

　　专利证书记载专利权登记时的法律状况。专利权的转移、质押、无效、终止、恢复和专利权人的姓名或名称、国籍、地址变更等事项记载在专利登记簿上。

局长
申长雨

2021 年 03 月 26 日

第 1 页 (共 2 页)

证书号第4323789号

专利权人应当依照专利法及其实施细则规定缴纳年费。本专利的年费应当在每年01月22日前缴纳。未按照规定缴纳年费的，专利权自应当缴纳年费期满之日起终止。

申请日时本专利记载的申请人、发明人信息如下：
申请人：

江西亚东水泥有限公司

发明人：

张振昆

（19）中华人民共和国国家知识产权局

（12）发明专利

（10）授权公告号 CN 108328949 B
（45）授权公告日 2021.03.26

（21）申请号 201810060556.8

审查员 张金磊

（22）申请日 2018.01.22

（65）同一申请的已公布的文献号

　　申请公布号 CN 108328949 A

（43）申请公布日 2018.07.27

（73）专利权人 江西亚东水泥有限公司

　　地址 332207 江西省九江市码头镇亚东大道六号

（72）发明人 张振昆

（74）专利代理机构 北京清亦华知识产权代理事务所（普通合伙）11201

　　代理人 何世磊

（51）Int.Cl.

　　C04B 7/14 （2006.01）

　　B28C5/08 （2006.01）

（54）发明名称

一种水泥熟料生产方法

（57）摘要

本发明提供了一种水泥熟料生产方法，所述方法包括：首先称取一定重量的砂岩；对称重好的砂岩进行研磨，获得砂岩粉并进行存储；再称取一定重量的石灰石、黏土、铁矿石碎屑；对称重好的石灰石、黏土、铁矿石碎屑进行混料，研磨后得到石灰石粉；将所述石灰石粉与所述砂岩粉均匀混合，得到生料粉；将所述生料粉送入预热器中进行预热；将预热后的生料粉送入旋窑中煅烧，得到水泥熟料，并对该水泥熟料进行急速冷却。该方法将硬质砂岩单独磨细能够增加砂岩粉中石英结晶的反应活性，提升生料粉的易烧性，提高熟料产量和品质，减少生产过程中的耗电量，降低生产成本；此外，可以提升水泥熟料中硅酸三钙的活性，保证水泥熟料的质量。

```
┌─────────────────────────┐
│   首先称取一定重量的砂岩    │
└─────────────────────────┘
┌─────────────────────────┐
│ 对称重好的砂岩进行研磨，获得砂岩粉并进│
│ 行存储，以便后续需使用时直接从砂岩粉库│
│ 中按百分比计量出料           │
└─────────────────────────┘
┌─────────────────────────┐
│ 再称取一定重量的石灰石、黏土、铁矿石碎屑│
└─────────────────────────┘
┌─────────────────────────┐
│ 对称重好的石灰石、黏土、铁矿石碎屑  │
│ 进行混料，研磨后得到石灰石粉     │
└─────────────────────────┘
┌─────────────────────────┐
│ 将所述石灰石粉与所述砂岩粉均匀混合， │
│ 得到生料粉                │
└─────────────────────────┘
┌─────────────────────────┐
│ 将所述生料粉送入预热器中进行预热   │
└─────────────────────────┘
┌─────────────────────────┐
│ 将预热后的生料粉送入旋窑中煅烧，得到水│
│ 泥熟料，并对该水泥熟料进行急速冷却  │
└─────────────────────────┘
```

1. 一种水泥熟料生产方法，其特征在于，包括：

首先称取一定重量的砂岩；

对称重好的砂岩进行研磨，获得砂岩粉并进行存储，以便后续需使用时直接从砂岩粉库中按百分比计量出料；

再称取一定重量的石灰石、黏土、铁矿石碎屑；

对称重好的石灰石、黏土、铁矿石碎屑进行混料，研磨后得到石灰石粉；

将所述石灰石粉与所述砂岩粉均匀混合，得到生料粉；

将所述生料粉送入预热器中进行预热；

将预热后的生料粉送入旋窑中煅烧，得到水泥熟料，并对该水泥熟料进行急速冷却；

其中，所述对称重好的砂岩进行研磨，获得砂岩粉并进行存储的步骤包括：

对称重好的砂岩进行研磨，将研磨后得到砂岩粉过 75μm 的筛，以确保筛余 8%~10% 并进行存储，其中，8%~10% 是指砂岩粉的细度，同时使砂岩粉中的石英颗粒的粒径小于 125μm，后续需使用时直接从砂岩粉库中按百分比计量出料。

2. 根据权利要求 1 所述的水泥熟料生产方法，其特征在于，称取的砂岩粉、石灰石、黏土、铁矿石碎屑的重量百分比分别为：5%~11%、82%~85%、2%~4%、5%~6%。

3. 根据权利要求 1 所述的水泥熟料生产方法，其特征在于，所述对称重好的石灰石、黏土、铁矿石碎屑进行混料，研磨后得到石灰石粉的步骤包括：

对称重好的石灰石、黏土、铁矿石碎屑进行混料，研磨，过 75μm 的筛，以确保石灰石粉筛余 18%~20%。

4. 根据权利要求 1 所述的水泥熟料生产方法，其特征在于，所述将石灰石粉与砂岩粉均匀混合，得到生料粉的步骤中，混合后得到的生料粉的细度为 75μm 筛余 14%~16%。

5. 根据权利要求 1 所述的水泥熟料生产方法，其特征在于，所述将所述生料粉送入预热器中进行预热的步骤中，使生料粉预热到 860~880℃。

6. 根据权利要求 1 所述的水泥熟料生产方法，其特征在于，所述将预热后的生料粉送入旋窑中煅烧的步骤中，煅烧温度 1350~1450℃。

7. 根据权利要求 1 所述的水泥熟料生产方法，其特征在于，所述对该水泥熟料进行急速冷却的步骤中，使用冷却机将所述水泥熟料急速冷却到约 100℃。

8. 根据权利要求 1 所述的水泥熟料生产方法，其特征在于，所述砂岩为硬砂岩，其邦德功指数不小于 15（kW·h）/t。

CN 108328949 B　　　　　说明书

一种水泥熟料生产方法

技术领域

[0001]　本发明涉及建筑材料技术领域，特别是涉及一种水泥熟料生产方法。

背景技术

[0002]　水泥是由石灰石、砂岩、黏土以及其他材料混合研磨后经高温锻烧成熟料，熟料添加石膏等其他材料研磨到一定细度而成的建筑材料。随着建筑行业的不断发展，对水泥的需求量也越来越高。

[0003]　现有技术中，水泥熟料的生产工艺都是将石灰石、黏土、砂岩、铁矿石等原料混合后研磨成生料，生料再经过高温煅烧生成水泥熟料。

[0004]　但由于用于生产水泥的砂岩较多为硬砂岩，砂岩中的石英结晶多数为较粗的颗粒，且石英结晶中游离 SiO_2 含量在 55%~60%，导致研磨困难，因此，现有工艺生产出的生料易烧性差，熟料产量和品质下降，煅烧过程增加煤耗及电耗，生产成本高，且最终生产出的水泥熟料中游离石灰（f-CaO）容易超限，影响水泥的质量。

发明内容

[0005]　鉴于上述状况，本发明的目的在于提供一种水泥熟料生产方法，以解决使用硬质砂岩生产水泥熟料产量及品质下降，煤耗、电耗升高，影响水泥熟料质量及成本的问题。

[0006]　一种水泥熟料生产方法，包括：

[0007]　首先称取一定重量的砂岩；

[0008]　对称重好的砂岩进行研磨，获得砂岩粉并进行存储，以便后续需使用时直接从砂岩粉库中按百分比计量出料；

[0009]　再称取一定重量的石灰石、黏土、铁矿石碎屑；

[0010]　对称重好的石灰石、黏土、铁矿石碎屑进行混料，研磨后得到石灰石粉；

[0011]　将所述石灰石粉与所述砂岩粉均匀混合，得到生料粉；

[0012]　将所述生料粉送入预热器中进行预热；

[0013]　将预热后的生料粉送入旋窑中煅烧，得到水泥熟料，并对该水泥熟料进行急速冷却。

[0014]　根据本发明提供的水泥熟料生产方法，一方面，将砂岩单独研磨，能够将砂岩

研磨成比表面积较高的砂岩粉，增加了砂岩粉中石英结晶（SiO_2）的反应活性，另一方面，通过石灰石、黏土、铁矿石碎屑混合研磨得到的石灰石粉会在生产过程中脱酸成多孔微粒，故可以磨得较粗一些，然后将砂岩粉与石灰石粉混合均匀形成生料粉，由于砂岩粉中石英结晶的反应活性增加了，因此提升了生料粉的易烧性；此外，进一步对生料粉进行预热和煅烧，可以促进氧化硅（SiO_2）与氧化钙（CaO）颗粒之间在窑中的固态扩散反应速率，提升了水泥熟料中硅酸三钙（C_3S）的活性，对熟料强度与烧成均有利，可以提高熟料产量和品质，减少生产过程中的煤耗、电耗，降低生产成本，从而保证了水泥的质量。

[0015] 另外，根据本发明上述的水泥熟料生产方法，还可以具有如下附加的技术特征：

[0016] 进一步地，称取的砂岩粉、石灰石、黏土、铁矿石碎屑的重量百分比分别为：5%~11%、82%~85%、2%~4%、5%~6%。

[0017] 进一步地，所述对称重好的砂岩进行研磨，获得砂岩粉并进行存储的步骤包括：

[0018] 对称重好的砂岩进行研磨，将研磨后得到砂岩粉过 75μm 的筛，以确保筛余8%~10% 并进行存储，后续需使用时直接从砂岩粉库中按百分比计量出料。

[0019] 进一步地，所述对称重好的石灰石、黏土、铁矿石碎屑进行混料，研磨后得到石灰石粉的步骤包括：

[0020] 对称重好的石灰石、黏土、铁矿石碎屑进行混料，研磨，过 75μm 的筛，以确保石灰石粉筛余 18%~20%。

[0021] 进一步地，所述将石灰石粉与砂岩粉均匀混合，得到生料粉的步骤中，混合后得到的生料粉的细度为 75μm 筛余 14%~16%。

[0022] 进一步地，所述对称重好的砂岩进行研磨的步骤中，砂岩粉中的石英颗粒的粒径小于 125μm。

[0023] 进一步地，所述将所述生料粉送入预热器中进行预热的步骤中，使生料粉预热到 860~880℃。

[0024] 进一步地，所述将预热后的生料粉送入旋窑中煅烧的步骤中，煅烧温度为1350~1450℃。

[0025] 进一步地，所述对该水泥熟料进行急速冷却的步骤中，使用冷却机将所述水泥熟料急速冷却到约 100℃。

[0026] 进一步地，所述砂岩为硬砂岩，其邦德功指数不小于 15（kW·h）/t。

[0027] 本发明的附加方面和优点将在下面的描述中部分给出，部分将从下面的描述中变得明显，或通过本发明的实践了解到。

CN 108328949 B　　　　　　　　说 明 书

附图说明

[0028]　图1为本发明实施方式的水泥熟料生产方法的流程图。

具体实施方式

[0029]　为了便于理解本发明，下面将参照相关附图对本发明进行更全面的描述。附图中给出了本发明的若干实施例。但是，本发明可以以许多不同的形式来实现，并不限于本文所描述的实施例。相反地，提供这些实施例的目的是使对本发明的公开内容更加透彻全面。

[0030]　除非另有定义，本文所使用的所有的技术和科学术语与属于本发明的技术领域的技术人员通常理解的含义相同。本文中在本发明的说明书中所使用的术语只是为了描述具体的实施例的目的，不是旨在于限制本发明。本文所使用的术语"及/或"包括一个或多个相关的所列项目的任意的和所有的组合。

[0031]　请参阅图1，本发明的实施方式提供了一种水泥熟料生产方法，包括：

[0032]　步骤1，首先称取一定重量的砂岩；

[0033]　步骤2，对称重好的砂岩进行研磨，获得砂岩粉并进行存储，以便后续需使用时直接从砂岩粉库中按百分比计量出料；

[0034]　步骤3，再称取一定重量的石灰石、黏土、铁矿石碎屑；

[0035]　步骤4，对称重好的石灰石、黏土、铁矿石碎屑进行混料，研磨后得到石灰石粉；

[0036]　步骤5，将所述石灰石粉与所述砂岩粉均匀混合，得到生料粉；

[0037]　步骤6，将所述生料粉送入预热器中进行预热；

[0038]　步骤7，将预热后的生料粉送入旋窑中煅烧，得到水泥熟料，并对该水泥熟料进行急速冷却。

[0039]　根据本发明提供的方法，一方面，将砂岩单独研磨，能够将砂岩研磨成比表面积较高的砂岩粉，增加了砂岩粉中石英结晶（SiO_2）的反应活性，另一方面，通过石灰石、黏土、铁矿石碎屑混合研磨得到的石灰石粉会在生产过程中脱酸成多孔微粒，故可以磨得较粗一些，然后将砂岩粉与石灰石粉混合均匀形成生料粉，由于砂岩粉中石英结晶的反应活性增加了，因此提升了生料粉的易烧性；此外，进一步对生料粉进行预热和煅烧，可以促进氧化硅（SiO_2）与氧化钙（CaO）颗粒之间在窑中的固态扩散反应速率，提升了水泥熟料中硅酸三钙（C_3S）的活性，对熟料强度与烧成均有利，可以提高熟料产量和品质，减少生产过程中的煤耗、电耗，降低生产成本，从而保证了水泥的质量。

　　　　　说 明 书

[0040]　下面分多个实施例对本发明实施例进行进一步的说明。本发明实施例不限定于以下的具体实施例。在不变主权利的范围内，可以适当地进行变更实施。

[0041]　实施例一

[0042]　一种水泥熟料生产方法，包括：

[0043]　步骤1，首先称取一定重量的砂岩；

[0044]　其中，称取的砂岩为硬砂岩，其邦德功指数不小于15（kW·h）/t，砂岩颗粒的初始粒径小于60mm。

[0045]　步骤2，对称重好的砂岩进行研磨，获得砂岩粉并进行存储，后续需使用时直接从砂岩粉库中按百分比计量出料；

[0046]　其中，该步骤中，对称重好的砂岩进行研磨，将研磨后得到砂岩粉过75μm的筛，以确保筛余8%~10%，其中，8%~10%是指砂岩粉的细度，同时使砂岩粉中的石英颗粒的粒径小于125μm，然后将砂岩粉进行存储，可以将研磨好的砂岩粉存储在砂岩粉库中，以供后续使用。

[0047]　步骤3，再称取一定重量的石灰石、黏土、铁矿石碎屑；

[0048]　其中，该步骤与步骤2中，称取的砂岩粉、石灰石、黏土、铁矿石碎屑的重量百分比分别为：5%、85%、4%、6%。

[0049]　步骤4，对称重好的石灰石、黏土、铁矿石碎屑进行混料，研磨后得到石灰石粉；

[0050]　其中，该步骤中，对称重好的石灰石、黏土、铁矿石碎屑进行混料，研磨，过75μm的筛，以确保石灰石粉筛余18%~20%，即石灰石粉的细度为18%~20%。

[0051]　步骤5，将所述石灰石粉与所述砂岩粉均匀混合，得到生料粉；

[0052]　其中，该步骤中，使混合后得到的生料粉的细度为75μm筛余14%~16%。

[0053]　此外，需要指出的是，具体实施时，可以在步骤1中，先将大量的砂岩进行研磨，得到大量的砂岩粉后存储在砂岩粉库中，在需要与石灰石粉混合时，只需从砂岩粉库中取出相应重量比例的砂岩粉即可。

[0054]　步骤6，将所述生料粉送入预热器中进行预热，使生料粉预热到860~880℃；

[0055]　步骤7，将预热后的生料粉送入旋窑中煅烧，煅烧温度为1350~1450℃，在旋窑中停留约30min，得到水泥熟料，并对该水泥熟料进行急速冷却，使用冷却机将所述水泥熟料急速冷却到约100℃。

[0056]　相比相同条件下的现有技术，根据本实施例提供的方法，其窑熟料产量由平均5350t/d提升至5470t/d，每套窑熟料提产达120t/d，熟料水泥3d抗压强度由30MPa提升至31MPa，28d抗压强度由57.3MPa提升约58.2MPa。窑熟料烧成工段平均单位电耗由23.6（kW·h）/t降低至23.4（kW·h）/t。

[0057]　实施例二

[0058]　一种水泥熟料生产方法，包括：

[0059]　步骤1，首先称取一定重量的砂岩；

[0060]　其中，称取的砂岩为硬砂岩，其邦德功指数不小于15（kW·h）/t，砂岩颗粒的初始粒径小于60mm。

[0061]　步骤2，对称重好的砂岩进行研磨，获得砂岩粉并进行存储，后续需使用时直接从砂岩粉库中按百分比计量出料；

[0062]　其中，该步骤中，对称重好的砂岩进行研磨，将研磨后得到砂岩粉过75μm的筛，以确保筛余8%~10%，其中，8%~10%是指砂岩粉的细度，同时使砂岩粉中的石英颗粒的粒径小于125μm，然后将砂岩粉进行存储，可以将研磨好的砂岩粉存储在砂岩粉库中，以供后续使用。

[0063]　步骤3，再称取一定重量的石灰石、黏土、铁矿石碎屑；

[0064]　其中，该步骤与步骤2中，称取的砂岩粉、石灰石、黏土、铁矿石碎屑的重量百分比分别为：9%、83%、3%、5%。

[0065]　步骤4，对称重好的石灰石、黏土、铁矿石碎屑进行混料，研磨后得到石灰石粉；

[0066]　其中，该步骤中，对称重好的石灰石、黏土、铁矿石碎屑进行混料，研磨，过75μm的筛，以确保石灰石粉筛余18%~20%，即石灰石粉的细度为18%~20%。

[0067]　步骤5，将所述石灰石粉与所述砂岩粉均匀混合，得到生料粉；

[0068]　其中，该步骤中，使混合后得到的生料粉的细度为75μm筛余14%~16%。

[0069]　此外，需要指出的是，具体实施时，可以在步骤1中，先将大量的砂岩进行研磨，得到大量的砂岩粉后存储在砂岩粉库中，在需要与石灰石粉混合时，只需从砂岩粉库中取出相应重量比例的砂岩粉即可。

[0070]　步骤6，将所述生料粉送入预热器中进行预热，使生料粉预热到860~880℃；

[0071]　步骤7，将预热后的生料粉送入旋窑中煅烧，煅烧温度为1350~1450℃，在旋窑中停留约30min，得到水泥熟料，并对该水泥熟料进行急速冷却，使用冷却机将所述水泥熟料急速冷却到约100℃。

[0072]　相比相同条件下的现有技术，根据本实施例提供的方法，其窑熟料产量由平均5350t/d提升至5530t/d，每套窑熟料提产达180t/d，熟料水泥3d抗压强度由30MPa提升至31.5MPa，28d抗压强度由57.3MPa提升约58.8MPa。窑熟料烧成工段平均单位电耗由23.6（kW·h）/t降低至23.2（kW·h）/t。

[0073]　实施例三

[0074]　一种水泥熟料生产方法，包括：

[0075] 步骤 1，首先称取一定重量的砂岩；

[0076] 其中，称取的砂岩为硬砂岩，其邦德功指数不小于 15（kW·h）/t，砂岩颗粒的初始粒径小于 60mm。

[0077] 步骤 2，对称重好的砂岩进行研磨，获得砂岩粉并进行存储，后续需使用时直接从砂岩粉库中按百分比计量出料；

[0078] 其中，该步骤中，对称重好的砂岩进行研磨，将研磨后得到砂岩粉过 75μm 的筛，以确保筛余 8%~10%，其中，8%~10% 是指砂岩粉的细度，同时使砂岩粉中的石英颗粒的粒径小于 125μm，然后将砂岩粉进行存储，可以将研磨好的砂岩粉存储在砂岩粉库中，以供后续使用。

[0079] 步骤 3，再称取一定重量的石灰石、黏土、铁矿石碎屑；

[0080] 其中，该步骤与步骤 2 中，称取的砂岩粉、石灰石、黏土、铁矿石碎屑的重量百分比分别为：11%、82%、2%、5%。

[0081] 步骤 4，对称重好的石灰石、黏土、铁矿石碎屑进行混料，研磨后得到石灰石粉；

[0082] 其中，该步骤中，对称重好的石灰石、黏土、铁矿石碎屑进行混料，研磨，过 75μm 的筛，以确保石灰石粉筛余 18%~20%，即石灰石粉的细度为 18%~20%。

[0083] 步骤 5，将所述石灰石粉与所述砂岩粉均匀混合，得到生料粉；

[0084] 其中，该步骤中，使混合后得到的生料粉的细度为 75μm 筛余 14%~16%。

[0085] 此外，需要指出的是，具体实施时，可以在步骤 1 中，先将大量的砂岩进行研磨，得到大量的砂岩粉后存储在砂岩粉库中，在需要与石灰石粉混合时，只需从砂岩粉库中取出相应重量比例的砂岩粉即可。

[0086] 步骤 6，将所述生料粉送入预热器中进行预热，使生料粉预热到 860~880℃；

[0087] 步骤 7，将预热后的生料粉送入旋窑中煅烧，煅烧温度为 1350~1450℃，在旋窑中停留约 30min，得到水泥熟料，并对该水泥熟料进行急速冷却，使用冷却机将所述水泥熟料急速冷却到约 100℃。

[0088] 相比相同条件下的现有技术，根据本实施例提供的方法，其窑熟料产量由平均 5350t/d 提升至 5580t/d，每套窑熟料提产达 230t/d，熟料水泥 3d 抗压强度由 30MPa 提升至 31.8MPa，28d 抗压强度由 57.3MPa 提升约 59.3MPa。窑熟料烧成工段平均单位电耗由 23.6（kW·h）/t 降低至 23.1（kW·h）/t。

[0089] 以上所述实施例仅表达了本发明的几种实施方式，其描述较为具体和详细，但并不能因此而理解为对本发明专利范围的限制。应当指出的是，对于本领域的普通技术人员来说，在不脱离本发明构思的前提下，还可以作出若干变形和改进，这些都属于本发明的保护范围。因此，本发明专利的保护范围应以所附权利要求为准。

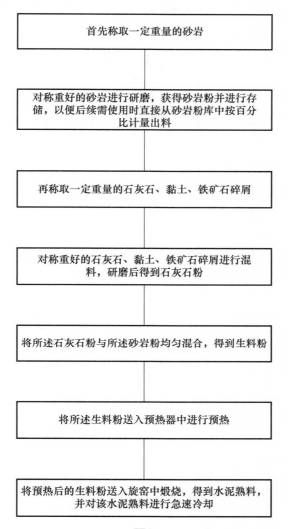

图1

证书号第 8160066 号

实用新型专利证书

实用新型名称：散装水泥称量系统

发　明　人：张振昆

专　利　号：ZL 2018 2 0227208.0

专利申请日：2018 年 02 月 08 日

专利权人：江西亚东水泥有限公司

地　　　址：332207 江西省九江市码头镇亚东大道六号

授权公告日：2018 年 11 月 30 日　　　　授权公告号：CN 208171404 U

　　本实用新型经过本局依照中华人民共和国专利法进行初步审查，决定授予专利权，颁发本证书并在专利登记簿上予以登记。专利权自授权公告之日起生效。

　　本专利的专利权期限为十年，自申请日起算。专利权人应当依照专利法及其实施细则规定缴纳年费。本专利的年费应当在每年 02 月 08 日前缴纳。未按照规定缴纳年费的，专利权自应当缴纳年费期满之日起终止。

　　专利证书记载专利权登记时的法律状况。专利权的转移、质押、无效、终止、恢复和专利权人的姓名或名称、国籍、地址变更等事项记载在专利登记簿上。

局长
申长雨

2018 年 11 月 30 日

第 1 页（共 1 页）

（19）中华人民共和国国家知识产权局

（12）实用新型专利

（10）授权公告号 CN 208171404 U

（45）授权公告日 2018.11.30

（21）申请号 201820227208 .0

（22）申请日 2018 .02 .08

（73）专利权人 江西亚东水泥有限公司

地址 332207 江西省九江市码头镇亚东大道六号

（72）发明人 张振昆

（74）专利代理机构 北京清亦华知识产权代理事务所（普通合伙）11201

代理人 何世磊

（51）Int.Cl.

G01G 17/06 （2006.01）

（54）实用新型名称

散装水泥称量系统

（57）摘要

本实用新型提供了一种散装水泥称量系统，包括控制器、散装水泥库、第一缓冲料柜、至少两个计量组件、第二缓冲料柜、与第二缓冲料柜连接的提升机以及散泥装船机。上述散装水泥称量系统，先将散装水泥库中的水泥放入第一缓冲料柜，然后先将第一缓冲料柜中的水泥装满一个计量桶，关闭计量桶上方的开关阀，同时，第一缓冲料柜将水泥输入另一计量桶中，然后通过称量器称量装满水泥计量桶的质量，再将称量完成的计量桶中的水泥输入第二缓冲料柜，计算计量桶前后两次称重的差值，得到输入到第二缓冲料柜的水泥的重量，同理，两组计量组件交替称量，实现水泥的连续称量，且通过计算计量桶的重量差，计算结果不受物料运动等因素影响，计量误差小。

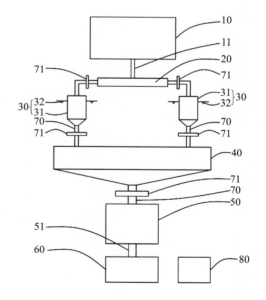

CN 208171404 U 权利要求书

1. 一种散装水泥称量系统，其特征在于，包括控制器、散装水泥库、与所述散装水泥库连接的第一缓冲料柜、与所述第一缓冲料柜连接的至少两个计量组件、与所有计量组件连接的第二缓冲料柜、与所述第二缓冲料柜连接的提升机以及与所述提升机连接的散泥装船机，每个所述计量组件均包括与所述第一缓冲料柜连接的计量桶和与所述计量桶连接的称量器，所述第一缓冲料柜、所述计量桶、所述第二缓冲料柜依次通过输送管连接，且每一所述输送管的中部均设有一开关阀，每个所述开关阀均与所述控制器连接，所述散装水泥库与所述第一缓冲料柜通过一个第一空气输送斜槽连接，所述提升机与所述散泥装船机通过一个第二空气输送斜槽连接，所述控制器还与所述计量组件、所述提升机、所述散泥装船机、第一空气输送斜槽、第二空气输送斜槽连接，称量时，两个所述计量组件交替称量第一缓冲料柜内输入的水泥。

2. 根据权利要求1所述的散装水泥称量系统，其特征在于，所述计量组件还包括一个延时器，所述延时器与所述称量器连接。

3. 根据权利要求1所述的散装水泥称量系统，其特征在于，所述计量桶的底端呈锥形。

4. 根据权利要求1所述的散装水泥称量系统，其特征在于，所述散泥装船机设有至少一个，多个所述散泥装船机交替接收所述第二缓冲料柜内的水泥。

5. 根据权利要求1所述的散装水泥称量系统，其特征在于，每个所述计量桶与所述第二缓冲料柜通过至少一个所述输送管连接，每个所述输送管的中部均设有一个所述开关阀。

6. 根据权利要求1所述的散装水泥称量系统，其特征在于，所述开关阀包括气动挡板阀和气动蝶阀。

7. 根据权利要求1所述的散装水泥称量系统，其特征在于，所述计量桶的上端设有一个收尘管，所述收尘管设有一个气动控制阀。

8. 根据权利要求1所述的散装水泥称量系统，其特征在于，所述计量桶内设有一个料位仪，所述料位仪设于所述计量桶的顶端且与所述控制器连接，所述料位仪用于检测所述计量桶内水泥的高度。

散装水泥称量系统

技术领域

[0001]　本实用新型涉及一种散装水泥称量系统。

背景技术

[0002]　随着经济的高速发展，城市化进程不断加快，导致市场对水泥的需求也不断加大，在水泥的运输过程中，一般包括水运和陆运两种方式，而对于水运而言，就是通过运输船运输，而在装船运输之前，需要通过动态计量设备（申克流量计和单滚轮皮带秤）对装船的水泥的质量进行称量，以计算出相应的装载量。

[0003]　但是，通过上述计量方式（申克流量计和单滚轮皮带秤），为动态计量方式，受到水泥气化后比重变化、物料运动等因素影响，计量误差大，装船前、装船结束，均需要人员上船下水查看船舶水尺，交接前后耗时高、存在安全隐患，水泥从出库经计量系统至散泥装船机路径繁复（人员查看船舶水尺计算后比对动态称量累计值交接），装船效率低。

实用新型内容

[0004]　本实用新型的目的是提供一种计量误差小的散装水泥称量系统，以解决因物料运动等因素影响而导致计量误差大的问题。

[0005]　一种散装水泥称量系统，包括控制器、散装水泥库、与所述散装水泥库连接的第一缓冲料柜、与所述第一缓冲料柜连接的至少两个计量组件、与所有计量组件连接的第二缓冲料柜、与所述第二缓冲料柜连接的提升机以及与所述提升机连接的散泥装船机，每个所述计量组件均包括与所述第一缓冲料柜连接的计量桶和与所述计量桶连接的称量器，所述第一缓冲料柜、所述计量桶、所述第二缓冲料柜依次通过输送管连接，且每一所述输送管的中部均设有一开关阀，每个所述开关阀均与所述控制器连接，所述散装水泥库与所述第一缓冲料柜通过一个第一空气输送斜槽连接，所述提升机与所述散泥装船机通过一个第二空气输送斜槽连接，所述控制器还与所述计量组件、所述提升机、所述散泥装船机、第一空气输送斜槽、第二空气输送斜槽连接，称量时，两个所述计量组件交替称量第一缓冲料柜内输入的水泥。

[0006]　相较于现有技术，上述散装水泥称量系统，先将散装水泥库中的水泥放入第一缓冲料柜，然后先将第一缓冲料柜中的水泥装满一个计量桶，关闭计量桶上方的开关

阀，同时，第一缓冲料柜将水泥输入另一计量桶中，然后通过称量器称量装满水泥计量桶的质量，再将称量完成的计量桶中的水泥输入第二缓冲料柜，计算计量桶前后两次称重的差值，得到输入到第二缓冲料柜的水泥的重量，同理，两组计量组件交替称量，实现水泥的连续称量，且通过计算计量桶的重量差，计算结果不受水泥气化后比重变化、物料运动等因素影响，计量误差小。

[0007]　进一步地，所述计量组件还包括一个延时器，所述延时器与所述称量器连接。

[0008]　进一步地，所述计量桶的底端呈锥形。

[0009]　进一步地，所述散泥装船机设有至少一个，多个所述散泥装船机交替接收所述第二缓冲料柜内的水泥。

[0010]　进一步地，每个所述计量桶与所述第二缓冲料柜通过至少一个所述输送管连接，每个所述输送管的中部均设有一个所述开关阀。

[0011]　进一步地，所述开关阀包括气动挡板阀和气动蝶阀。

[0012]　进一步地，所述计量桶的上端设有一个收尘管，所述收尘管设有一个气动控制阀。

[0013]　进一步地，所述计量桶内设有一个料位仪，所述料位仪设于所述计量桶的顶端且与所述控制器连接，所述料位仪用于检测所述计量桶内水泥的高度。

附图说明

[0014]　图1为本实用新型第一实施例提供的散装水泥称量系统的结构示意图；

[0015]　图2为本实用新型第二实施例提供的散装水泥称量系统的结构示意图。

[0016]　主要元件符号说明：

[0017]

[0018]

散装水泥库	10	延时器	33	提升机	50
第一缓冲料柜	20	收尘管	34	输送管	70
计量组件	30	气动控制阀	35	开关阀	71
计量桶	31	第二缓冲料柜	40	控制器	80
称量器	32	散泥装船机	60		

[0019]　如下具体实施方式将结合上述附图进一步说明本实用新型。

具体实施方式

[0020]　为了便于理解本实用新型，下面将参照相关附图对本实用新型进行更全面的描

述。附图中给出了本实用新型的若干个实施例。但是，本实用新型可以以许多不同的形式来实现，并不限于本文所描述的实施例。相反地，提供这些实施例的目的是使对本实用新型的公开内容更加透彻全面。

[0021] 需要说明的是，当元件被称为"固设于"另一个元件，它可以直接在另一个元件上或者也可以存在居中的元件。当一个元件被认为是"连接"另一个元件，它可以是直接连接到另一个元件或者可能同时存在居中元件。本文所使用的术语"垂直的""水平的""左""右"以及类似的表述只是为了说明的目的。

[0022] 除非另有定义，本文所使用的所有的技术和科学术语与属于本实用新型的技术领域的技术人员通常理解的含义相同。本文中在本实用新型的说明书中所使用的术语只是为了描述具体的实施例的目的，不是旨在于限制本实用新型。本文所使用的术语"及/或"包括一个或多个相关的所列项目的任意的和所有的组合。

[0023] 请参阅图1，本实用新型第一实施例提供的散装水泥称量系统，包括控制器80、散装水泥库10、与所述散装水泥库10连接的第一缓冲料柜20、与所述第一缓冲料柜20连接的至少两个计量组件30、与所有计量组件30连接的第二缓冲料柜40、与所述第二缓冲料柜40连接的提升机50以及与所述提升机连接的散泥装船机60。

[0024] 每个所述计量组件30均包括与所述第一缓冲料柜20连接的计量桶31和与所述计量桶31连接的称量器32，所述第一缓冲料柜20、所述计量桶31、所述第二缓冲料柜40依次通过输送管70连接，且每一所述输送管70的中部均设有一开关阀71，每个所述开关阀71均与所述控制器80连接，所述散装水泥库10与所述第一缓冲料柜20通过一个第一空气输送斜槽11连接，所述提升机50与所述散泥装船机60通过一个第二空气输送斜槽51连接，所述控制器80还与所述计量组件30、所述提升机50、所述散泥装船机60、第一空气输送斜槽11、第二空气输送斜槽51连接，称量时，两个所述计量组件30交替称量第一缓冲料柜20内输入的水泥。

[0025] 可以理解地，空气输送斜槽可用于水泥、粉煤灰等易流态化的粉状物料，该槽以高压离心风机（9-19:9-26型）为动力源，使密闭输送斜槽中的物料保持流态化下倾斜的一端做缓慢的流动，该设备主体部分无传动部分，采用新型涂轮透气层，密封操作管理方便，设备质量轻，低耗电，输送力大，易改变输送方向。

[0026] 上述散装水泥称量系统，先将散装水泥库10中的水泥通过第一空气输送斜槽11放入第一缓冲料柜20，为了避免因水泥直接进入计量桶31而导致计量桶31左右晃动进而影响计量精准度，然后打开第一缓冲料柜20与一个计量桶31之间的开关阀71，先将第一缓冲料柜20中的水泥装满一个计量桶31，关闭第一缓冲料柜20与计量桶31

之间的开关阀 71，同时，第一缓冲料柜 20 将水泥输入另一计量桶 31 中，然后通过称量器 32 称量装满水泥的计量桶 31 的质量，再打开计量桶 31 与第二缓冲料柜 40 之间的开关阀 71，以将称量完成的计量桶 31 中的水泥输入第二缓冲料柜 40，计算计量桶 31 前后两次称重的差值，得到输入到第二缓冲料柜 40 的水泥的质量，同理，两组计量组件 30 交替称量，实现水泥的连续称量，且通过计算计量桶 31 的重量差，计算结果不受物料运动等因素影响，计量误差小，然后打开第二缓冲料柜 40 与提升机 50 之间的开关阀 71，将第二缓冲料柜 40 中的水泥输送到提升机 50 中，提升机 50 再通过第二空气输送斜槽 51 将水泥输送到散泥装船机 60 中进行装船。

[0027] 具体地，在本实施例中，为了使计量桶 31 中的水泥快速的流入所述第二缓冲料柜 40 中，所述计量桶 31 的底端呈锥形，且输送管 70 位于所述计量桶 31 的锥底，实现计量桶 31 中的水泥快速地进入输送管 70 并输入到第二缓冲料柜中。

[0028] 具体地，所述散泥装船机 60 设有一个，用于接收提升机 50 中的水泥并将水泥装运到运输船上，可以理解地，在本实用新型的其他实施例中，可以设置多个所述散泥装船机 60，多个散泥装船机 60 交替接收所述第二缓冲料柜 40 内的水泥，实现不间断装船。

[0029] 具体地，在本实施例中，所述开关阀 71 包括气动挡板阀和气动蝶阀，通过控制开关阀 71 的通断，实现输送管 70 的通断。

[0030] 请参阅图 2，本实用新型第二实施例提供的散装水泥称量系统，所述第二实施例与所述第一实施例大抵相同，其区别在于，所述第二实施例中，所述计量组件 30 还包括一个延时器 33，所述延时器 33 与所述称量器 32 连接。通过设置所述延时器 32，当需称量计量桶 31 中的水泥时，先使计量桶 31 中的水泥静置预设时间，如 16s，使计量桶 31 充分静置，具体地，在实施过程中，还可以在稳定称量 30s 后再记录第二次计量桶 31 的重量，进一步提高了计量精度。

[0031] 具体地，在本实施例中，每个所述计量桶 31 与所述第二缓冲料柜 40 通过两个所述输送管 70 连接，每个所述输送管 70 的中部均设有一个所述开关阀 71，可以理解地，在本实用新型的其他实施例中，所述计量桶 31 与所述第二缓冲料柜 40 之间还可以通过一个以上的输送管 70 连接，以增加所述计量桶 31 与所述第二缓冲料柜 40 输出水泥的速度。

[0032] 具体地，在本实施例中，所述计量桶 31 内设有一个料位仪（图未标出），所述料位仪设于所述计量桶 31 的顶端且与所述控制器 80 连接，所述料位仪用于检测所述计量桶 31 内水泥的高度，并当所述计量桶 31 中的水泥达到预设高度时，发送一关闭信号至所述控制器 80，所述控制器 80 控制第一缓冲料柜 20 与计量桶 31 之间的开关阀 70 关

闭，第一缓冲料柜 20 停止向计量桶 31 输送水泥。

[0033]　　具体地，料位仪是指对工业生产过程中封闭式或敞开容器中物料（固体或液位）的高度进行检测；完成这种测量任务的仪表叫做料位仪。料位仪也称为"物位计""料位计""物位仪"为"物位计""料位计""物位仪""料位监测仪""物位监测仪"等。

[0034]　　具体的，在本实施例中，所述计量桶 31 的上端设有一个收尘管 34，所述收尘管 34 的管口设有一个气动控制阀 35，通过上述结构设计，在实施计量桶 31 进料和出料的过程中，打开实施气动控制阀 35，排除水泥中的气体，使计量结果不受水泥气化后比重变化的影响，进一步提高了测量精度，通过上述结构设计，可使计量误差从之前的百分之一至二降低到千分之一至三，每销售 100 万吨水泥可以减少误差损失 1.7 万吨，避免供货方计量纠纷。

[0035]　　以上所述实施例仅表达了本实用新型的几种实施方式，其描述较为具体和详细，但并不能因此而理解为对本实用新型专利范围的限制。应当指出的是，对于本领域的普通技术人员来说，在不脱离本实用新型构思的前提下，还可以作出若干变形和改进，这些都属于本实用新型的保护范围。因此，本实用新型专利的保护范围应以所附权利要求为准。

CN 208171404 U

说 明 书 附 图

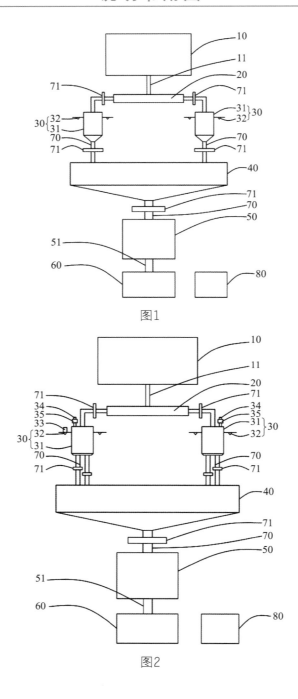

图1

图2

说明书附图

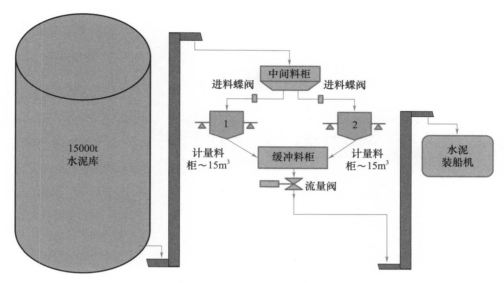

散装水泥称量系统示意图

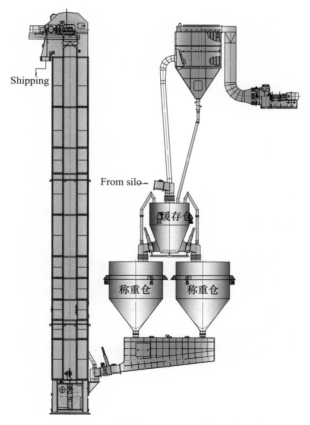

散装水泥称重系统工艺流程图（实）

证书号 第8242005号

实用新型专利证书

实用新型名称：水泥生产装置

发　明　人：张振昆

专　利　号：ZL 2018 2 0240368.9

专利申请日：2018 年 02 月 09 日

专 利 权 人：江西亚东水泥有限公司

地　　　　址：332207 江西省九江市码头镇亚东大道六号

授权公告日：2018 年 12 月 18 日　　　授权公告号：CN 208254231 U

　　国家知识产权局依照中华人民共和国专利法经过初步审查，决定授予专利权，颁发实用新型专利证书并在专利登记簿上予以登记。专利权自授权公告之日起生效。专利权期限为十年，自申请日起算。

　　专利证书记载专利权登记时的法律状况。专利权的转移、质押、无效、终止、恢复和专利权人的姓名或名称、国籍、地址变更等事项记载在专利登记簿上。

局长
申长雨

2018 年 12 月 18 日

证书号第 8242005 号

专利权人应当依照专利法及其实施细则规定缴纳年费。本专利的年费应当在每年 02 月 09 日前缴纳。未按照规定缴纳年费的，专利权自应当缴纳年费期满之日起终止。

申请日时本专利记载的申请人、发明人信息如下：

申请人：

江西亚东水泥有限公司

发明人：

张振昆

（19）中华人民共和国国家知识产权局

（12）实用新型专利

（10）授权公告号 CN 208254231 U
（45）授权公告日 2018.12.18

（21）申请号 201820240368.9

（22）申请日 2018.02.09

（73）专利权人 江西亚东水泥有限公司
      地址 332207 江西省九江市码头镇亚东大道六号

（72）发明人 张振昆

（74）专利代理机构 北京清亦华知识产权代理事务所（普通合伙）11201
      代理人 何世磊

（51）Int.Cl.
      F27D 3/00 （2006.01）
      F27D 13/00 （2006.01）
      F27D 17/00 （2006.01）
      F27D 19/00 （2006.01）

B28C 7/02 （2006.01）
审查员 袁媛

（54）实用新型名称
    水泥生产装置

（57）摘要

本实用新型涉及一种水泥生产装置，包括一预热器以及与所述预热器连接的进料装置，所述进料装置包括一生料提升机以及分别设于所述生料提升机出料端相连接的第一进料支管以及第二进料支管，所述第一进料支管的管径大于所述第二进料支管的管径，所述第一进料支管的一端与所述预热器一级旋风筒生料喂入口相连接，在所述第二进料支管依次设有一气动挡板、空气斜槽、流量控制阀以及一锁风阀，所述第二进料支管的一端与所述预热器中的窑尾烟室相连，所述第二进料支管用于将部分新鲜生料直接输送至所述预热器尾部的所述窑尾烟室中。本实用新型提出的水泥生产装置，可有效减少窑尾烟室内的结皮问题，降低生产成本，提高水泥熟料质量。

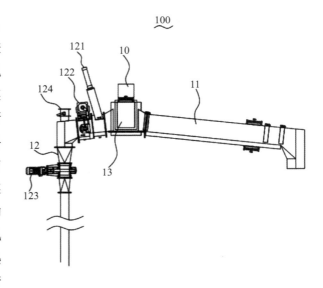

CN 108453899 B

权利要求书

1. 一种水泥生产装置，其特征在于，包括一预热器以及与所述预热器连接的进料装置，所述进料装置包括一生料提升机以及分别设于所述生料提升机的出料端的第一进料支管以及第二进料支管，所述第一进料支管的管径大于所述第二进料支管的管径，所述第一进料支管的一端与所述预热器的生料喂入口相连接，所述第二进料支管通过一空气斜槽与所述生料提升机连接，在所述第二进料支管上依次设有一气动挡板、流量控制阀以及一锁风阀，所述第二进料支管的一端与所述预热器中的窑尾烟室相连，所述第二进料支管用于将部分新鲜生料直接输送至所述预热器尾部的所述窑尾烟室。

2. 根据权利要求1所述的水泥生产装置，其特征在于，所述流量控制阀包括一控制阀箱体，在所述控制阀箱体的顶部设有一齿轮马达，所述齿轮马达与一传动连杆相互连接，在所述控制阀箱体内还设有一阀板，所述阀板与所述传动连杆的一端相互连接。

3. 根据权利要求2所述的水泥生产装置，其特征在于，所述阀板的形状为半月形，所述阀板与一限位杆固定连接，在所述控制阀箱体上还设有一刻度指示盘。

4. 根据权利要求2所述的水泥生产装置，其特征在于，所述气动挡板位于所述流量控制阀与所述生料提升机的出料口之间，在所述空气斜槽的一端还设有一收尘控制件，所述收尘控制件位于所述流量控制阀与所述锁风阀之间。

5. 根据权利要求4所述的水泥生产装置，其特征在于，所述收尘控制件包括一集尘管以及设于所述集尘管上的负压控制阀，所述集尘管设于所述空气斜槽上，且与所述空气斜槽相通。

6. 根据权利要求4所述的水泥生产装置，其特征在于，所述预热器包括多个旋风筒，所述预热器固定安装在一安装框架上，所述安装框架包括相互垂直设置的横向支架以及竖向支架。

7. 根据权利要求6所述的水泥生产装置，其特征在于，所述旋风筒的底部连接有一下料管，在所述下料管上设有一下料管锁风阀，所述下料管的底部与一下料袖斗连接。

8. 根据权利要求6所述的水泥生产装置，其特征在于，所述预热器还包括多个连接风管，所述连接风管位于相邻的两个所述旋风筒之间，所述连接风管用于连接相邻的两个所述旋风筒。

9. 根据权利要求6所述的水泥生产装置，其特征在于，所述第二进料支管至少有一部分设于所述窑尾烟室中，所述窑尾烟室与旋窑连接。

水泥生产装置

技术领域

[0001]　本实用新型涉及水泥生产设备技术领域，特别涉及一种水泥生产装置。

背景技术

[0002]　近年来，随着经济的不断发展以及城市建设的不断加快，对施工建材原料的需求也在不断地增加。其中，水泥作为一种非常重要的建筑原材料，在城市建设中起着极为重要的作用。

[0003]　水泥是一种粉状水硬性无机胶凝材料，其加水搅拌后形成浆体，能在空气中硬化或在水中实现更好的硬化，并能将砂、石等材料牢固地胶结在一起。早期的石灰与火山灰的混合物与现代的石灰火山灰水泥很相似，用它胶结碎石制成的混凝土，硬化后不但强度较高，而且还能抵抗淡水或含盐水的侵蚀。长期以来，水泥作为一种重要的胶凝材料，广泛应用于土木建筑、水利、国防等工程。目前，生产水泥主要通过水泥旋窑煅烧熟料，熟料与石膏等混合材磨细后成为水泥。熟料煅烧品质对于水泥品质起到关键作用。

[0004]　然而，由于水泥旋窑的窑尾烟室温度较高，导致窑内的生料容易在窑壁上产生结料，影响窑内通风，在一定程度上降低了水泥熟料的整体质量。

实用新型内容

[0005]　基于此，本实用新型的目的是解决现有技术中，由于水泥旋窑的窑尾烟室温度较高，导致窑内的生料容易在窑壁上产生结料，影响窑内通风，进而降低水泥熟料质量的问题。

[0006]　本实用新型提出一种水泥生产装置，其中，包括一预热器以及与所述预热器连接的进料装置，所述进料装置包括一生料提升机以及分别设于所述生料提升机的出料端的第一进料支管以及第二进料支管，所述第一进料支管的管径大于所述第二进料支管的管径，所述第一进料支管的一端与所述预热器的生料喂入口相连接，所述第二进料支管通过一空气斜槽与所述生料提升机连接，在所述第二进料支管依次设有一气动挡板、流量控制阀以及一锁风阀，所述第二进料支管的一端与所述预热器中的窑尾烟室相连，所述第二进料支管用于将部分新鲜生料直接输送至所述预热器尾部的所述窑尾烟室。

[0007]　本实用新型提出的水泥生产装置，包括相互连接的预热器以及进料装置，其中

该进料装置包括设于生料提升机的出料端的第一进料支管以及第二进料支管，其中第一进料支管的一端与预热器中的旋风筒的生料喂入口相连接，第二进料支管的一端与预热器中的窑尾烟室相连。在实际生产应用中，由于第二进料支管的一端与预热器的窑尾烟室直接连接，生料提升机所提升上来的生料，经过第二进料支管直接进入到预热器中的窑尾烟室，经过烟室负压吸入到分解炉、旋风筒预热后再进入到旋窑内煅烧，以在一定程度上降低窑尾烟室内的温度，从而减轻窑尾烟室内的结皮现象。本实用新型提出的水泥生产装置，可有效缓解窑尾烟室内的结皮问题，改善通风，提高水泥熟料质量。

[0008]   所述水泥生产装置，其中，所述流量控制阀包括一控制阀箱体，在所述控制阀箱体的顶部设有一齿轮马达，所述齿轮马达与一传动连杆相互连接，在所述控制阀箱体内还设有一阀板，所述阀板与所述传动连杆的一端相互连接。

[0009]   所述水泥生产装置，其中，所述阀板的形状为半月形，所述阀板与一限位杆固定连接，在所述控制阀箱体上还设有一刻度指示盘。

[0010]   所述水泥生产装置，其中，所述气动挡板位于所述流量控制阀与所述生料提升机的出料口之间，在所述空气斜槽的一端还设有一收尘控制件，所述收尘控制件位于所述流量控制阀与所述锁风阀之间。

[0011]   所述水泥生产装置，其中，所述收尘控制件包括一集尘管以及设于所述集尘管上的负压控制阀，所述集尘管设于所述空气斜槽上，且与所述空气斜槽相通。

[0012]   所述水泥生产装置，其中，所述预热器包括多个旋风筒，所述预热器固定安装在一安装框架上，所述安装框架包括相互垂直设置的横向支架以及竖向支架。

[0013]   所述水泥生产装置，其中，所述旋风筒的底部连接有一下料管，在所述下料管上设有一下料管锁风阀，所述下料管的底部与一下料袖斗连接。

[0014]   所述水泥生产装置，其中，所述预热器还包括多个连接风管，所述连接风管位于相邻的两个旋风筒之间，所述连接风管用于连接相邻的两个所述旋风筒。

[0015]   所述水泥生产装置，其中，所述第二进料支管至少有一部分设于所述窑尾烟室中，所述窑尾烟室与旋窑连接。

[0016]   本实用新型的附加方面和优点将在下面的描述中部分给出，部分将从下面的描述中变得明显，或通过本实用新型的实践了解到。

附图说明

[0017]   图 1 为本实用新型提出的水泥生产装置中进料装置的结构放大图；

[0018]   图 2 为图 1 所示的进料装置中流量控制阀的结构放大图；

[0019]　图 3 为图 1 所示的进料装置中收尘控制件的结构放大图；

[0020]　图 4 为本实用新型提出的水泥生产装置的整体结构示意图；

[0021]　图 5 为图 4 所示的水泥生产装置中"M"部分的结构放大图；

[0022]　图 6 为本实用新型中与水泥生产装置中第二进料支管连接的旋窑以及窑尾部烟室的结构示意图。

[0023]　主要符号说明：

[0024]

生料提升机	10	收尘控制件	124
第一进料支管	11	预热器	200
第二进料支管	12	横向支架	201
空气斜槽	13	竖向支架	202
安装框架	20	下料管锁风阀	221
旋风筒	21	下料袖斗	222
下料管	22	控制阀箱体	1220
连接风管	23	齿轮马达	1221
旋窑	24	传动连杆	1222

[0025]

窑尾烟室	30	阀板	1223
进料装置	100	限位杆	1224
气动挡板	121	刻度指示盘	1225
流量控制阀	122	集尘管	1241
锁风阀	123	负压控制阀	1242

具体实施方式

[0026]　为了便于理解本实用新型，下面将参照相关附图对本实用新型进行更全面的描述。附图中给出了本实用新型的首选实施例。但是，本实用新型可以以许多不同的形式来实现，并不限于本文所描述的实施例。相反地，提供这些实施例的目的是使对本实用新型的公开内容更加透彻全面。

[0027]　除非另有定义，本文所使用的所有的技术和科学术语与属于本实用新型的技术领域的技术人员通常理解的含义相同。本文中在本实用新型的说明书中所使用的术语只是为了描述具体的实施例的目的，不是旨在于限制本实用新型。本文所使用的术语"及／或"

包括一个或多个相关的所列项目的任意的和所有的组合。

[0028] 现有技术中，由于水泥旋窑的窑尾烟室温度较高，导致窑内的生料容易在窑壁上产生结料，影响窑内通风，在一定程度上降低了水泥熟料质量。为了解决这一技术问题，本实用新型提出一种水泥生产装置，请参阅图1至图6，对于本实用新型提出的水泥生产装置，其中，包括一预热器200以及与该预热器200连接的进料装置100。

[0029] 对上述的进料装置100而言，该进料装置100包括一生料提升机10以及分别位于生料提升机10的出料端的第一进料支管11以及第二进料支管12。在此需要指出的是，在本实施例中，上述的第一进料支管11的管径要大于第二进料支管12的管径。在实际应用中，上述的第一进料支管11为主进料管，上述的第二进料支管12为辅助进料管。

[0030] 从图1中可以看出，上述第一进料支管11的右端与预热器200中的旋风筒的生料喂入口相互连接。第二进料支管12的一端与预热器200中的窑尾烟室30相连。对第二进料支管12而言，该第二进料支管12通过空气斜槽13与上述的生料提升机10相连通。在该第二进料支管12依次设有一气动挡板121、流量控制阀122以及一锁风阀123。其中，在实际应用中，上述的气动挡板121、流量控制阀122以及锁风阀123相互配合作用，以对第二进料支管12内的生料的流速进行调节。

[0031] 对上述的流量控制阀122而言，该流量控制阀122包括一控制阀箱体1220，在该控制阀箱体1220的顶部固定设有一齿轮马达1221。其中，该齿轮马达1221与传动连杆1222相互连接，在控制阀箱体1220内还设有一阀板1223，该阀板1223与传动连杆1222的一端相互连接。在实际应用中，上述的齿轮马达1221会带动传动连杆1222进行传动作业，进而带动阀板1223进行翻转。在本实施例中，该阀板1223的形状为半月形。可以理解地，该半月形的阀板1223在进行转动时，会对第二进料支管12内的流量进行调节控制。

[0032] 此外，该阀板1223还与一限位杆1224相互连接，该限位杆1224主要是通过机械限位，防止开度超过0%或100%。从图2中还可以看出，在该控制阀箱体1220上还设有一刻度指示盘1225。该刻度指示盘1225主要用于指示上述第二进料支管12内原料的输送量大小。

[0033] 在本实施例中，上述的气动挡板121位于流量控制阀122与生料提升机10之间的空气斜槽13上。对该气动挡板121而言，其主要由气缸、连杆以及阀板（该阀板为气动挡板中的阀板）组成。在实际应用中，气缸伸缩带动连杆以及阀板运动，当阀板被气缸提起来时是全开状态，阀板被气缸放下时是全关状态，因此气动挡板是只有全开以及全关两种状态。

[0034] 此外，在第二进料支管12的上方还设有一收尘控制件124，具体地，该收尘控

制件 124 设于流量控制阀 122 与锁风阀 123 之间的空气斜槽 13 上。从图 3 中可以看出，该收尘控制件 124 包括一集尘管 1241 以及设于集尘管 1241 上的负压控制阀 1242。其中，该集尘管 1241 设于空气斜槽 13 上，且与空气斜槽 13 相通。可以理解地，在实际应用中，可以通过调节负压控制阀 1242，来调节集尘管 1241 内的负压大小。

[0035]　对上述的预热器 200 而言，该预热器 200 包括多个旋风筒 21。其中，该预热器 200 固定安装在一安装框架 20 上，该安装框架 20 包括相互垂直设置的横向支架 201 以及竖向支架 202。此外，在每个旋风筒 21 的底部连接有一下料管 22，在下料管 22 设有一下料管锁风阀 221，下料管 22 的底部与一下料袖斗 222 连接。与此同时，由于预热器 200 内包括多个旋风筒 21，在本实施例中，在预热器 200 内设置连接风管 23，每个连接风管 23 位于相邻的两个旋风筒 21 之间，其中连接风管 23 用于连接相邻的两个旋风筒 21。

[0036]　此外，对上述的第二进料支管 12 而言，该第二进料支管 12 的末端设于窑尾烟室 30 中，该窑尾烟室 30 与旋窑 24 连接。在实际应用中，生料提升机 10 可将提升的生料，通过上述的第二进料支管 12 直接进入到窑尾烟室 30 中。在实际生产过程中，第二进料支管 12 中的生料由于没有进入到预热器 200 中的旋风筒 21 中进行加热，其温度较低，一般为 80℃左右，而水泥旋窑中的窑尾烟室 30 中的温度为 1000~1100℃。可以理解地，将低温的生料直接加入到窑尾烟室 30 中，可降低窑尾烟室 30 内的温度，减少结皮，改善窑内通风效果，提高水泥熟料质量。在此还需要说明的是，由于减少了窑内的结皮，对应地也减少了人工去除结皮的费用，降低了生产成本。

[0037]　本实用新型提出的水泥生产装置，包括相互连接的预热器以及进料装置，其中该进料装置包括设于生料提升机的出料端的第一进料支管以及第二进料支管，其中第一进料支管的一端与预热器中的旋风筒的生料喂入口相连接，第二进料支管的一端与预热器中的窑尾烟室相连。在实际生产应用中，由于第二进料支管的一端与预热器的窑尾烟室直接连接，生料提升机所提升上来的生料，可以直接通过该第二进料支管直接进入到预热器中的窑尾烟室，再经负压吸入到分解炉、旋风筒预热后进入到旋窑内煅烧，以在一定程度上降低窑尾烟室内的温度，从而减轻窑尾烟室内的结皮现象。本实用新型提出的水泥生产装置，可有效缓解窑尾烟室内的结皮问题，降低生产成本，提高水泥熟料质量。

[0038]　以上所述实施例仅表达了本实用新型的首选实施方式，其描述较为具体和详细，但并不能因此而理解为对本实用新型专利范围的限制。应当指出的是，对于本领域的普通技术人员来说，在不脱离本实用新型构思的前提下，还可以作出若干变形和改进，这些都属于本实用新型的保护范围。因此，本实用新型专利的保护范围应以所附权利要求为准。

说明书附图

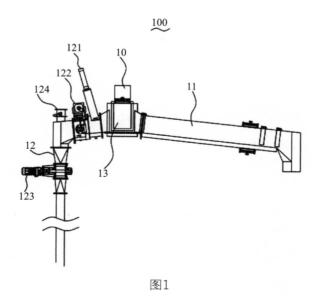

图1

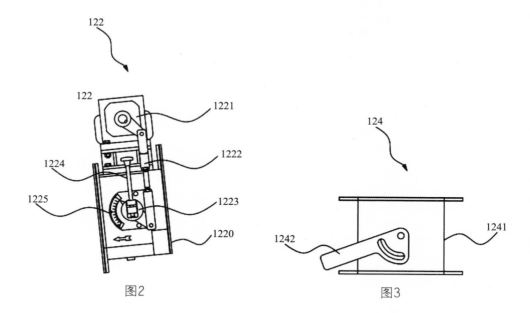

图2   图3

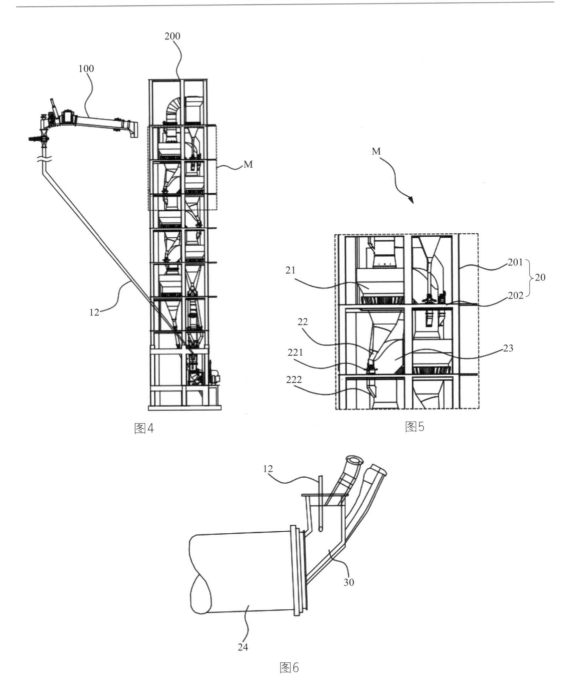

图4

图5

图6

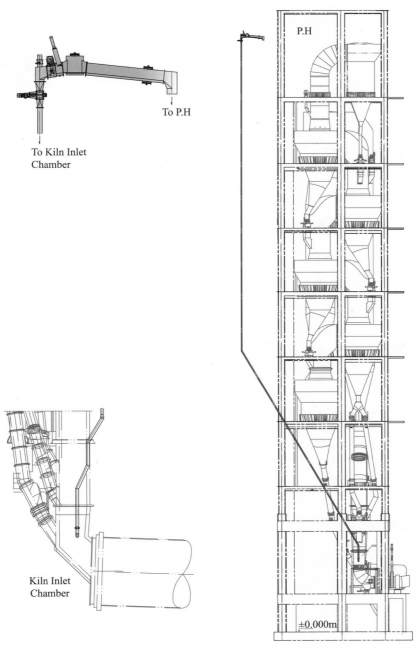

水泥生产装置工艺配置图（实）

证书号 第 8271380 号

实用新型专利证书

实用新型名称：脱硝装置

发　明　人：张振昆

专　利　号：ZL 2018 2 0368441.0

专利申请日：2018 年 03 月 16 日

专 利 权 人：江西亚东水泥有限公司

地　　　址：332207 江西省九江市码头镇亚东大道六号

授权公告日：2018 年 12 月 25 日　　　授权公告号：CN 208275247 U

　　国家知识产权局依照中华人民共和国专利法经过初步审查，决定授予专利权，颁发实用新型专利证书并在专利登记簿上予以登记。专利权自授权公告之日起生效。专利权期限为十年，自申请日起算。

　　专利证书记载专利权登记时的法律状况。专利权的转移、质押、无效、终止、恢复和专利权人的姓名或名称、国籍、地址变更等事项记载在专利登记簿上。

局长
申长雨

2018 年 12 月 25 日

第 1 页（共 2 页）

证 书 号 第 8271380 号

　　专利权人应当依照专利法及其实施细则规定缴纳年费。本专利的年费应当在每年 03 月 16 日前缴纳。未按照规定缴纳年费的，专利权自应当缴纳年费期满之日起终止。

　　申请日时本专利记载的申请人、发明人信息如下：
　　申请人：
　　　　　江西亚东水泥有限公司

　　发明人：
　　　　　张振昆

（19）中华人民共和国国家知识产权局

（12）实用新型专利

（10）授权公告号 CN 208275247 U
（45）授权公告日 2018.12.25

（21）申请号 201820368441.0
（22）申请日 2018.03.16
（73）专利权人 江西亚东水泥有限公司
　　　地址 332207 江西省九江市码头镇亚东大道六号
（72）发明人 张振昆
（74）专利代理机构 北京清亦华知识产权代理事务所（普通合伙）11201
　　　代理人 何世磊
（51）Int.Cl.
　　　B01D 53/86 （2006.01）
　　　B01D 53/56 （2006.01）

（54）实用新型名称
　　　脱硝装置

（57）摘要

本实用新型公开了一种脱硝装置，包括旋窑、设于旋窑的窑尾上方的分解炉、分别与分解炉连接的三次风管和旋风筒，以及为旋窑和分解炉提供煤粉的煤粉仓，其中分解炉的锥部左右两端分别设有一低氮喷入点，分解炉中低氮喷入点的上部左右两端分别连接有一三次风管，三次风管上设有三次风管喷入点，煤粉仓包括第一煤粉仓和第二煤粉仓，第一煤粉仓分别通过对应的煤粉输送管线与旋窑的窑头和位于左端的三次风管上的三次风管喷入点连接，第二煤粉仓分别通过对应的煤粉输送管线与低氮喷入点和位于右端的三次风管上的三次风管喷入点连接。本实用新型提出的脱硝装置解决了现有煤粉脱硝效率不高的问题。

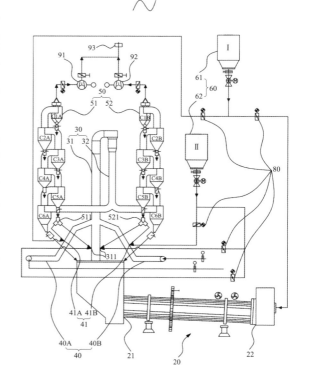

1. 一种脱硝装置，其特征在于，包括旋窑、设于所述旋窑的窑尾上方的分解炉、分别与所述分解炉连接的三次风管和旋风筒，以及为所述旋窑和所述分解炉提供煤粉的煤粉仓，所述分解炉的锥部左右两端分别设有一低氮喷入点，所述分解炉中所述低氮喷入点的上部左右两端分别连接有一所述三次风管，所述三次风管上设有三次风管喷入点，所述煤粉仓包括第一煤粉仓和第二煤粉仓，所述第一煤粉仓分别通过对应的煤粉输送管线与所述旋窑的窑头和位于左端的所述三次风管上的所述三次风管喷入点连接，所述第二煤粉仓分别通过对应的所述煤粉输送管线与所述低氮喷入点和位于右端的所述三次风管上的所述三次风管喷入点连接。

2. 根据权利要求 1 所述的脱硝装置，其特征在于，所述旋风筒包括位于所述分解炉左右两侧的第一子旋风筒组件和第二子旋风筒组件，所述第一子旋风筒组件和第二子旋风筒组件均包括六级旋风筒，所述第一子旋风筒组件中的第五级旋风筒下料口中设有一第一分料器，所述第一分料器为三通结构，所述第一分料器的两个出料口分别通过对应的输送管线连接至所述分解炉中左端的所述低氮喷入点和位于左端的所述三次风管中的所述三次风管喷入点中，所述第二子旋风筒组件中的第五级旋风筒下料口中设有第二分料器，所述第二分料器的两个出料口分别通过对应的所述输送管线连接至所述分解炉中右端的所述低氮喷入点和位于右端的所述三次风管中的所述三次风管喷入点中。

3. 根据权利要求 2 所述的脱硝装置，其特征在于，所述分解炉包括上升炉体、下降炉体，所述上升炉体的底端与所述旋窑的窑尾烟室连接，所述下降炉体的顶端与所述上升炉体的顶端连接，且所述上升炉体与所述下降炉体之间弯折呈 180 度，所述下降炉体的底端通过三通连接件与与其对应的所述第一子旋风筒组件和所述第二子旋风筒组件连接。

4. 根据权利要求 3 所述的脱硝装置，其特征在于，所述第一子旋风筒组件中的第六级旋风筒下料口通过所述输送管线与所述旋窑的窑尾烟室连接，所述第一子旋风筒组件中的第六级旋风筒通过所述三通连接件与所述下降炉体连接，所述第二子旋风筒组件中的第六级旋风筒下料口通过所述输送管线与所述旋窑的窑尾烟室连接，所述第二子旋风筒组件中的第六级旋风筒通过所述三通连接件与所述下降炉体连接。

5. 根据权利要求 4 所述的脱硝装置，其特征在于，各个所述煤粉输送管线上均设有煤粉流量计，所述脱硝装置还包括一控制器，所述控制器分别与各个所述煤粉流量计连接，用于发送控制信号至各个所述煤粉流量计，以使各个所述煤粉流量计控制所处的所述煤粉输送管线上的煤粉用量。

6. 根据权利要求 5 所述的脱硝装置，其特征在于，所述控制器分别与所述第一分料器、所述第二分料器电连接，用于控制所述分解炉的所述低氮喷入点和所述三次风管的所述三次风管喷入点的不同生料用量的喂入。

7. 根据权利要求 5 所述的脱硝装置，其特征在于，所述第一子旋风筒组件和所述第二子旋风筒组件的第一级旋风筒出口处还通过管线分别对应连接有第一风车和第二风车，所述第一风车和第二风车通过管线连接到尾气排放处理装置，所述尾气排放处理装置所处的所述管线上设有传感器组件，所述传感器组件包括氮氧化物传感器和一氧化碳传感器，所述传感器组件与所述控制器电连接。

8. 根据权利要求 5 所述的脱硝装置，其特征在于，所述下降炉体的底端与所述第一子旋风筒组件和所述第二子旋风筒组件中的第六级旋风筒连接处设有氨水喷入点，所述氨水喷入点通过管线与氨水罐连接，所述氨水罐所处的所述管线上连接有氨水流量控制装置，所述氨水流量控制装置与所述控制器电连接，两个所述氨水喷入点处均设有四只喷枪。

脱硝装置

技术领域

[0001]　本实用新型涉及水泥生产烟气处理技术领域，特别是涉及一种脱硝装置。

背景技术

[0002]　随着经济的快速发展，越来越多的楼宇大厦进行建设，因此与房屋建设密切相关的水泥行业也得到快速的发展，然而在水泥生产的过程中，其会大量产生氮氧化物，水泥行业的氮氧化物排放已经仅次于火电和机动车行业，为实现对国家环境以及经济发展的提升，国家相关部门相继出台 NO_x 排放控制的政策与污染物排放标准，因此水泥行业必须对生产的氮氧化物尾气进行脱硝处理。

[0003]　现有水泥企业对尾气进行脱硝处理的方式通常可分燃烧前的处理、燃烧方式的改进及燃烧后的处理三种方法。燃烧前处理主要是进行燃料的脱氮；燃烧方式的改进目前采用低氮氧化物燃烧器、分级燃烧等低氮燃烧技术；燃烧后的处理主要指烟气脱硝技术，主要包括选择性非催化还原技术（SNCR）和选择性催化还原技术（SCR），其中低氮燃烧技术中通过煤粉进行缺氧燃烧产生大量的 CO 和固定碳等还原剂，以将氮氧化物还原成氮气；其中 SNCR 还原剂通常采用氨水，通过在分解炉内喷入浓度约 23% 的氨水使得将氮氧化物还原成氮气，其氨水脱硝的具体反应公式为：$4NH_3 + 4NO \longrightarrow 4N_2 + 6H_2O$。

[0004]　然而，在现有低氮燃烧技术情况下，分解炉中煤粉喷入比例只能达到 40%~50%，其煤粉的喷入量不够，使得其分解炉内产生的 CO 气体量不够，使得其脱硝效率不高，因此还需要继续使用氨水进行脱硝，然而现有氨水的购置费用较高，使得造成现有采用低氮燃烧技术进行脱硝的效率不高，且成本较高的问题；若采用现有氨水脱硝技术，则更加加大尾气处理成本。

实用新型内容

[0005]　基于此，针对现有技术的缺点，提供一种脱硝装置，解决现有煤粉脱硝效率不高的问题。

[0006]　本实用新型提供一种脱硝装置，包括旋窑、设于所述旋窑的窑尾上方的分解炉、分别与所述分解炉连接的三次风管和旋风筒，以及为所述旋窑和所述分解炉提供煤粉的煤粉仓，所述分解炉的锥部左右两端分别设有一低氮喷入点，所述分解炉中所述低氮喷

入点的上部左右两端分别连接有一所述三次风管，所述三次风管上设有三次风管喷入点，所述煤粉仓包括第一煤粉仓和第二煤粉仓，所述第一煤粉仓分别通过对应的煤粉输送管线与所述旋窑的窑头和位于左端的所述三次风管上的所述三次风管喷入点连接，所述第二煤粉仓分别通过对应的所述煤粉输送管线与所述低氮喷入点和位于右端的所述三次风管上的所述三次风管喷入点连接。

[0007] 本实用新型提供的脱硝装置，由于三次风管与分解炉汇合点位于低氮喷入点上方，使得三次风管内引入的三次风位于分解炉的上部，因此使得无法为低氮喷入点处提供三次风，使得该低氮喷入点处的氧气含量较低，使得在分解炉锥部构建一个缺氧燃烧环境，使煤粉在分解炉锥部缺氧条件下容易燃烧产生一氧化碳，产生脱硝所需的还原气氛，通过设置第一煤粉仓，且第一煤粉仓分别与旋窑的窑头和位于左端的三次风管上的三次风管喷入点连接，第二煤粉仓分别与低氮喷入点和位于右端的三次风管上的三次风管喷入点连接，使得其分解炉和窑头的煤粉用量可以分别进行优化调整。在现有技术中，分解炉中低氮喷入点煤粉是单独管道喷入到分解炉，生料也是单独管道进入到分解炉，两个进入点不在一起，造成煤粉喷入后分解炉局部温度太高，煤粉用量无法提升。本实施例中，分解炉低氮喷入点煤粉与生料混合后再一起进入到分解炉，避免分解炉局部高温。可以加大低氮喷入点的喂入的煤粉用量，增加还原气氛中一氧化碳的含量，实现尾气中氮氧化物的完全脱硝。同时煤粉与生料混合均匀有利于提高生料预分解效果。减轻旋窑煅烧熟料负荷，进一步地降低窑头燃烧器煤粉用量，减少氮氧化物总量，解决现有煤粉脱硝效率不高的问题。

[0008] 进一步地，所述旋风筒包括位于所述分解炉左右两侧的第一子旋风筒组件和第二子旋风筒组件，所述第一子旋风筒组件和第二子旋风筒组件均包括六级旋风筒，所述第一子旋风筒组件中的第五级旋风筒下料口中设有一第一分料器，所述第一分料器为三通结构，所述第一分料器的两个出料口分别通过对应的输送管线连接至所述分解炉中左端的所述低氮喷入点和位于左端的所述三次风管中的所述三次风管喷入点中，所述第二子旋风筒组件中的第五级旋风筒下料口中设有第二分料器，所述第二分料器的两个出料口分别通过对应的所述输送管线连接至所述分解炉中右端的所述低氮喷入点和位于右端的所述三次风管中的所述三次风管喷入点中。

[0009] 进一步地，所述分解炉包括上升炉体、下降炉体，所述上升炉体的底端与所述旋窑的窑尾烟室连接，所述下降炉体的顶端与所述上升炉体的顶端连接，且所述上升炉体与所述下降炉体之间弯折呈180°，所述下降炉体的底端通过三通连接件与与其对应的所述第一连接子旋风筒组件和所述第二子旋风筒组件连接。

[0010] 进一步地，所述第一子旋风筒组件中的第六级旋风筒下料口通过所述输送管线

与所述旋窑的窑尾烟室连接，所述第一子旋风筒组件中的第六级旋风筒通过所述三通连接件与所述下降炉体连接，所述第二子旋风筒组件中的第六级旋风筒下料口通过所述输送管线与所述旋窑的窑尾烟室连接，所述第二子旋风筒组件中的第六级旋风筒通过所述三通连接件与所述下降炉体连接。

[0011]　　进一步地，各个所述煤粉输送管线上均设有煤粉流量计，所述脱硝装置还包括一控制器，所述控制器分别与各个所述煤粉流量计连接，用于发送控制信号至各个所述煤粉流量计，以使各个所述煤粉流量计控制所处的所述煤粉输送管线上的煤粉用量。

[0012]　　进一步地，所述控制器分别与所述第一分料器、所述第二分料器电连接，用于控制所述分解炉的所述低氮喷入点和所述三次风管的所述三次风管喷入点的不同生料用量的喂入。

[0013]　　进一步地，所述第一子旋风筒组件和所述第二子旋风筒组件的第一级旋风筒出口处还通过管线分别对应连接有第一风车和第二风车，所述第一风车和第二风车通过管线连接到尾气排放处理装置，所述尾气排放处理装置所处的所述管线上设有传感器组件，所述传感器组件包括氮氧化物传感器和一氧化碳传感器，所述传感器组件与所述控制器电连接。

[0014]　　进一步地，所述下降炉体的底端与所述第一子旋风筒组件和所述第二子旋风筒组件中的第六级旋风筒连接处设有氨水喷入点，所述氨水喷入点通过管线与氨水罐连接，所述氨水罐所处的所述管线上连接有氨水流量控制装置，所述氨水流量控制装置与所述控制器电连接，两个所述氨水喷入点处均设有四只喷枪。

附图说明

[0015]　　图 1 是本实用新型第一实施例中提出的脱硝装置的结构示意图。

[0016]　　图 2 是本实用新型第一实施例中提出的脱硝装置中分解炉、旋风筒和三次风管部分的结构示意图。

[0017]　　图 3 是本实用新型第一实施例中提出的脱硝装置中分解炉底部连接的正视结构框图。

[0018]　　图 4 是本实用新型第一实施例中提出的脱硝装置中分解炉底部连接的侧视结构框图。

[0019]　　图 5 是本实用新型第一实施例中提出的脱硝装置的结构框图。

[0020]　　图 6 是本实用新型第二实施例中提出的脱硝装置的结构示意图。

[0021]　　图 7 是本实用新型第二实施例中提出的脱硝装置的结构框图。

CN 208275247 U   说明书

具体实施方式

[0022]   为使本实用新型的上述目的、特征和优点能够更加明显易懂，下面结合附图对本实用新型的具体实施方式做详细的说明。在下面的描述中阐述了很多具体细节以便于充分理解本实用新型。但是本实用新型能够以很多不同于在此描述的其他方式来实施，本领域技术人员可以在不违背本实用新型内涵的情况下做类似改进，因此本实用新型不受下面公开的具体实施的限制。

[0023]   其中水泥在进行生产时，主要通过将生料投放在旋风筒中进行预热，并通过管线将煤粉以及旋风筒中的生料下料至分解炉内进行煅烧，以使生料进行部分预分解，并最终使得生料在旋窑中进行煅烧生成熟料，且在熟料进行冷却后完成水泥的生产，其中水泥进行生产时，由于旋窑中煤粉的大量燃烧使得在旋窑窑尾大量产生含氮氧化物等污染物的尾气，其尾气通过分解炉的上升通道后进入旋风筒中，并在旋风筒中进行上升后在其旋风筒出口处通过尾气排放管道进行排放，此时由于尾气中的氮氧化物含量较高，使得其尾气排放超出国家标准，通过采用本实施例提供的脱硝装置用于对水泥生产时产生的尾气中的氮氧化物进行脱硝处理。

[0024]   请查阅图1至图5，本实用新型的第一实施例中提供的脱硝装置10，包括旋窑20、设于旋窑20的窑尾21烟室上方的分解炉30、分别与分解炉30连接的三次风管40和旋风筒50，以及为旋窑20和分解炉30提供煤粉的煤粉仓60。

[0025]   其中，旋窑20包括设于末端与分解炉30连接的窑尾21，以及设于前端与煤粉仓60连接的窑头22，其中窑头22处设有窑头燃烧器，其从分解炉30喂入的生料由窑尾21处运输至窑头22过程中，由于窑头燃烧器所处的环境中氧气含量高，使得窑头燃烧器将煤粉和混合的空气进行充分燃烧以使生料煅烧为熟料，并在窑头22处输送至箅冷机进行冷却。其中旋窑20煅烧温度为1350~1450℃，其窑头燃烧器由于充分燃烧使得其产生大量含氮氧化物的尾气，并从旋窑20的窑头22处随负压运动至旋窑20的窑尾21烟室，同时由于窑头燃烧器的充分燃烧使得其位于末端的窑尾21的氧气含量较低，其窑尾21尾气中氧气含量一般为2%~3%，此时窑尾21处于缺氧状态。

[0026]   其中，分解炉30包括上升炉体31和下降炉体32，其中上升炉体31的底端与旋窑20的窑尾21烟室连接，下降炉体32的顶端与上升炉体31的顶端连接，且上升炉体31与下降炉体32之间弯折呈180°，下降炉体32的底端通过一三通连接件分别与位于其左右两端的旋风筒50的两个第六级旋风筒（C6A旋风筒、C6B旋风筒）连接，其上升炉体31内部形成上升风道，下降炉体32内部形成下降风道，其旋窑20的窑尾21的尾气在上升炉体31内进行上升后，在下降炉体32内进行下降后运动至旋风筒50内，

并在旋风筒 50 内上升后由旋风筒 50 的第一级旋风筒出口处排出，其中分解炉 30 的炉体长度较长，本实施例中，具体为 155m。

[0027]   其中上升炉体 31 位于窑尾 21 烟室的上方连接有位于其左右两端的两组三次风管 40，分解炉 30 中的上升炉体 31 的锥部设有位于其左右两端的两组低氮喷入点 311，该低氮喷入点 311 分别通过对应的输送管线与旋风筒 50 和煤粉仓 60 连接，此时旋风筒 50 中的生料可由输送管线进行输送并通过低氮喷入点 311 处喂入至分解炉 30 内，该煤粉仓 60 中的煤粉可由煤粉输送管线进行输送并通过低氮喷入点 311 处喂入至分解炉 30 内。此时旋风筒 50 和煤粉仓 60 喂入的生料和煤粉可在低氮喷入点 311 处混合均匀后喂入至分解炉 30 中。

[0028]   其中需要指出的是，本实施例中，其左右两端可分别由 A 侧、B 侧注明，例如，位于左端的低氮喷入点 311 可写为 A 侧低氮喷入点 311A，位于右端的低氮喷入点 311 可写为 B 侧低氮喷入点 311B。其中，旋风筒 50 包括位于分解炉 30 左右两端的两组子旋风筒组件，其分别为位于分解炉 30 左右两端的第一子旋风筒组件 51 和第二子旋风筒组件 52，其中，需要指出的是，如图 4、图 5 所示，为分解炉 30 的底部的结构示意图，其中低氮喷入点 311 靠近窑尾 21 烟室，其第一子旋风筒组件 51 中的第五级旋风筒通过输送管线与与其对应的 A 侧低氮喷入点 311A 连接，第二子旋风筒组件 52 中的第五级旋风筒通过输送管线与与其对应的 B 侧低氮喷入点 311B 连接。其中用于输送生料的输送管线直接与分解炉 30 的锥部进行连接，煤粉输送管线与输送管线的侧壁相连接，其煤粉输送管线与输送管线的汇合点靠近低氮喷入点，同时该煤粉输送管线的直径小于输送管线的直径，且每条输送管线上两侧分别连接有子煤粉输送管线，此时两条子煤粉输送管线中输送的煤粉喂入至输送管线中时，其煤粉输送管线的煤粉可与输送管线中的生料混合均匀后由低氮喷入点 311 喂入至分解炉 30 中。

[0029]   其中由于窑尾 21 烟室的氧气含量较低，且三次风管 40 与分解炉 30 汇合点位于低氮喷入点 311 上部，使得三次风管 40 内引入的三次风位于分解炉 30 的上部，其无法为低氮喷入点 311 处提供三次风，使得该低氮喷入点 311 处的氧气含量较低，此时低氮喷入点 311 处喂入的煤粉在缺氧状态下燃烧产生大量一氧化碳，其一氧化碳为强还原剂，可将窑尾 21 气体中氮氧化物还原成氮气，同时一氧化碳则被氧化成二氧化碳同时释放出热量，其具体化学反应式为：$CO+NO \longrightarrow CO_2+1/2N_2$，此化学反应受高温的促进和生料的催化可快速完成，因此在分解炉 30 锥部形成脱硝所需的还原气氛，使得分解炉 30 锥部形成脱硝还原区。

[0030]   其中，两组三次风管 40 分别位于分解炉 30 中低氮喷入点 311 上方的左右两端，其中具体为三次风管 40 汇合点设于低氮喷入点 311 上方 25m 处，其中三次风管 40 上设

　　　　　　　　说明书

有三次风管喷入点 41，该三次风管喷入点 41 分别通过对应的输送管线与旋风筒 50 和煤粉仓 60 连接，其中旋风筒 50 中的生料还可由输送管线进行输送并通过三次风管喷入点41 处喂入至三次风管 40 内，该煤粉仓 60 中的煤粉还可由煤粉输送管线进行输送并通过三次风管喷入点处 41 喂入至三次风管 40 内。其中依此上述，煤粉输送管线设于输送管线且靠近三次风管喷入点 41 的位置，使得喂入的煤粉可与生料混合均匀后喂入至三次风管 40 中，其中，三次风管 40 中气体的氧气的含量为 19%~20%，使得三次风管喷入点 41 处喂入的煤粉正常有氧燃烧，并产生氮氧化物，此时可以通过尽量减少三次风管40 处的煤粉喷入量，以降低氮氧化物的产生量，保障了脱硝的效果。

[0031]　其中，旋风筒 50 包括位于分解炉 30 左右两侧的两组子旋风筒组件，其分别为第一子旋风筒组件 51 和第二子旋风筒组件 52，其第一子旋风筒组件 51 和第二子旋风筒组件 52 均包括六级旋风筒，其第一子旋风筒组件 51 从上至下依次为 C1A、C2A、C3A、C4A、C5A、C6A 旋风筒，第二子旋风筒组件 52 从上至下依次为 C1B、C2B、C3B、C4B、C5B、C6B 旋风筒，其中第一子旋风筒组件 51 中的 C5A 旋风筒（第五级旋风筒）下料口中设有一第一分料器 511，该第一分料器 511 为一三通结构，其第一分料器 511 的进料口与 C5A 旋风筒下料口连接，第一分料器 511 的两个出料口分别通过输送管线连接至分解炉 30 的 A 侧低氮喷入点 311A 和 A 侧三次风管 40A 的三次风管喷入点 41A 中，其中第一子旋风筒组件 51 中的 C6A 旋风筒（第六级旋风筒）下料口通过输送管线与 A 侧窑尾 21 烟室连接，第一子旋风筒组件 51 中的 C6A 旋风筒通过三通连接件与下降炉体 32 连接。其中，第二子旋风筒组件 52 的结构与第一子旋风筒组件 51 的结构相同，第二子旋风筒组件 52 中的 C5B 旋风筒下料口中设有第二分料器 521，依次上述，第二分料器 521 通过输送管线分别与分解炉 30 的 B 侧低氮喷入点 311B 和 B侧三次风管 40B 的三次风管喷入点 41B 连接，第二子旋风筒组件 52 的 C6B 旋风筒下料口通过输送管线与 B 侧窑尾 21 烟室连接，第二子旋风筒组件 52 中的 C6B 旋风筒通过三通连接件与下降炉体 32 连接。其中，第一子旋风筒组件 51 的 C6A 旋风筒、第二子旋风筒组件 52 的 C6B 旋风筒下料口在经过预热后其温度为 880℃。

[0032]　在水泥生产时，将生料分别喂入至第一子旋风筒组件 51 和第二子旋风筒组件52 的入料口中，通过第一子旋风筒组件 51 和第二子旋风筒组件 52 的不同旋风筒的分阶段的预热，最终通过第一子旋风筒组件 51 的 C5A 旋风筒进入至分解炉 30 的上升炉体31，下降炉体 32 后进入至 C6A 旋风筒，在 C6A 旋风筒中再通过输送管线进入窑尾 21烟室，以及第二子旋风筒组件 52 的 C5B 旋风筒进入至分解炉 30 的上升炉体 31，下降炉体 32 后进入至 C6B 旋风筒，在 C6B 旋风筒中再通过输送管线进入窑尾 21 烟室，其中，第一子旋风筒组件 51 将生料喂入至分解炉 30 的过程中，其 C5A 旋风筒中的生料

通过第一分料器 511 的分料，其一部分生料通过输送管道由 A 侧低氮喷入点 311A 喂入至分解炉 30 中，一部分生料通过输送管道由 A 侧三次风管 40A 的三次风管喷入点 41A 喂入至 A 侧三次风管 40A 中，并通过 A 侧三次风管 40A 传输至分解炉 30 中，此时生料经过分解炉 30 的上升炉体 31、下降炉体 32 到 C6A 旋风筒，在 C6A 旋风筒中的生料全部喂入至 A 侧窑尾 21 烟室中。第二子旋风筒组件 52 的将生料喂入至 B 侧窑尾 21 烟室的过程依此上述，在此不做赘述。

[0033]　在尾气处理时，其窑尾 21 的尾气通过分解炉 30 锥部的还原区还原为氮气，进一步地，尾气进入下降风道后通过三通连接件进入至 C6A 旋风筒、C6B 旋风筒，并依次在第一子旋风筒组件 51、第二子旋风筒组件 52 中进行上升后由其第一级旋风筒（C1A 旋风筒、C1B 旋风筒）出口排出，其中，需要指出的是，该第一分料器 511 和第二分料器 521 分别与控制器 70 电连接，通过控制器 70 发送的不同控制信号可以实现第一分料器 511 和第二分料器 521 对分解炉 30 的低氮喷入点 311 和三次风管 40 的三次风管喷入点 41 的不同生料用量的喂入。

[0034]　其中，煤粉仓 60 由第一煤粉仓 61 和第二煤粉仓 62 组成，其第一煤粉仓 61 分别通过煤粉输送管线与窑头 22 和 A 侧三次风管 40A 上的三次风管喷入点 41A 连接，第二煤粉仓 62 分别通过煤粉输送管线与 A 侧低氮喷入点 311A、B 侧低氮喷入点 311B、B 侧三次风管 40B 上的三次风管喷入点 41B 连接，其中，各个煤粉输送管线上均设有煤粉流量计 80，其煤粉流量计 80 的数量为 5 个，该煤粉流量计 80 用于精确控制其输送的煤粉的用量。其中各个煤粉流量计 80 分别与控制器 70 电连接，此时通过控制器 70 发送控制信号至各个煤粉流量计 80，使得各个煤粉流量计 80 接收到控制器 70 发送的控制信号后可以控制其对应的煤粉输送管线中的煤粉量，以实现对窑头 22、低氮喷入点 311、以及三次风管喷入点 41 的煤粉的用量控制。

[0035]　其中，第一子旋风筒组件 51 和第二子旋风筒组件 52 中的旋风筒出口处还通过管线分别连接有第一风车 91 和第二风车 92，其第一风车 91 和第二风车 92 通过管线连接到尾气排放处理装置，其中该第一风车 91 和第二风车 92 至尾气排放处理装置的管线上设置有传感器组件 93，其中该传感器组件 93 包括氮氧化物传感器和一氧化碳传感器，用于检测尾气中的氮氧化物和一氧化碳的浓度。其中，该传感器组件 93 与控制器 70 电性连接，控制器 70 根据传感器组件 93 发送的信号可以确定待排放的尾气中残留的氮氧化物和一氧化碳的浓度信息，并根据浓度信息发送反馈控制信号至第一分料器 511、第二分料器 521 和各个煤粉流量计 80，以使控制分解炉 30 和旋窑 20 中不同位置中生料和煤粉的用量变化，最终减少氮氧化物和一氧化碳的残余量。其中，第一分料器 511、第二分料器 521 中生料下料至分解炉 30 和三次风管 40 的比例中，控

说明书

制器 70 可根据窑尾 21 及三次风管 40 通风和温度状况进行灵活调整，以便于生料的预分解。

[0036]　具体使用时，旋窑 20 中的窑头燃烧器将煤粉进行充分燃烧使得其窑尾 21 处产生大量含氮氧化物的尾气，因此本实施例中尽量减少了窑头 22 的煤粉喂入量，本实施例中窑头 22 的煤粉用量占总用量的 35%~40%，通过减少窑头 22 的煤粉喂入量降低了氮氧化物的产生，进一步地，窑尾 21 由于缺少氧气，使得其窑尾 21 烟室形成一个缺氧环境，此时在分解炉 30 锥部的低氮喷入点 311 喂入煤粉，本实施例中低氮喷入点 311 的煤粉用量占总用量的 50%~65%，此时喂入的煤粉在还原气氛下生产与强还原性的一氧化碳，此时一氧化碳会持续与窑尾 21 尾气中的氮氧化物反应以使氮氧化物还原成氮气，其脱硝反应会直至其一氧化碳耗尽为止。进一步地，所有尾气在经过下降风道后进行旋风筒 50，并由于第一风车 91 和第二风车 92 产生的负压使得运动至尾气排放处理装置中，此时输送管线上的传感器组件 93 获取氮氧化物和一氧化碳的浓度信息并发送至控制器 70。

[0037]　其中，当控制器 70 获取到尾气中氮氧化物的浓度超过预设指标时，则说明低氮喷入点 311 中的煤粉用量较少，窑头 22 和三次风管 40 中的煤粉用量较多，使得其还原区产生的一氧化碳的含量较少，从而产生的氮氧化物的含量较多，此时脱硝反应耗尽一氧化碳时，还残留有大量的氮氧化物，此时控制器 70 发送反馈控制信号至各个煤粉流量计 80，以使得输送至低氮喷入点 311 的煤粉量增加，同时减少输送至窑头 22 和三次风管 40 的煤粉量，既可以确保氮氧化物符合国家标准，又可以减少一氧化碳的残余量。

[0038]　其中，当控制器 70 获取到尾气中一氧化碳的浓度超过预设指标时，则说明低氮喷入点 311 中的煤粉用量较多，窑头 22 和三次风管 40 中的煤粉用量较小，使得其还原区产生的一氧化碳的含量较多，经过一氧化碳脱硝反应后剩下的氮氧化物含量较少，此时脱硝反应几乎耗尽氮氧化物时，还残留有一氧化碳，此时控制器 70 发送控制信号至各个煤粉流量计 80，以使得输送至低氮喷入点 311 的煤粉量减少，同时增加输送至窑头 22 和三次风管 40 的煤粉量。此时控制器 70 通过获取的传感器组件 93 发送的氮氧化物和一氧化碳的浓度信息，发送反馈控制信号至各个煤粉流量计 80 中，以使得其可反馈至分解炉 30 和旋窑 20 中的不同位置的煤粉的用量的变化，以减少一氧化碳的残余量，同时确保氮氧化物符合排放标准。

[0039]　本实施例中，通过设置的煤粉仓 60 分别与窑头 22、A 侧低氮喷入点 311A、B 侧低氮喷入点 311B、A 侧三次风管 40A 的三次风管喷入点 41A 和 B 侧三次风管 40B 的三次风管喷入点 41B 五处连接，且第一煤粉仓 61 分别与窑头 22 和 A 侧三次风管

40A 的三次风管喷入点 41A 连接，第二煤粉仓 62 分别与 A 侧低氮喷入点 311A、B 侧低氮喷入点 311B、B 侧三次风管 40B 的三次风管喷入点 41B 连接，使得其分解炉 30 和窑头 22 的煤粉用量可以分别进行优化调整，其在分解炉 30 内燃烧的煤粉分两路进入，其一部分煤粉通过低氮喷煤入 311 喂入至分解炉 30 锥部，使得煤粉在窑尾 21 烟气缺氧燃烧，产生还原气氛，还原窑尾 21 尾气中的氮氧化物；另一部分煤粉通过三次风管 40 的三次风管喷入点 41 喂入，与三次风管 40 进入的三次风混合，使得其煤粉在分解炉 30 内充分燃烧。且由于其低氮喷入点 311 和窑头 22 的煤粉用量较大，其中现有技术中，低氮喷入点 311 和窑头 22 的煤粉均采用一个煤粉仓 60 进行输送，使得其煤粉仓 60 中的煤粉易过快用尽，使得难以加大低氮喷入点 311 的煤粉用量。本实施例中，其低氮喷入点 311 和窑头 22 的煤粉分别由第一煤粉仓 61 和第二煤粉仓 62 进行输送，使得煤粉不会过快用尽，同时两个煤粉仓 60 不会影响煤粉输送管线的输送流量。使得可以加大第二煤粉仓 62 的煤粉用量以增加低氮喷入点 311 的煤粉量，同时在现有技术中分解炉 30 的低氮喷入点 311 煤粉是单独管道喷入到分解炉 30，生料也是单独管道进入到分解炉 30，两个在分解炉 30 中的进入点不在一起，使得造成煤粉喷入后分解炉 30 局部温度太高，煤粉用量无法提升。本实施例中，分解炉 30 的低氮喷入点 311 可使得煤粉与生料混合后再一起进入到分解炉 30，避免分解炉 30 局部高温，此时可以加大低氮喷入点 311 喂入的煤粉用量，以增加还原气氛中一氧化碳的含量，实现尾气中氮氧化物的完全脱硝。同时由于三次风管 40 设于分解炉 30 上方，使得三次风管 40 内引入的三次风位于分解炉 30 的上部，本实施例中，三次风管 40 汇合点设于低氮喷入点 311 上方 25m 处，因此使得无法为低氮喷入点 311 处提供三次风，使得该低氮喷入点 311 处的氧气含量较低，而本实用新型中，窑尾 21 烟室尾气中氧气含量为 2%~3%，使得在分解炉 30 锥部构建一个缺氧燃烧环境，使煤粉在分解炉 30 锥部缺氧条件下燃烧产生一氧化碳，产生脱硝所需的还原气氛，同时现有技术中，三次风管 40 汇合点设于低氮喷入点 311 上方 5m 处，因此本实施例相较现有技术，通过增加三次风管 40 汇合点与低氮喷入点 311 之间的距离，使得存在充分的时间让煤粉在缺氧环境下燃烧产生一氧化碳，并有充分的时间与尾气中的氮氧化物发生反应，提高脱硝效率。本实施例中，由于煤粉和生料粉混合进入分解炉 30，低氮喷入点 311 的煤粉用量比现有技术多，使得在缺氧环境下产生足够的一氧化碳还原氮氧化物。同时由于本实施例中，分解炉 30 的总长度 155m，相较现有技术增加了 30m，使得其在较长的上升炉体 31 和下降炉体 32 中，可以提高生料在分解炉 30 内的预热脱硝效果，降低旋窑 20 煅烧生料的负荷，减少窑头 22 的煤粉用量，减少窑头 22 中的氮氧化物总量的产生，提高脱硝效率。解决现有煤粉脱硝效率不高的问题，使得本实施例中较少需要甚至不需

CN 208275247 U　　　　　　　说明书

要氨水进行脱硝，直接通过水泥生产所需的煤粉即可完成尾气脱硝，减少了尾气处理成本。

[0040]　请查阅图6、图7，为本实用新型的第二实施例中提供的脱硝装置10a，该第二实施例与第一实施例的结构大抵相同，其区别在于，本实施例中，其中下降炉体32的底端与第一子旋风筒组件51第六级旋风筒C6A的和第二子旋风筒组件51中的第六级旋风筒C6B连接处上均设有氨水喷入点，其氨水喷入点通过管线与氨水罐100连接，其中管线上连接有氨水流量控制装置110，该氨水流量控制装置110与控制器70电连接，其中，两个氨水喷入点处均设有四只喷枪。当控制器70获取到传感器组件93发送的信号，并确定尾气中残余氮氧化物时，其控制器70根据氮氧化物的浓度信息发送控制信号至氨水流量控制装置110，以使氨水喷入点处的喷枪喷射氨水并控制氨水喷射流量，实现氨水脱硝。其中，本实施例中，当水泥生产线低氮煤粉输送管线及流量计故障时，尾气中会氮氧化物含量会上升，可适当的喷入氨水，以作脱硝补给，以确保氮氧化物排放符合国家标准。

[0041]　以上所述实施例仅表达了本实用新型的几种实施方式，其描述较为具体和详细，但并不能因此而理解为对本实用新型专利范围的限制。应当指出的是，对于本领域的普通技术人员来说，在不脱离本实用新型构思的前提下，还可以作出若干变形和改进，这些都属于本实用新型的保护范围。因此，本实用新型专利的保护范围应以所附权利要求为准。

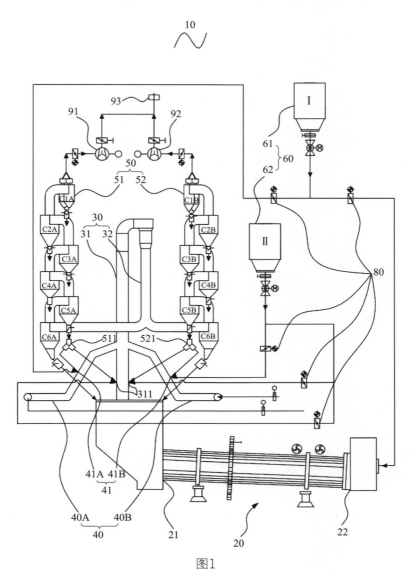

图1

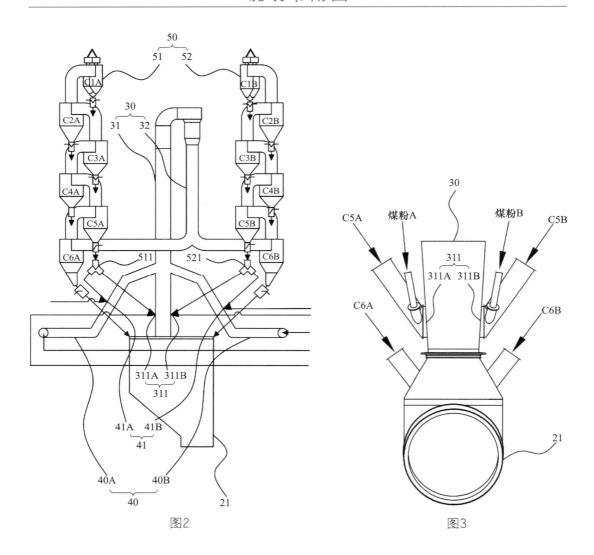

图2

图3

CN 208275247 U 说明书附图

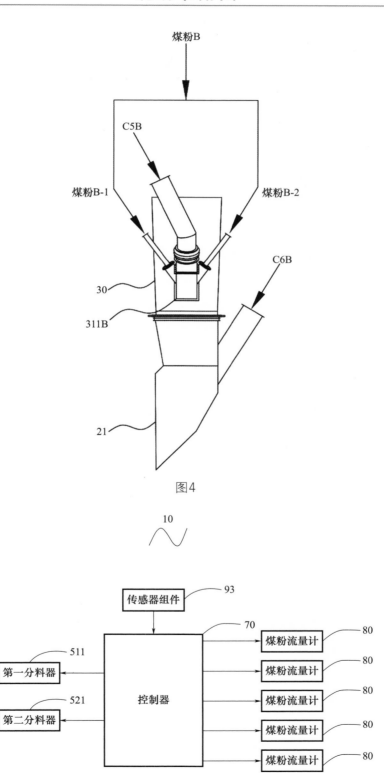

图4

图5

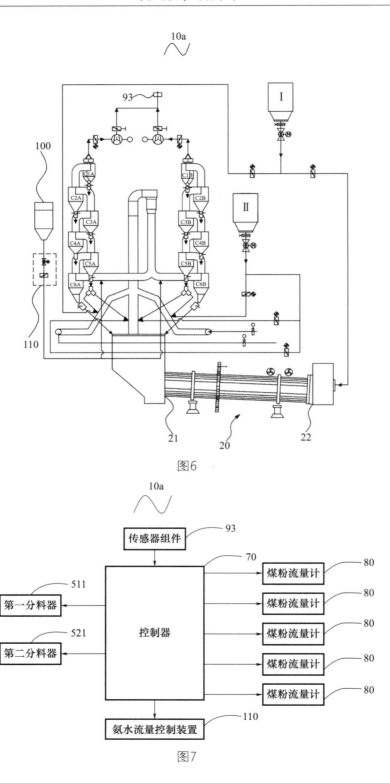

图6

图7

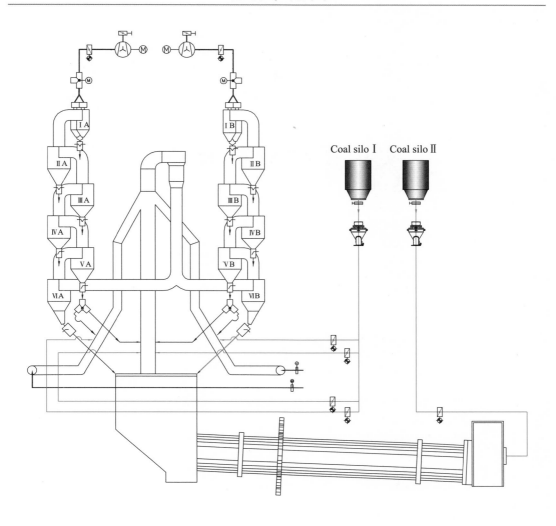

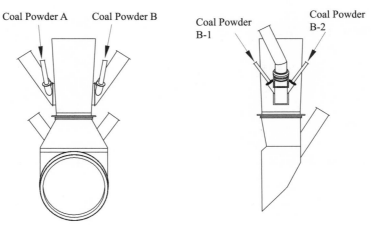

脱硝装置工艺流程图（实）

证书号第8326107号

实用新型专利证书

实用新型名称：窑口防护装置

发　明　人：张振昆

专　利　号：ZL 2018 2 0777269.4

专利申请日：2018 年 05 月 23 日

专利权人：江西亚东水泥有限公司

地　　　址：332207 江西省九江市码头镇亚东大道六号

授权公告日：2019 年 01 月 08 日　　　授权公告号：CN 208349808 U

　　国家知识产权局依照中华人民共和国专利法经过初步审查，决定授予专利权，颁发实用新型专利证书并在专利登记簿上予以登记。专利权自授权公告之日起生效。专利权期限为十年，自申请日起算。

　　专利证书记载专利权登记时的法律状况。专利权的转移、质押、无效、终止、恢复和专利权人的姓名或名称、国籍、地址变更等事项记载在专利登记簿上。

局长
申长雨

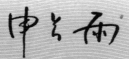

2019 年 01 月 08 日

证书号第8326107号

　　专利权人应当依照专利法及其实施细则规定缴纳年费。本专利的年费应当在每年05月23日前缴纳。未按照规定缴纳年费的，专利权自应当缴纳年费期满之日起终止。

　　申请日时本专利记载的申请人、发明人信息如下：
　　申请人：
　　　　　江西亚东水泥有限公司

　　发明人：
　　　　　张振昆

（19）中华人民共和国国家知识产权局

（12）实用新型专利

（10）授权公告号 CN 208349808 U
（45）授权公告日 2019.01.08

（21）申请号 201820777269.4
（22）申请日 2018.05.23
（73）专利权人 江西亚东水泥有限公司
　　　地址 332207 江西省九江市码头镇亚东大道六号
（72）发明人 张振昆
（74）专利代理机构 北京清亦华知识产权代理事务所（普通合伙）11201
　　　代理人 何世磊
（51）Int.Cl.
　　　F27B 7/20　（2006.01）

（54）实用新型名称
　　　窑口防护装置

（57）摘要

　　本实用新型涉及一种窑口防护装置，包括一第一防护组件，以及分别设于第一防护组件相对两侧的第二防护组件及第三防护组件，第一防护组件包括一固定板及通过弧形板与固定板连接的承载板，固定板与弧形板的连接处设有一朝远离固定板方向延伸的延长板，第二防护装置包括至少一设于延长板顶部及靠近弧形板一侧的第一抓钉及第二抓钉，以及与弧形板侧表面固定连接的第三抓钉，第三防护组件包括一冷却风机与冷却风机出风口连接的冷却环，冷却环的另一端与紧固件连接，紧固件包括一固定座及紧固螺栓，固定座为中空结构，固定座的底部与承载板的内壁形成一与冷却环出风口连通的出风孔。由于该窑口防护装置性能可靠且使用寿命长，满足了实际应用需求。

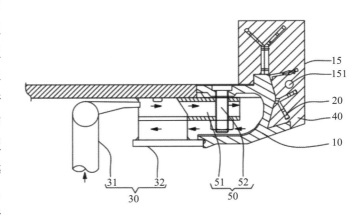

1. 一种窑口防护装置，其特征在于，包括一第一防护组件，以及分别设于所述第一防护组件相对两侧的第二防护组件及第三防护组件，所述第一防护组件及所述第二防护组件的外侧设有一防护层，所述第一防护组件包括一固定板及通过弧形板与所述固定板连接的承载板，所述固定板与所述弧形板的连接处设有一朝远离所述固定板方向延伸的延长板，所述第二防护装置包括至少一设于所述延长板顶部及靠近所述弧形板一侧的第一抓钉及第二抓钉，以及与所述弧形板侧表面固定连接的第三抓钉，所述第三防护组件包括一冷却风机与所述冷却风机出风口连接的冷却环，所述冷却环的另一端与用于对所述第一防护组件进行紧固的紧固件连接，所述紧固件包括一固定座及用于连接所述固定座与所述固定板的紧固螺栓，所述固定座为与所述冷却环进风口连通的中空结构，所述固定座的底部与所述承载板的内壁形成一与所述冷却环出风口连通的出风孔。

2. 根据权利要求1所述的窑口防护装置，其特征在于，所述第一抓钉、所述第二抓钉及所述第三抓钉的末端分别套设有一塑料帽。

3. 根据权利要求2所述的窑口防护装置，其特征在于，所述第一抓钉、所述第二抓钉及所述第三抓钉的数量均为3个，3个所述第一抓钉、所述第二抓钉及所述第三抓钉两两垂直设置。

4. 根据权利要求3所述的窑口防护装置，其特征在于，所述第一抓钉包括一第一固定部及与所述第一固定部垂直的第一抓合部，所述第二抓钉包括一第二固定部及与所述第二固定部垂直的第二抓合部，所述第三抓钉包括一第三固定部及与所述第三固定部垂直的第三抓合部，所述第一抓合部及所述第二抓合部的形状均为Y字形，所述第三抓合部的形状为V字形。

5. 根据权利要求1所述的窑口防护装置，其特征在于，所述固定板的上表面开设有一第一固定孔，所述固定板的下表面开设有一第二固定孔，所述第一固定孔与所述第二固定孔相连通，所述第二固定孔的截面尺寸小于所述第一固定孔的截面尺寸。

6. 根据权利要求1所述的窑口防护装置，其特征在于，所述承载板包括一第一承载部、设于所述第一承载部靠近所述弧形板一端的第二承载部，所述第一承载部与所述第二承载部倾斜设置，以形成一引导角，所述引导角用于对所述第二承载部进行导向，所述第一承载部远离所述弧形板一端设有一倾斜向下延伸的延长部。

7. 根据权利要求6所述的窑口防护装置，其特征在于，所述冷却环与所述承载板相对的一端分别设有若干等间隔设置的固定块及避让缺口，所述固定块上下等间隔设置。

8. 根据权利要求 7 所述的窑口防护装置，其特征在于，所述承载板的第二承载部上设有一吊装板，所述吊装板的侧边对应与所述弧形板及所述延长板固定连接，所述吊装板上开设有至少一吊装孔。

9. 根据权利要求 8 所述的窑口防护装置，其特征在于，所述第一承载部上设有若干散热凸块，所述冷却环的出风口的内壁上开设有若干散热孔。

10. 根据权利要求 1 所述的窑口防护装置，其特征在于，所述第一防护组件中的所述固定板、所述弧形板、所述承载板及所述延长板为一体化成型结构，所述第一防护组件与所述第二防护组件通过焊接的方式固定连接，所述防护层由浇注料浇注而成。

窑口防护装置

技术领域

[0001]　本实用新型涉及水泥窑窑口防护设备技术领域，特别涉及一种窑口防护装置。

背景技术

[0002]　近年来，随着经济的不断发展以及城市建设的不断加快，对施工建材原料的需求也在不断增加。其中，水泥作为一种非常重要的建筑原材料，在城市建设中起着极为重要的作用。

[0003]　水泥是一种粉状水硬性无机胶凝材料，其加水搅拌后形成浆体，能在空气中硬化或在水中实现更好的硬化，并能将砂、石等材料牢固地胶结在一起。早期的石灰与火山灰的混合物与现代的石灰火山灰水泥很相似，用它胶结碎石制成的混凝土，硬化后不但强度较高，而且还能抵抗淡水或含盐水的侵蚀。长期以来，水泥作为一种重要的胶凝材料，广泛应用于土木建筑、水利、国防等工程。目前，生产水泥主要通过水泥旋窑煅烧熟料，熟料与石膏等混合材磨细后成为水泥。窑口防护装置作为水泥旋窑的关键部件，在实际应用中起着至关重要的作用。

[0004]　然而，由于水泥旋窑的窑口温度较高，现有窑口防护装置采用铸钢材质，安装在窑口位置，窑口温度通常为1200~1300℃，因此窑口防护装置长时间暴露在高温环境下常常会出现氧化烧损的状况，降低了窑口防护装置的使用寿命，从而影响回转窑的运转。

实用新型内容

[0005]　基于此，本实用新型的目的是提供一种性能可靠且使用寿命长的窑口防护装置。

[0006]　本实用新型提出一种窑口防护装置，包括一第一防护组件，以及分别设于所述第一防护组件相对两侧的第二防护组件及第三防护组件，所述第一防护组件及所述第二防护组件的外侧设有一防护层，所述第一防护组件包括一固定板及通过弧形板与所述固定板连接的承载板，所述固定板与所述弧形板的连接处设有一朝远离所述固定板方向延伸的延长板，所述第二防护装置包括至少一设于所述延长板顶部及靠近所述弧形板一侧的第一抓钉及第二抓钉，以及与所述弧形板侧表面固定连接的第三抓钉，所述第三防护组件包括一冷却风机与所述冷却风机出风口连接的冷却环，所述冷却环的

CN 208349808 U 说明书

另一端与用于对所述第一防护组件进行紧固的紧固件连接，所述紧固件包括一固定座及用于连接所述固定座与所述固定板的紧固螺栓，所述固定座为与所述冷却环进风口连通的中空结构，所述固定座的底部与所述承载板的内壁形成一与所述冷却环出风口连通的出风孔。

[0007]　本实用新型提出的窑口防护装置，第一防护组件采用耐热钢铸造成型，当第一防护组件成型后，先施工第二防护组件。其中，第二防护组件的施工顺序为：焊接抓钉、用木板制模、搅拌浇注料、浇注料施工并振动、干燥后拆模。防护层浇注料养护后第一防护组件与第二防护组件成为一个整体。第三防护组件采用焊接固定方式安装。第一防护组件与第二防护组件同时进行更换，第三防护组件不易损坏，一般不需要进行更换。通过所述第一防护组件中的所述承载板与所述弧形板及所述延长板配合作用以提高所述第一防护组件与所需连接装置连接的可靠性，通过所述固定板、所述弧形板与所述承载板配合作用形成一型腔，在减轻所述第一防护组件质量的同时，保证了所述第一防护组件的强度；通过所述第二防护组件中的第一抓钉、第二抓钉及第三抓钉配合作用，增大了所述第二防护组件与所述防护层连接的可靠性；通过所述第一防护组件、所述第二防护组件及所述防护层配合作用增加了所述窑口防护装置的耐高温性能，减缓了所述窑口防护装置的氧化速度；所述第三防护组件中的冷却风机与所述冷却环配合作用以通过所述型腔形成对流，从而使所述窑口防护装置的表面温度得以降低，避免了由于窑口防护装置长时间暴露在高温环境下会出现氧化烧损而使窑口防护装置的使用寿命降低的状况，满足了实际应用需求。

[0008]　进一步地，所述第一抓钉、所述第二抓钉及所述第三抓钉的末端分别套设有一塑料帽。

[0009]　进一步地，所述第一抓钉、所述第二抓钉及所述第三抓钉的数量均为3个，3个所述第一抓钉、所述第二抓钉及所述第三抓钉两两垂直设置。

[0010]　进一步地，所述第一抓钉包括一第一固定部及与所述第一固定部垂直的第一抓合部，所述第二抓钉包括一第二固定部及与所述第二固定部垂直的第二抓合部，所述第三抓钉包括一第三固定部及与所述第三固定部垂直的第三抓合部，所述第一抓合部及所述第二抓合部的形状均为Y字形，所述第三抓合部的形状为V字形。

[0011]　进一步地，所述固定板的上表面开设有一第一固定孔，所述固定板的下表面开设有一第二固定孔，所述第一固定孔与所述第二固定孔相连通，所述第二固定孔的截面尺寸小于所述第一固定孔的截面尺寸。

[0012]　进一步地，所述承载板包括一第一承载部、设于所述第一承载部靠近所述弧形板一端的第二承载部，所述第一承载部与所述第二承载部倾斜设置，以形成一引导角，

所述引导角用于对所述第二承载部进行导向，所述第一承载部远离所述弧形板一端设有
一倾斜向下延伸的延长部。

[0013]   进一步地，所述冷却环与所述承载板相对的一端分别设有若干等间隔设置的固
定块及避让缺口，所述固定块上下等间隔设置。

[0014]   进一步地，所述承载板的第二承载部上设有一吊装板，所述吊装板的侧边对应
与所述弧形板及所述延长板固定连接，所述吊装板上开设有至少一吊装孔。

[0015]   进一步地，所述第一承载部上设有若干散热凸块，所述冷却环的出风口的内壁
上开设有若干散热孔。

[0016]   进一步地，所述第一防护组件中的所述固定板、所述弧形板、所述承载板及所
述延长板为一体化成型结构，所述第一防护组件与所述第二防护组件通过焊接的方式固
定连接，所述防护层由浇注料浇注而成。

附图说明

[0017]   图1为本实用新型第一实施例中窑口防护装置的安装环境示意图；

[0018]   图2为图1所示的窑口防护装置中第一防护组件与第二防护组件的安装环境示
意图；

[0019]   图3为图1的俯视图；

[0020]   图4为沿图3中A—A线的剖面示意图；

[0021]   图5为图4中第一抓钉的结构示意图；

[0022]   图6为图5的右视图；

[0023]   图7为图4中第二抓钉的结构示意图；

[0024]   图8为图7的右视图；

[0025]   图9为图4中第三抓钉的结构示意图；

[0026]   图10为图9的右视图；

[0027]   图11为本实用新型第二实施例中窑口防护装置的安装环境示意图。

[0028]   图12为图11中冷却环与承载板的装配结构示意图。

[0029]   主要符号说明：

CN 208349808 U　　　　　　　　说明书

第一防护组件	10	固定块	100
避让缺口	101	固定板	11
第一固定孔	111	第二固定孔	112
弧形板	12	承载板	13
第一承载部	131	散热凸块	131a
第二承载部	132	延长部	133
延长板	14	吊装板	15
吊装孔	151	第二防护组件	20
第一抓钉	21	第一固定部	211
第一抓合部	212	第二抓钉	22
第二固定部	221	第二抓合部	222
第三抓钉	23	第三固定部	231
第三抓合部	232	塑料帽	24
第三防护组件	30	冷却风机	31
冷却环	32	散热孔	321
防护层	40	紧固件	50
固定座	51	紧固螺栓	52

[0030] 位于表格左侧

[0031] 位于表格底部左侧

具体实施方式

[0032]　为了便于理解本实用新型，下面将参照相关附图对本实用新型进行更全面的描述。附图中给出了本实用新型的首选实施例。但是，本实用新型可以以许多不同的形式来实现，并不限于本文所描述的实施例。相反地，提供这些实施例的目的是使对本实用新型的公开内容更加透彻全面。

[0033]　除非另有定义，本文所使用的所有的技术和科学术语与属于本实用新型的技术领域的技术人员通常理解的含义相同。本文中在本实用新型的说明书中所使用的术语只是为了描述具体的实施例的目的，不是旨在于限制本实用新型。本文所使用的术语"及/或"包括一个或多个相关的所列项目的任意的和所有的组合。

[0034]　请参阅图1至图10，本实用新型第一实施例中的窑口防护装置，所述窑口防护装置包括一第一防护组件10，以及分别设于所述第一防护组件10相对两侧的第二防护组件20及第三防护组件30，所述第一防护组件10及所述第二防护组件20的外侧设有

一防护层 40，所述第一防护组件 10 通过一紧固件固 50 与所需固定位置进行固定连接，本实施例中，所需固定位置为窑壳。

[0035]　所述第一防护组件 10 包括一固定板 11 及通过弧形板 12 与所述固定板 11 连接的承载板 13。所述固定板 11 与所述弧形板 12 的连接处设有一朝远离所述固定板 11 方向延伸的延长板 14。所述固定板 11、所述弧形板 12、所述承载板 13 及所述延长板 14 为一体化成型结构，因此提高了所述固定板 11、所述弧形板 12、所述承载板 13 及所述延长板 14 连接的可靠性，同时简化了所述第一防护组件 10 的生产与制作步骤，节约了生产与时间成本。本实施例中，所述第一防护组件 10 可以由耐热钢铸造成型，属于消耗品。由于，通过所述固定板 11、所述弧形板 12 与所述承载板 13 配合作用形成一型腔，因此在减轻所述第一防护组件 10 质量的同时，保证了所述第一防护组件 10 的强度。

[0036]　所述固定板 11 的上表面开设有一第一固定孔 111，所述固定板 11 的下表面开设有一第二固定孔 112，所述第一固定孔 111 与所述第二固定孔 112 相连通，所述第二固定孔 112 的截面尺寸小于所述第一固定孔 111 的截面尺寸。由于所述第二固定孔 112 的截面尺寸小于所述第一固定孔 111 的截面尺寸，形成一安装台，以便于提高所述紧固件 50 与所述第一防护组件 10 连接的可靠性。其中，为提高所述固定板 11 的强度，所述固定板 11 与所述紧固件 50 连接处的厚度大于所述固定板 11 边缘处的厚度。

[0037]　所述承载板 13 包括一第一承载部 131、设于所述第一承载 131 部靠近所述弧形板 12 一端的第二承载部 132。所述第一承载部 131 与所述第二承载部 132 倾斜设置，以形成一引导角，所述引导角用于对所述第二承载部 132 进行导向，所述第一承载部 131 远离所述弧形板 12 一端设有一倾斜向下延伸的延长部 133，所述延长部 133 与所述第一承载部 131 配合作用以使所述第三防护组件 30 与所述第一防护组件 10 的装配可靠性得以提高。

[0038]　所述第二防护组件 20 与所述第一防护组件 10 通过焊接的方式固定连接，所述第二防护组件 20 包括至少一设于所述延长板 14 顶部及靠近所述弧形板 12 一侧表面的第一抓钉 21 及第二抓钉 22，以及与所述弧形板 12 侧表面固定连接的第三抓钉 23。在实际应用中，第二防护组件的施工顺序为：焊接抓钉、用木板制模，搅拌浇注料、浇注料施工并振动，干燥后拆模。

[0039]　本实施例中，所述第一抓钉 21、所述第二抓钉 22 及所述第三抓钉 23 的数量均为 3 个，3 个所述第一抓钉 21、所述第二抓钉 22 及所述第三抓钉 23 两两垂直设置，以提高所述第二防护组件 20 与所述防护层 40 的抓合的可靠性，以避免所述防护层 40 由于煅烧而从所述第一防护组件 10 及所述第二防护组件 20 上脱落的状况。

[0040]　具体地，所述第一抓钉 21 包括一第一固定部 211 及与所述第一固定部 211 垂直的第一抓合部 212。所述第二抓钉 22 包括一第二固定部 221 及与所述第二固定部 221 垂直的第二抓合部 222。所述第三抓钉 23 包括一第三固定部 231 及与所述第三固定部 231

垂直的第三抓合部 232。所述第一抓合部 212 及所述第二抓合部 222 的形状均为 Y 字形，所述第三抓合部 232 的形状为 V 字形。所述第一抓合部 212、所述第二抓合部 222 及所述第三抓合部 232 的两个末端呈 90° 夹角，其中，所述第一抓钉 21、所述第二抓钉 22 及所述第三抓钉 23 的长度依序减小。

[0041]　所述第三防护组件 30 包括一冷却风机 31 与所述冷却风机 31 出风口连接的冷却环 32，所述冷却环 32 的另一端与用于对所述第一防护组件 10 进行紧固的紧固件 50 连接。其中，所述冷却环 32 包括一进风口及一出风口。所述紧固件 50 包括一固定座 51 及用于连接所述固定座 51 与所述固定板 11 的紧固螺栓 52。安装时，所述紧固螺栓 52 的一端依序穿过所述第一固定孔 111、所述第二固定孔 112 及所述固定座 51 后通过一螺母进行紧固。紧固时，所述紧固螺栓 52 卡在所述第一固定孔 111 及所述第二固定孔 112 所形成的平台上，且末端与所述固定板 11 的顶部平齐。

[0042]　进一步地，所述固定座 51 为与所述冷却环 32 进风口连通的中空结构，所述固定座 51 的底部与所述承载板 13 的内壁形成一与所述冷却环 32 出风口连通的出风孔。可以理解的，所述冷却环 32 的进风口与所述固定座 51 连接，所述冷却环 32 的出风口与所述承载板 13 连接。当需要使用所述第三防护组件 30 时，所述冷却风机 31 所产生的冷却气流通过所述固定座 51 的中空结构后，经所述固定座 51 的底部与所述承载板 13 的内壁形成的出风孔进入所述冷却环 32 的出风口，并最终将热气流由所述冷却环 32 的出风口排出，从而使所述窑口防护装置的整体表面温度得以降低，避免了由于窑口防护装置长时间暴露在高温环境下会出现氧化烧损而使窑口防护装置的使用寿命降低的状况，满足了实际应用需求。

[0043]　其中，所述承载板 13 的第二承载部 132 上设有一吊装板 15，所述吊装板 15 的侧边对应与所述弧形板 12 及所述延长板 14 固定连接，所述吊装板 15 上开设有一吊装孔 151。所述吊装板 15 与所述吊装孔 151 配合作用，以便于通过挂吊耳对所述第一防护组件进行起吊。

[0044]　在此还需要说明的是，所述防护层 40 由浇注料浇注而成，该浇注料具有良好的耐高温性能及较高的强度。其中，该浇注料的最高使用温度为 1700℃，大于窑口环境温度 1200℃，可以减缓所述第一防护组件在高温环境下氧化速度。该浇注料的抗折模数为 105℃时 80~120MPa。该浇注料的主要成分为 SiC：25%~29%，SiO_2：30%~35%，Al_2O_3：40%~45%，Fe_2O_3：0.5%~1.0%。可以理解地，由于该浇注料具有良好的耐高温性能及较高的强度，因此所述防护层 40 也具有良好的耐高温性能及较高的强度。所以通过所述第一防护组件 10、所述第二防护组件 20 及所述防护层 40 配合作用增加了所述窑口防护装置的耐高温性能，减缓了所述窑口防护装置的氧化速度，满足了实际应用需求。

[0045]　此外，所述第一抓钉 21、所述第二抓钉 22 及所述第三抓钉 23 的末端分别套设有一塑料帽 24，所述塑料帽 24 用于当所述第二防护组件 20 中各抓钉的膨胀系数与浇注料膨胀系

数不一致时，所述第二防护组件 20 中各抓钉在高温时所述塑料帽 24 会消失，以预留空间供所述第二防护组件 20 中各抓钉膨胀用，从而避免将浇注料胀裂，即将所述防护层 40 胀裂。

[0046]　　本实用新型提出的窑口防护装置，第一防护组件 10 采用耐热钢铸造成型，当第一防护组件 10 成型后，先施工第二防护组件 20。其中，第二防护组件 20 的施工顺序为：焊接抓钉、用木板制模，搅拌浇注料、浇注料施工并振动，干燥后拆模。防护层 40 浇注料养护后第一防护组件 10 与第二防护组件 20 成为一个整体。第三防护组 30 件采用焊接固定方式安装。第一防护组件 10 与第二防护组件 20 同时进行更换，第三防护组件 30 不易损坏，一般不需要进行更换。通过所述第一防护组件 10 中的所述承载板 13 与所述弧形板 12 及所述延长板 14 配合作用以提高所述第一防护组件 10 与所需连接装置连接的可靠性，通过所述固定板 11、所述弧形板 12 与所述承载板 13 配合作用形成一型腔，在减轻所述第一防护组件 10 质量的同时，保证了所述第一防护组件 10 的强度；通过所述第二防护组件 20 中的第一抓钉 21、第二抓钉 22 及第三抓钉 23 配合作用，增大了所述第二防护组件 20 与所述防护层 40 连接的可靠性；通过所述第一防护组件 10、所述第二防护组件 20 及所述防护层 40 配合作用增加了所述窑口防护装置的耐高温性能，减缓了所述窑口防护装置的氧化速度；所述第三防护组件 30 中的冷却风机 31 与所述冷却环 32 配合作用以通过所述型腔形成对流，从而使所述窑口防护装置的表面温度得以降低，避免了由于窑口防护装置长时间暴露在高温环境下会出现氧化烧损而使窑口防护装置的使用寿命降低的状况，满足了实际应用需求。

[0047]　　请参阅图 11 至图 12，所示为本实用新型第二实施例中的窑口防护装置的结构示意图，本实施例中的窑口防护装置与第一实施例中的窑口防护装置大抵相同，不同之处在于本实施例中的窑口防护装置在第一实施例的基础上，所述冷却环 32 与所述承载板 13 相对的一端分别设有若干等间隔设置的固定块 100 及避让缺口 101，所述固定块 100 上下等间隔设置。所述固定块 100 与所述避让缺口 101 配合作用，以使所述冷却环 32 与所述第一防护组件 10 连接的可靠性增加的同时，提高了所述冷却环 32 的散热效果。

[0048]　　进一步地，所述第一承载部 131 上设有若干散热凸块 131a，所述冷却环 32 的出风口的内壁上开设有若干散热孔 321。所述散热凸块 131a 与所述散热孔 321 配合作用，以使所述窑口防护装置的第一防护组件表面温度得以降低，避免了由于窑口防护装置的第一防护组件长时间暴露在高温环境下会出现氧化烧损而使窑口防护装置的使用寿命降低的状况，满足了实际应用需求。

[0049]　　以上实施例仅表达了本实用新型的几种实施方式，其描述较为具体和详细，但并不能因此而理解为对本实用新型专利范围的限制。应当指出的是，对于本领域的普通技术人员来说，在不脱离本实用新型构思的前提下，还可以作出若干变形和改进，这些都属于本实用新型的保护范围。因此，本实用新型专利的保护范围应以所附权利要求为准。

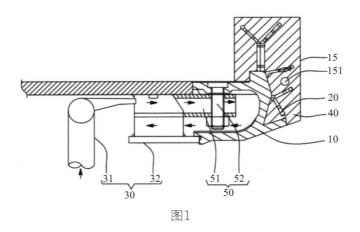

图1

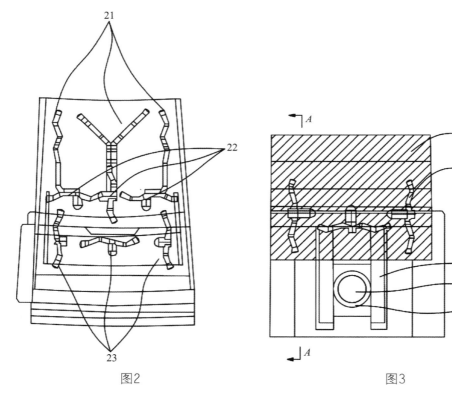

图2　　　　　　　　　　　图3

说明书附图

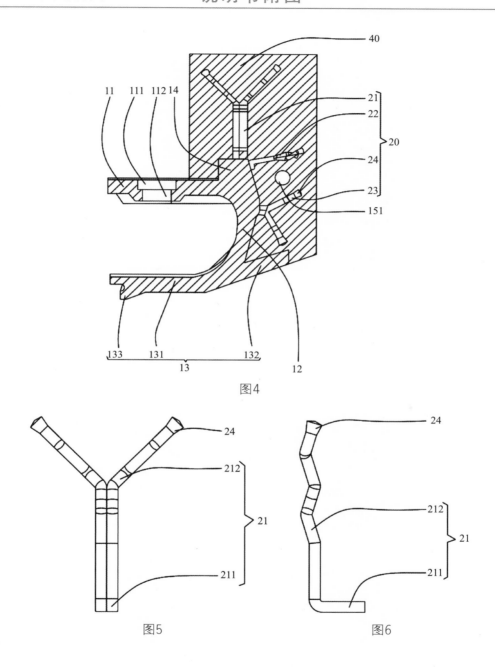

图4

图5 图6

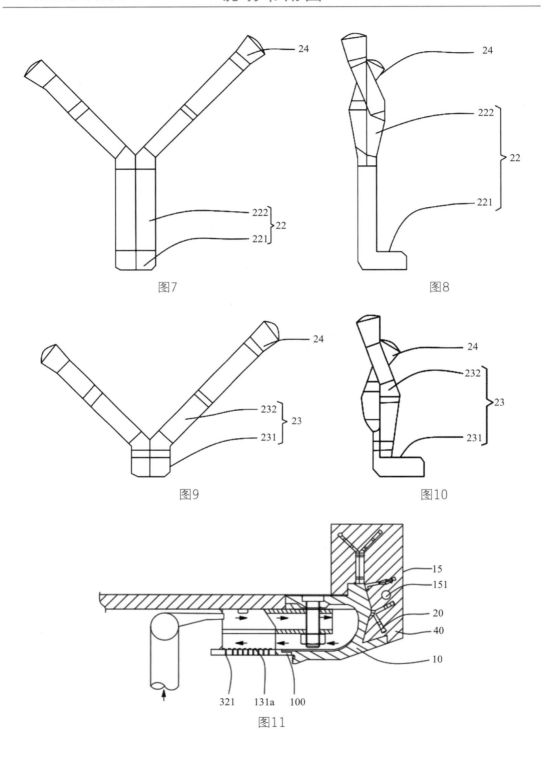

图7

图8

图9

图10

图11

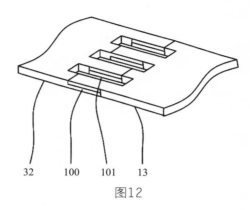

32　　100　　101　　13

图12

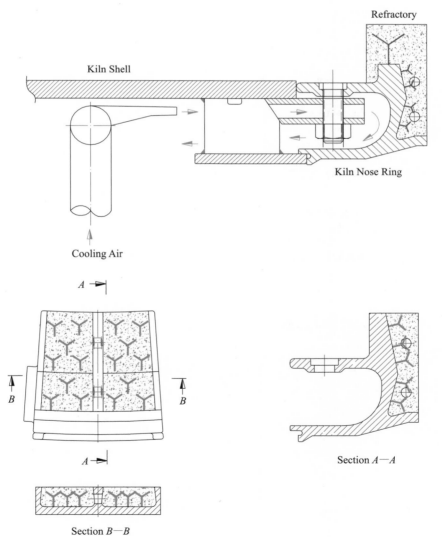

窑口防护装置结构图（实）

实用新型专利证书

实用新型名称：尾气处理装置

发　明　人：张振昆

专　利　号：ZL 2018 2 0857163.5

专利申请日：2018 年 06 月 04 日

专 利 权 人：江西亚东水泥有限公司

地　　　址：332207 江西省九江市码头镇亚东大道六号

授权公告日：2018 年 12 月 25 日　　　授权公告号：CN 208282640 U

　　国家知识产权局依照中华人民共和国专利法经过初步审查，决定授予专利权，颁发实用新型专利证书并在专利登记簿上予以登记。专利权自授权公告之日起生效。专利权期限为十年，自申请日起算。

　　专利证书记载专利权登记时的法律状况。专利权的转移、质押、无效、终止、恢复和专利权人的姓名或名称、国籍、地址变更等事项记载在专利登记簿上。

局长
申长雨

2018 年 12 月 25 日

第 1 页 (共 2 页)

其他事项参见背面

证书号 第8269959号

专利权人应当依照专利法及其实施细则规定缴纳年费。本专利的年费应当在每年06月04日前缴纳。未按照规定缴纳年费的，专利权自应当缴纳年费期满之日起终止。

申请日时本专利记载的申请人、发明人信息如下：

申请人：

江西亚东水泥有限公司

发明人：

张振昆

（19）中华人民共和国国家知识产权局

（12）实用新型专利

（10）授权公告号 CN 208282640 U
（45）授权公告日 2018.12.25

（21）申请号 201820857163.5
（22）申请日 2018.06.04
（73）专利权人 江西亚东水泥有限公司
　　　地址 332207 江西省九江市码头镇亚东大道六号
（72）发明人 张振昆
（74）专利代理机构 北京清亦华知识产权代理事务所（普通合伙）11201
　　　代理人 何世磊
（51）Int.Cl.
　　　F27D 17/00 （2006.01）
　　　B01D 53/56 （2006.01）
　　　B01D 53/76 （2006.01）

（54）实用新型名称
尾气处理装置

（57）摘要

本实用新型公开了一种尾气处理装置，包括处理系统和输送系统；处理系统包括旋窑、分解炉、预热器，以及两个三次风管，分解炉的锥部两端分别设有低氮喷入点，三次风管上设有三次风管喷入点，预热器包括设于分解炉两端的两组旋风筒组件，旋风筒组件包括六级旋风筒，其第五级旋风筒通过下料管与低氮喷入点和三次风管喷入点连接；输送系统包括输送组件、存储组件和调节组件，输送组件包括第一空气斜槽、提升机、第二空气斜槽、第三空气斜槽和第四空气斜槽，存储组件包括用于存储生料的第一储存罐、用于存储脱硫剂的第二储存罐，调节组件包括第一转饲阀、生料流量计、第二转饲阀。本实用新型中的尾气处理装置解决了现有尾气处理效率不高的问题。

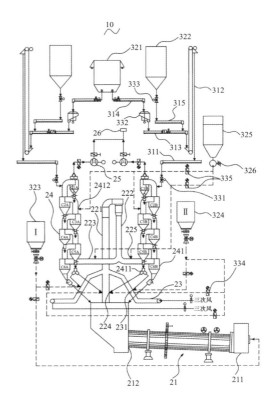

1. 一种尾气处理装置，其特征在于，包括处理系统和输送系统；

所述处理系统包括旋窑、分解炉、预热器，以及两个三次风管，所述分解炉的锥部左右两端分别设有一低氮喷入点，两个所述三次风管分别设于所述低氮喷入点上方的左右两端，所述三次风管上设有三次风管喷入点，所述预热器包括分别设于所述分解炉左右两端的两组旋风筒组件，所述旋风筒组件包括六级旋风筒，所述旋风筒组件的第五级旋风筒通过下料管和与其对应一侧的所述低氮喷入点和所述三次风管喷入点连接，所述旋风筒组件的第六级旋风筒通过所述下料管与所述旋窑的窑尾烟室连接。

所述输送系统包括与所述预热器连接的输送组件，以及与所述输送组件连接的存储组件和调节组件，所述输送组件包括与所述预热器通过所述下料管连接的第一空气斜槽、与所述第一空气斜槽连接的提升机、与所述提升机连接的第二空气斜槽、分别与所述第二空气斜槽连接的第三空气斜槽和第四空气斜槽，所述存储组件包括用于存储生料的第一储存罐，以及用于存储脱硫剂的第二储存罐，所述调节组件包括设于所述预热器和所述第一空气斜槽之间的第一转饲阀、设于所述第三空气斜槽和所述第二空气斜槽之间的生料流量计，以及设于所述第四空气斜槽和所述第二储存罐之间的第二转饲阀，所述第一空气斜槽通过所述下料管与所述旋风筒组件的第一级旋风筒进料口连接。

2. 根据权利要求 1 所述的尾气处理装置，其特征在于，所述存储组件还包括第一煤粉仓和第二煤粉仓，所述调节组件还包括煤粉流量计，所述第一煤粉仓通过煤粉输送管线分别与位于左端的所述三次风管喷入点以及所述旋窑的窑头连接，所述第二煤粉仓通过所述煤粉输送管线分别与位于右端的所述三次风管喷入点以及所述低氮喷入点连接，所述煤粉输送管线上设有所述煤粉流量计。

3. 根据权利要求 1 所述的尾气处理装置，其特征在于，所述分解炉包括上升炉体、下降炉体，所述上升炉体的底端与所述窑尾烟室连接，所述下降炉体的顶端与所述上升炉体的顶端连接，且所述上升炉体与所述下降炉体之间弯折呈 180°，所述下降炉体的底端通过三通连接件与两组所述旋风筒组件的第六级旋风筒连接。

4. 根据权利要求 3 所述的尾气处理装置，其特征在于，所述三通连接件上设有位于其左右两端的两组第一氨水喷入点，所述旋风筒组件的第三级旋风筒出口处设有第二氨水喷入点，所述存储组件还包括用于存储氨水的氨水罐，所述调节组件还包括氨水流量计，所述氨水罐分别通过氨水管线与所述第一氨水喷入点和所述第二氨水喷入点连接，所述氨水管线上设于所述氨水流量计。

5. 根据权利要求 4 所述的尾气处理装置，其特征在于，所述旋风筒组件中的第五级旋风筒下料口处设有一分料器，所述分料器为一三通结构，所述分料器的进料口与所述第五级旋风筒下料口连接，所述分料器的两个出料口分别通过所述下料管和与其对应的所述低氮喷入点和所述三次风管喷入点连接。

6. 根据权利要求 5 所述的尾气处理装置，其特征在于，所述处理系统还包括与所述旋风筒组件中的第一级旋风筒的出口通过管线依次连接的风车、传感器组件，以及尾气排放处理装置，所述传感器组件与控制器电性连接，所述控制器分别与所述调节组件及所述分料器电性连接。

7. 根据权利要求 6 所述的尾气处理装置，其特征在于，所述传感器组件包括二氧化硫传感器、氮氧化物传感器和一氧化碳传感器。

尾气处理装置

技术领域

[0001]　本实用新型涉及水泥生产烟气处理技术领域，特别是涉及一种尾气处理装置。

背景技术

[0002]　随着经济的快速发展，越来越多的楼宇大厦进行建设，因此与房屋建设密切相关的水泥行业也得到快速的发展，然而在水泥生产的过程中，其会大量产生二氧化硫、氮氧化物等大气污染物，为实现对国家环境以及经济发展的提升，国家规定水泥窑尾二氧化硫含量小于 $200mg/m^3$，氮氧化物含量小于 $400mg/m^3$，因此水泥行业必须对生产的二氧化硫及氮氧化物等尾气进行尾气处理。

[0003]　其中，对于脱硫处理，原料中的硫氧化产生的二氧化硫在通过上级旋风筒时会被 CaO 吸收，其余则随废气一道从预热器中排出，在温度低于 600℃的情况下，上面两级预热器中 $CaCO_3$ 分解率极低，使得产生的 CaO 的含量较少，因此对于二氧化硫的吸收效率较低，使得大量的二氧化硫从预热器中排出，造成二氧化硫的排量超标。而现有水泥企业通过建设湿法脱硫塔进行脱硫，但其湿法脱硫塔工艺所需的投资成本较高。

[0004]　对于脱硝处理，通过煤粉进行缺氧燃烧产生大量的 CO 还原剂，以将氮氧化物还原成氮气，然而，在现有低氮燃烧技术情况下，其分解炉内产生的 CO 气体量不够，使得其脱硝效率不高，因此还需要继续使用氨水进行脱硝，然而现有氨水的购置费用较高，使得造成现有采用低氮燃烧技术进行脱硝的效率不高，且成本较高的问题。

实用新型内容

[0005]　基于此，针对现有技术的缺点，提供一种尾气处理装置，解决现有尾气处理效率不高的问题。

[0006]　本实用新型提供一种尾气处理装置，包括处理系统和输送系统。

[0007]　所述处理系统包括旋窑、分解炉、预热器，以及两个三次风管，所述分解炉的锥部左右两端分别设有一低氮喷入点，两个所述三次风管分别设于所述低氮喷入点上方的左右两端，所述三次风管上设有三次风管喷入点，所述预热器包括分别设于所述分解炉左右两端的两组旋风筒组件，所述旋风筒组件包括六级旋风筒，所述旋风筒组件的第五级旋风筒通过下料管和与其对应一侧的所述低氮喷入点和所述三次风管喷入点连接，所述旋风筒组件的第六级旋风筒通过所述下料管与所述旋窑的窑尾烟室连接。

[0008]　所述输送系统包括与所述预热器连接的输送组件、与所述输送组件连接的存储组件和调节组件，所述输送组件包括与所述预热器通过所述下料管连接的第一空气斜槽、与所述第一空气斜槽连接的提升机、与所述提升机连接的第二空气斜槽、分别与所述第二空气斜槽连接的第三空气斜槽和第四空气斜槽，所述存储组件包括用于存储生料的第一储存罐、用于存储脱硫剂的第二储存罐，所述调节组件包括设于所述预热器和所述第一空气斜槽之间的第一转饲阀、设于所述第三空气斜槽和所述第二空气斜槽之间的生料流量计、设于所述第四空气斜槽和所述第二储存罐之间的第二转饲阀，所述第一空气斜槽通过所述下料管与所述旋风筒组件的第一级旋风筒进料口连接。

[0009]　进一步地，所述存储组件还包括第一煤粉仓和第二煤粉仓，所述调节组件还包括煤粉流量计，所述第一煤粉仓通过煤粉输送管线分别与位于左端的所述三次风管喷入点以及所述旋窑的窑头连接，所述第二煤粉仓通过所述煤粉输送管线分别与位于右端的所述三次风管喷入点以及所述低氮喷入点连接，所述煤粉输送管线上设有所述煤粉流量计。

[0010]　进一步地，所述分解炉包括上升炉体、下降炉体，所述上升炉体的底端与所述窑尾烟室连接，所述下降炉体的顶端与所述上升炉体的顶端连接，且所述上升炉体与所述下降炉体之间弯折呈180°，所述下降炉体的底端通过三通连接件与两组所述旋风筒组件的第六级旋风筒连接。

[0011]　进一步地，所述三通连接件上设有位于其左右两端的两组第一氨水喷入点，所述旋风筒组件的第三级旋风筒出口处设有第二氨水喷入点，所述存储组件还包括用于存储氨水的氨水罐，所述调节组件还包括氨水流量计，所述氨水罐分别通过氨水管线与所述第一氨水喷入点和所述第二氨水喷入点连接，所述氨水管线上设于所述氨水流量计。

[0012]　进一步地，所述旋风筒组件中的第五级旋风筒下料口处设有一分料器，所述分料器为一三通结构，所述分料器的进料口与所述第五级旋风筒下料口连接，所述分料器的两个出料口分别通过所述下料管和与其对应的所述低氮喷入点和所述三次风管喷入点连接。

[0013]　进一步地，所述处理系统还包括与所述旋风筒组件中的第一级旋风筒的出口通过管线依次连接的风车、传感器组件、尾气排放处理装置，所述传感器组件与控制器电性连接，所述控制器分别与所述调节组件及所述分料器电性连接。

[0014]　进一步地，所述传感器组件包括二氧化硫传感器、氮氧化物传感器和一氧化碳传感器。

[0015]　本实用新型提供的尾气处理装置，由于三次风管与分解炉汇合点位于低氮喷入点上方，使得三次风管内引入的三次风位于分解炉的上部，因此使得无法为低氮喷入点

说明书

处提供三次风，使得该低氮喷入点处的氧气含量较低，使得在分解炉锥部构建一个缺氧燃烧环境，使煤粉在分解炉锥部缺氧条件下容易燃烧产生一氧化碳，产生脱硝所需的还原气氛。

[0016]　同时其由于第一煤粉仓和第二煤粉仓的设置，使得其分解炉和窑头的煤粉用量可以分别进行优化调整，且煤粉不会过快用尽，同时两个煤粉仓不会影响煤粉输送管线的输送流量，当控制器获取到氮氧化物或一氧化碳的含量较高时，其可发送控制信号至对应的煤粉流量计，以使得相应的控制喂入低氮喷入点或窑头的煤粉用量，使得可提高脱硝效率。

[0017]　同时，在尾气脱硝处理时，其尾气中的氮氧化物先经过窑尾的还原区大部分还原为氮气，其当尾气中还存在氮氧化物时，其尾气与第一氨水喷入点的氨水进行脱硝反应，此时使得实现尾气的脱硝。在尾气脱硫处理时，其尾气在预热器的第三级旋风筒中与第二氨水喷入点喷入的氨水进行反应生成不易分解的亚硝酸铵，实现了部分的尾气脱硫，其剩下的尾气进入至经过第三级旋风筒、第二级旋风筒、第一级旋风筒时，其与混合生料中的脱硫剂发生反应，使得实现剩余二氧化硫的脱硫，确保尾气中二氧化硫排放符合国家标准。

[0018]　同时通过调节组件的设置使得可调节混合生料的流量、混合生料中生料以及脱硫剂的含量比例，当尾气中二氧化硫含量较高时，提高调节第二转饲阀使得可增加混合生料中脱硫剂的含量比例，解决现有尾气处理效率不高的问题。

附图说明

[0019]　图1为本实用新型一实施例中提出的尾气处理装置的结构示意图。

[0020]　图2为图1中处理系统的结构示意图。

[0021]　图3为图1中输送系统的结构示意图。

[0022]　图4是本实用新型一实施例中提出的尾气处理装置中分解炉底部连接的正视结构框图。

[0023]　图5是本实用新型一实施例中提出的尾气处理装置中分解炉底部连接的侧视结构框图。

具体实施方式

[0024]　为使本实用新型的上述目的、特征和优点能够更加明显易懂，下面结合附图对本实用新型的具体实施方式做详细的说明。在下面的描述中阐述了很多具体细节以便于充分理解本实用新型。但是本实用新型能够以很多不同于在此描述的其他方式来实施，

本领域技术人员可以在不违背本实用新型内涵的情况下做类似改进，因此本实用新型不受下面公开的具体实施的限制。

[0025]　其中水泥在进行生产时，主要通过将生料投放在预热器中进行预热，并通过管线将煤粉以及预热器中的生料下料至分解炉内进行煅烧，以使生料进行部分预分解，并最终使得生料在旋窑中进行煅烧生成熟料，且在熟料进行冷却后完成水泥的生产，其中水泥进行生产时，由于旋窑中煤粉以及生料的煅烧使得在旋窑窑尾及分解炉中产生二氧化硫、氮氧化物等污染物的尾气，其尾气通过分解炉的上升通道后进入旋风筒中，并在旋风筒中进行上升后在其旋风筒出口处通过尾气排放管道进行排放，此时由于尾气中的二氧化硫、氮氧化物含量较高，使得其尾气排放超出国家标准，通过采用本实施例提供的尾气处理装置用于对水泥生产时产生的尾气进行处理。

[0026]　请查阅图1至图5，本实用新型的一实施例中提供的尾气处理装置10，包括处理系统20和输送系统30。

[0027]　其中，处理系统20包括旋窑21、设于旋窑21的窑尾212烟室上方的分解炉22、分别与分解炉22连接的三次风管23和预热器24。其中，输送系统30包括与预热器24连接的输送组件31，以及与输送组件31连接的存储组件32和调节组件33。其中处理系统20用于对生料进行煅烧生成熟料，以及对生产过程产生的尾气进行处理。该输送系统30用于对生产所需的生料以及进行尾气处理的物料进行输送。

[0028]　其中，旋窑21包括设于前端的窑头211、设于末端与分解炉22连接的窑尾212，其中窑头211处设有窑头燃烧器，该窑尾212烟室与分解炉22的锥部连接。

[0029]　其中，该分解炉22包括上升炉体221和下降炉体222，其中上升炉体221的底端与旋窑21的窑尾212烟室连接，下降炉体222的顶端与上升炉体221的顶端连接，且上升炉体221与下降炉体222之间弯折呈180°，下降炉体222的底端通过三通连接件223与预热器24的两端连接。进一步地，分解炉22中的上升炉体221的锥部设有位于其左右两端的两组低氮喷入点224。分解炉22中的三通连接件223上设有位于其左右两端的两组第一氨水喷入点225，该低氮喷入点224用于喂入混合生料以及煤粉，使得混合生料以及煤粉在分解炉22中进行煅烧预热分解。该第一氨水喷入点225用于喂入氨水，使得对分解炉22中未脱硝完全的氮氧化物进行脱硝处理。

[0030]　其中，该三次风管23设于分解炉22的低氮喷入点224上方位置，其三次风管23用于将高温的三次风引入至分解炉22中。同时三次风管23上设有三次风管喷入点231，该三次风管喷入点231用于喂入部分混合生料以及部分煤粉，使得混合生料以及煤粉在三次风管23中进行充分煅烧预热分解。

[0031]　其中，预热器24包括分别设于分解炉22左右两端的两组旋风筒组件241，其

中旋风筒组件 241 包括六级旋风筒, 其左端旋风筒组件 241 从上至下依次为 C1A 旋风筒、C2A 旋风筒、C3A 旋风筒、C4A 旋风筒、C5A 旋风筒、C6A 旋风筒, 其右端旋风筒组件 241 从上至下依次为 C1B 旋风筒、C2B 旋风筒、C3B 旋风筒、C4B 旋风筒、C5B 旋风筒、C6B 旋风筒。其中该旋风筒组件 241 中的第五级旋风筒 (C5A 旋风筒、C5B 旋风筒) 下料口处设有一分料器 2411, 该分料器 2411 为一三通结构, 其分料器 2411 的进料口与第五级旋风筒下料口连接, 分料器 2411 的两个出料口分别通过下料管与与其对应的低氮喷入点 224 和三次风管喷入点 231 连接。即位于左端的旋风筒组件 241 中分料器 2411 分别与左端的低氮喷入点 224 和三次风管喷入点 231 连接, 右端的旋风筒组件 241 中分料器 2411 分别与右端的低氮喷入点 224 和三次风管喷入点 231 连接。进一步地, 两组旋风筒组件 241 的第六级旋风筒分别与三通连接件 223 的两端连接, 且两组旋风筒组件 241 的第六级旋风筒的出料口通过下料管与窑尾 212 烟室连接。其中, 旋风筒组件 241 的第三级旋风筒出口处设有第二氨水喷入点 2412, 该第二氨水喷入点 2412 用于喂入氨水, 使得对预热器 24 中的二氧化硫进行脱硫处理。

[0032]   其中, 该输送组件 31 包括与预热器 24 通过下料管连接的第一空气斜槽 311、与第一空气斜槽 311 连接的提升机 312、与提升机 312 通过管线连接的第二空气斜槽 313、分别与第二空气斜槽 313 连接的第三空气斜槽 314 和第四空气斜槽 315。其中, 需要指出的是, 由于预热器 24 包括设于分解炉 22 左右两端的两组旋风筒组件 241, 因此, 该第一空气斜槽 311、提升机 312、第二空气斜槽 313、第三空气斜槽 314 及第四空气斜槽 315 的数量均为两个, 其均与与其对应的旋风筒组件 241 对应设置连接。且该第一空气斜槽 311 通过下料管与旋风筒组件 241 的第一级旋风筒 (C1A 旋风筒、C1B 旋风筒) 进料口连接。

[0033]   该存储组件 32 包括用于存储生料的第一储存罐 321、用于存储脱硫剂的第二储存罐 322、用于存储煤粉的第一煤粉仓 323 和第二煤粉仓 324, 以及用于存储氨水的氨水罐 325, 其中第一储存罐 321 通过下料管与第三空气斜槽 314 连接, 第二储存罐 322 通过下料管与第四空气斜槽 315 连接, 第一煤粉仓 323 和第二煤粉仓 324 分别通过煤粉输送管线分解炉 22 连接, 氨水罐 325 通过氨水管线与分解炉 22 连接。其中, 需要指出的是, 本实施例中, 该第一储存罐 321 的数量为一个, 其设有两个出料口, 其两个出料口分别通过与其连接的下料管连接至对应的第三空气斜槽 314 中, 该第二储存罐 322 的数量为两个, 其分别与与其对应的第四空气斜槽 315 连接。

[0034]   该调节组件 33 包括第一转饲阀 331、生料流量计 332、第二转饲阀 333、煤粉流量计 334, 以及氨水流量计 335, 其中第一转饲阀 331 设于预热器 24 和第一空气斜槽 311 之间, 生料流量计 332 设于第三空气斜槽 314 和第二空气斜槽 313 之间, 第二转

饲阀 333 设于第四空气斜槽 315 和第二储存罐 322 之间，煤粉流量计 334 设于煤粉输送管线上，氨水流量计 335 设于氨水管线上。其中，该第一转饲阀 331、生料流量计 332、第二转饲阀 333 的数量均为两个。

[0035]　　具体地，本实施例中，煤粉输送管线的数量为 5 条，该第一煤粉仓 323 通过各个煤粉输送管线分别与位于左端的三次风管喷入点 231 以及窑头 211 连接，第二煤粉仓 324 通过各个煤粉输送管线分别与位于右端的三次风管喷入点 231 以及低氮喷入点 224 连接，其中各个煤粉输送管线上均设有煤粉流量计 334。

[0036]　　如图 4、图 5 所示，为分解炉 22 的底部的结构示意图，其中低氮喷入点 224 靠近窑尾 212 烟室，其两组旋风筒组件 241 中的第五级旋风筒（C5A 旋风筒、C5B 旋风筒）通过下料管分别与与其对应一侧的低氮喷入点 224 连接。例如左端的旋风筒组件 241 中的第五级旋风筒（C5A 旋风筒）通过下料管与左侧的低氮喷入点 224A 连接，其两组旋风筒组件 241 中的第六级旋风筒（C6A 旋风筒）通过下料管分别与与其对应一侧的分解炉 22 的锥部连接，进一步地，煤粉输送管线与下料管的侧壁相连接，其煤粉输送管线与下料管的汇合点靠近低氮喷入点 224，同时该煤粉输送管线的直径小于下料管的直径，且每条下料管上两侧分别连接有两个子煤粉输送管线，如图 5 所示，分别包括煤粉 B-1 和煤粉 B-2 子煤粉输送管线。此时两条子煤粉输送管线中输送的煤粉喂入至与其连接的下料管中时，其煤粉输送管线的煤粉可与下料管中的混合生料混合均匀后由低氮喷入点 224 喂入至分解炉 22 中。

[0037]　　其中该氨水罐 325 连接一主氨水管线，该主氨水管线上连接有氨水泵 326，该氨水泵 326 用于抽取氨水罐 325 中的氨水。该主氨水管线分别连接有两条氨水管线，两条该氨水管线上连接有氨水流量计 335，其中两条该氨水管线分别通过其两条子氨水管线对应连接至第一氨水喷入点 225 和第二氨水喷入点 2412，此时通过两个该氨水流量计 335 可控制流经其第一氨水喷入点 225 和第二氨水喷入点 2412 的流量。其中，每个氨水喷入点处均设有四支喷枪。其四支喷枪呈 360° 周向均匀分布，且各支喷枪采用 45° 的角度插入至该氨水喷入点中，使得可以扩大雾化面积。

[0038]　　进一步地，处理系统 20 还包括与旋风筒组件 241 中的第一级旋风筒（C1A 旋风筒、C1B 旋风筒）的出口通过管线依次连接的风车 25、传感器组件 26，以及尾气排放处理装置，其中风车 25 的数量为两个，其分别与对应的旋风筒组件 241 通过管线连接，且最后一同连接至传感器组件 26 后与尾气排放处理装置连接，使得其两组旋风筒组件 241 的第一级旋风筒出口排出的尾气均排入至尾气排放处理装置中，其中该传感器组件 26 包括二氧化硫传感器、氮氧化物传感器和一氧化碳传感器，其用于检测尾气中的二氧化硫、氮氧化物和一氧化碳的浓度。其中，该传感器组件 26 与控制器电性连接，该控

制器还与分料器 2411 以及调节组件 33 电性连接。此时控制器可根据传感器组件 26 发送的信号可以确定待排放的尾气中残留的二氧化硫、氮氧化物和一氧化碳的浓度信息，并根据浓度信息发送反馈控制信号至分料器 2411 以及调节组件 33，以使控制分解炉 22 和旋窑 21 中不同位置中混合生料、煤粉以及氨水的用量变化，以及喂入至预热器 24 中的脱硫剂的含量比例，最终减少二氧化硫、氮氧化物和一氧化碳的残余量。

[0039]　进一步地，在水泥生产时，其第一储存罐 321 中存储的生料通过下料管下料至第三空气斜槽 314，其第二储存罐 322 中存储的脱硫剂通过下料管下料至第四空气斜槽 315，其第三空气斜槽 314 输送的生料和第四空气斜槽 315 输送的脱硫剂输送至第二空气斜槽 313 中，并在第二空气斜槽 313 中进行混合搅拌后形成混合生料，其混合生料在第二空气斜槽 313 中通过下料管下料至提升机 312 的尾端，此时通过提升机 312 的提升作用，使得将混合生料提升至与预热器 24 顶端相近的高度，此时提升机 312 顶端出口的混合生料通过下料管下料至第一空气斜槽 311，并通过第一空气斜槽 311 的运输后，最终下料至旋风筒的第一级旋风筒进料口，以使得输送系统 30 运输的混合生料下料至处理系统 20 中进行尾气处理。

[0040]　其中，需要指出的是，该输送组件 31 中的各个空气斜槽以离心风机为动力源，使密闭输送斜槽中的物料保持流态化向倾斜的一端做缓慢的流动，该设备主体部分无传动部分，采用新型涂轮透气层，密封操作管理方便，设备重量轻，输送力大，且易改变输送方向，使得可用于对生料、脱硫剂、水泥、煤粉等易流态化的粉状物料进行运输。同时需要指出的是，在输送组件 31 对生料、脱硫剂等进行运输的同时，通过对调节组件 33 的调节作用，使得可调节其运输时的流量大小，其中本实施例中，该第二转饲阀 333 具体为分格轮，其分格轮每转一周所输送的物料的含量保持固定，因此通过分格轮转速的不同，使得其输送的物料的流量产生不同。

[0041]　进一步地，其混合生料下料至旋风筒组件 241 的第一级旋风筒进料口后，其向下运动以进行各级旋风筒的预热后，最终通过第五级旋风筒、第六级旋风筒（C6A 旋风筒、C6B 旋风筒）下料至旋窑 21 内进行煅烧，其中混合生料的运动过程为：混合生料下料至第五级旋风筒后，其混合生料通过分料器 2411 的分料，使得一部分混合生料进入至三次风管喷入点 231、一部分混合生料进入至低氮喷入点 224。其混合生料全部进行至分解炉 22 后，其中混合生料由于负压吸引至上升炉体 221、下降炉体 222 后进入至第六级旋风筒，并最终由第六级旋风筒下料至旋窑 21 中。

[0042]　其中需要指出的是，其通过控制分料器 2411 可使得控制混合生料下料至三次风管 23 以及分解炉 22 中的含量比例。其中，在该三次风管喷入点 231 和低氮喷入点 224 处下料有混合生料外，其还通过煤粉输送管线喂入有煤粉，此时在三次风管喷入点 231

说明书

喂入的混合生料和煤粉在三次风管 23 中进行煅烧预分解后进入至分解炉 22 中，其在低氮喷入点 224 喂入的混合生料和煤粉在分解炉 22 中进行煅烧预分解，其混合生料煅烧后最终进入至窑尾 212 烟室。并在窑尾 212 烟室中进行生料的煅烧分解，其窑尾 212 烟室中预分解的生料运输至窑头 211 过程中，其窑头 211 处喂入有煤粉输送管线运输的煤粉，同时由于窑头燃烧器所处的环境中氧气含量高，使得窑头燃烧器将煤粉和混合的空气进行充分燃烧以使生料煅烧为熟料，并在窑头 211 处输送至篦冷机进行冷却，其中旋窑 21 煅烧温度为 1350~1450℃。

[0043]　其中，水泥生产过程产生的尾气运动过程为，其窑头燃烧器由于充分燃烧使得其产生含二氧化硫、氮氧化物的尾气，并从旋窑 21 的窑头 211 处随负压运动至旋窑 21 的窑尾 212 烟室，同时由于窑头 211 的充分有氧燃烧，使得其位于末端的窑尾 212 的氧气含量较低，其窑尾 212 尾气中氧气含量一般为 2%~3%，此时窑尾 212 处于缺氧状态，进一步地，上升炉体 221 内部形成上升风道，下降炉体 222 内部形成下降风道，其旋窑 21 的窑尾 212 烟室中的尾气在上升炉体 221 内进行上升后，在下降炉体 222 内进行下降，最终通过三通连接件 223 运动至预热器 24 中，此时尾气通过三通连接件 223 进入至旋风筒组件 241 的第六级旋风筒中，并由于与旋风筒组件 241 的第一级旋风筒的出口处的风车 25 工作产生负压，使得吸引尾气从旋风筒组件 241 中的各级旋风筒中逐步上升后运动至旋风筒组件 241 的第一级旋风筒中，并从旋风筒组件 241 的第一级旋风筒的出口处排出，其中排出的尾气经过传感器组件 26，该传感器组件 26 检测尾气中的二氧化硫、氮氧化物以及一氧化碳的含量，并当含量超过预设值时，控制器控制分料器 2411 以及调节组件 33，以使降低尾气中的二氧化硫、氮氧化物以及一氧化碳的含量。

[0044]　其中，尾气中二氧化硫的脱硫过程主要为，其由输送系统 30 输送的混合生料进入至预热器 24 后进行各级旋风筒的多级预热后，生料中以硫化物形式存在的硫，则会在 300~600℃被氧化生成 SO_2 气体，主要发生六级预热器的第三级旋风筒，因此三段旋风筒出口形成大量二氧化硫气体。其部分二氧化硫与第二氨水喷入点 2412 喷入的氨水进行反应生成不易分解的亚硝酸铵，实现了部分的尾气脱硫，其剩下的尾气在经过第三级旋风筒、第二级旋风筒、第一级旋风筒时与混合生料中脱硫剂发生反应，使得实现剩余二氧化硫的脱硫，确保尾气中二氧化硫排放符合国家标准，其中，本实施例中，该脱硫剂采用纯度大于 90% 的干粉熟石灰，其脱硫剂与尾气中的二氧化硫发生反应，生成硫酸钙固体。主要原理如下：$SO_2+Ca(OH)_2 = CaSO_4+H_2O$。此时硫酸钙固体难以发生分解，其在各级旋风筒下落后最终进入分解炉 22 中，并经窑尾 212 进入至窑头 211，最后随熟料一同排出旋窑 21 中，使得实现了尾气的脱硫。现有技术采用购买脱硫剂进行脱硫，其成本费用高，在本实施例中，通过先使用氨水进行脱硫，且其氨水的用量保持

不变，使得氨水未能实现全部脱硫时，此时通过后续的脱硫剂脱硫使得可实现对尾气中的二氧化硫继续脱硫，确保尾气中二氧化硫排放符合国家标准，使得采用脱硫剂和氨水同时脱硫，脱硫效率高，降低成本，同时其由于其氨水可全部与尾气中二氧化硫进行反应，使得可避免氨逃逸的问题。

[0045]　其中，尾气中氮氧化物的脱硝过程主要为，窑尾212烟室的氧气含量较低，且三次风管23设于分解炉22的低氮喷入点224上方，使得三次风管23内引入的三次风位于分解炉22的上部，其无法为低氮喷入点224处提供三次风，因此低氮喷入点224处的氧气含量较低，此时低氮喷入点224处喂入的煤粉在缺氧状态下燃烧产生大量一氧化碳，其一氧化碳为强还原剂，可将窑尾212气体中氮氧化物还原成氮气，其具体化学反应式为：$CO+NO \rightarrow CO_2+1/2N_2$，此化学反应受高温的促进和生料的催化可快速完成，因此在分解炉22的锥部形成脱硝所需的还原气氛。此时由窑头211运动至窑尾212的尾气在上升至分解炉22的低氮喷入点224时，其尾气中的氮氧化物还原成氮气。当尾气中还存在氮氧化物时，其氮氧化物在三通连接件223中与第一氨水喷入点225喷入的氨水进行反应，其中需要指出的是，该分解炉22与预热器24连接处的三通连接件223的温度大致处于880℃，在该反应温度下使得该氨水可与氮氧化物发生反应实现脱硝。此时还原的氮气最终通过各级旋风筒上升后从第一级旋风筒的出口处排出，使其实现了尾气的脱硝。现有技术采用通过氨水进行脱硝，其成本费用高且容易产生氨逃逸，在本实施例中，先通过煤粉在低氮喷入点224燃烧产生还原气氛以对尾气中氮氧化物进行脱硝，在部分未完全脱硝的尾气中，通过第一氨水喷入点225的氨水实现剩余尾气的脱硝，该第一氨水喷入点225中的氨水用作脱硝补给，其主要通过煤粉进行脱硝，使得脱硝效率高，且降低生产成本。

[0046]　具体使用时，旋窑21中的窑头燃烧器将煤粉进行充分燃烧使得其窑尾212处产生含氮氧化物的尾气，因此本实施例中尽量减少了窑头211的煤粉喂入量，本实施例中窑头211的煤粉用量占总用量的35%~40%，通过减少窑头211的煤粉喂入量使得降低了氮氧化物的产生，进一步地，窑尾212由于缺少氧气，使得其窑尾212烟室形成一个缺氧环境，此时在分解炉22锥部的低氮喷入点224喂入煤粉，本实施例中低氮喷入点224的煤粉用量占总用量的50%~65%，此时喂入的煤粉在还原气氛下生产与强还原性的一氧化碳，此时一氧化碳会持续与窑尾212尾气中的氮氧化物反应以使氮氧化物还原成氮气，其脱硝反应会直至其一氧化碳耗尽为止。当尾气中还存在氮氧化物时，其所有尾气在经过下降风道后，剩余氮氧化物与第一氨水喷入点225的氨水进行脱硝反应，此时实现尾气的脱硝。同时其脱硝反应后剩余的氨水会与尾气中的二氧化硫进行反应，使其实现部分的尾气脱硫。

[0047] 进一步地，其尾气进入至预热器 24 中后由于风车 25 工作产生的负压使得其运动至尾气排放处理装置中，其中尾气在旋风筒组件 241 上升的过程中，其尾气中的二氧化硫先与氨水发生反应，实现大部分的尾气脱硫，其剩余部分的二氧化硫与脱硫剂发生反应，使得实现尾气的脱硫，确保尾气中二氧化硫含量符合国家标准。此时传感器组件 26 获取二氧化硫、氮氧化物和一氧化碳的浓度信息并发送至控制器。

[0048] 其中，当控制器获取到尾气中二氧化硫的浓度超过预设指标时，则说明脱硫剂的用量较少，使得尾气中存在二氧化硫超过国家标准，此时控制器发出控制信号至调节组件 33 中的第二转饲阀 333，以使加大脱硫剂的流量，以调整混合生料中的脱硫剂的含量比例，使得喂入至旋风筒中的混合生料可将尾气中残余二氧化硫进行脱硫反应，确保尾气中二氧化硫含量符合国家标准。此时当控制器获取到尾气中二氧化硫的浓度维持在正常范围内时，控制器发出控制信号至调节组件 33 中的第二转饲阀 333，以使第二转饲阀 333 停止继续加大脱硫剂的流量，使得维持该脱硫剂的流量以实现对尾气中的二氧化硫进行脱硫处理。

[0049] 其中，当控制器获取到尾气中氮氧化物的浓度超过预设指标时，则说明低氮喷入点 224 中的煤粉用量较少，窑头 211 和三次风管 23 中的煤粉用量较多，使得其还原区产生的一氧化碳的含量较少，且窑头 211 燃烧产生的氮氧化物的含量较多，此时脱硝反应耗尽一氧化碳时，还残留有大量的氮氧化物，此时控制器发送控制信号至各个煤粉流量计 334，以使得输送至低氮喷入点 224 的煤粉量增加，同时减少输送至窑头 211 和三次风管 23 的煤粉量，既可以确保氮氧化物符合国家标准，又可以减少一氧化碳的残余量。

[0050] 其中，当控制器获取到尾气中一氧化碳的浓度超过预设指标时，则说明低氮喷入点 224 中的煤粉用量较多，窑头 211 和三次风管 23 中的煤粉用量较小，使得其还原区产生的一氧化碳的含量较多，经过一氧化碳脱硝反应后剩下的氮氧化物含量较少，此时脱硝反应几乎耗尽氮氧化物时，还残留有一氧化碳，此时控制器发送控制信号至各个煤粉流量计 334，以使得输送至低氮喷入点 224 的煤粉量减少，同时增加输送至窑头 211 和三次风管 23 的煤粉量。此时控制器发送控制信号至各个煤粉流量计 334 中，以使得输送至低氮喷入点 224 的煤粉量减少，同时增加输送至窑头 211 和三次风管 23 的煤粉量，以减少一氧化碳的残余量，同时确保氮氧化物符合排放标准。

[0051] 本实施例中，由于三次风管 23 设于分解炉 22 上方，使得三次风管 23 内引入的三次风位于分解炉 22 的上部，本实施例中，三次风管 23 与分解炉 22 的汇合点设于低氮喷入点 224 上方 25m 处，因此使得无法为低氮喷入点 224 处提供三次风，使得该低氮喷入点 224 处的氧气含量较低，而本实用新型中，窑尾 212 烟室尾气中氧气含量为

2%~3%，使得在分解炉 22 锥部构建一个缺氧燃烧环境，使煤粉在分解炉 22 锥部缺氧条件下燃烧产生一氧化碳，产生脱硝所需的还原气氛，同时现有技术中，三次风管 23 汇合点设于低氮喷入点 224 上方 5m 处，因此本实施例相较现有技术，通过增加三次风管 23 汇合点与低氮喷入点 224 之间的距离，使得存在充分的时间让煤粉在缺氧环境下燃烧产生一氧化碳，并有充分的时间与尾气中的氮氧化物发生反应，提高脱硝效率。

[0052]　　同时其由于第一煤粉仓 323 和第二煤粉仓 324 的设置，使得其分解炉 22 和窑头 211 的煤粉用量可以分别进行优化调整，且煤粉不会过快用尽，同时两个煤粉仓不会影响煤粉输送管线的输送流量，当控制器获取到氮氧化物或一氧化碳的含量较高时，其可发送控制信号至对应的煤粉流量计 334，以使得相应的控制喂入低氮喷入点 224 或窑头 211 的煤粉用量。而现有技术中，由于其低氮喷入点 224 和窑头 211 的煤粉用量较大，低氮喷入点 224 和窑头 211 的煤粉均采用一个煤粉仓进行输送，使得其煤粉仓中的煤粉易过快用尽，同时难以加大对低氮喷入点 224 的煤粉喂入量。

[0053]　　同时由于本实施例中，分解炉 22 的总长度 155m，相较现有技术增加了 30m，使得其在较长的上升炉体 221 和下降炉体 222 中，可以提高生料在分解炉 22 内的预热脱硝效果，降低旋窑 21 煅烧生料的负荷，减少窑头 211 的煤粉用量，减少窑头 211 中的氮氧化物总量的产生，提高脱硝效率。

[0054]　　进一步地，当控制器获取到传感器组件 26 发送的信号，并确定尾气中氮氧化物超过国家排放标准时，其控制器根据氮氧化物的浓度信息发送控制信号至氨水流量计 335，以使氨水流量计 335 控制喷枪喷射氨水并控制氨水喷射流量，以确保氮氧化物排放符合国家标准。

[0055]　　同时通过第一转饲阀 331、第二转饲阀 333，以及生料流量计的设置使得可调节混合生料的流量、混合生料中生料以及脱硫剂的含量比例，当尾气中二氧化硫含量超过国家标准时，提高调节第二转饲阀 333 使得可增加混合生料中脱硫剂的含量比例，而又不影响水泥生产过程中的生料的正常煅烧。确保尾气中二氧化硫含量符合国家标准，解决现有尾气处理效率不高的问题。

[0056]　　以上所述实施例仅表达了本实用新型的几种实施方式，其描述较为具体和详细，但并不能因此而理解为对本实用新型专利范围的限制。应当指出的是，对于本领域的普通技术人员来说，在不脱离本实用新型构思的前提下，还可以作出若干变形和改进，这些都属于本实用新型的保护范围。因此，本实用新型专利的保护范围应以所附权利要求为准。

CN 208282640 U

说明书附图

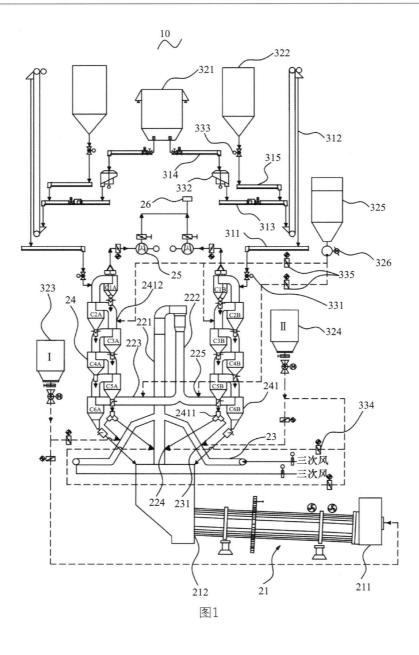

图1

CN 208282640 U 说明书附图

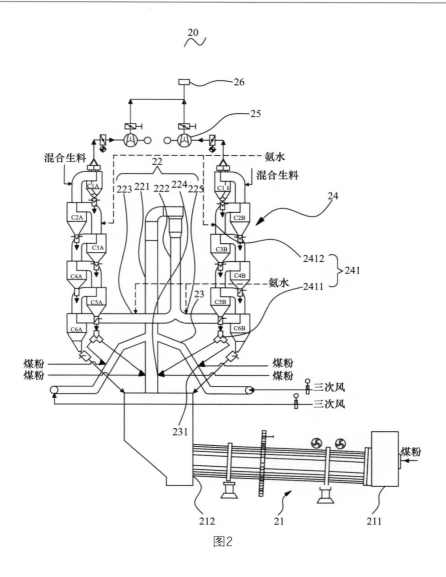

图2

CN 208282640 U 说明书附图

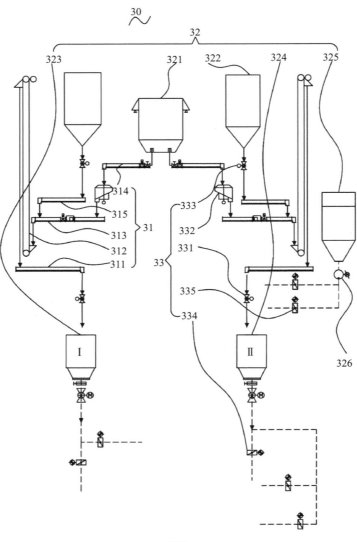

图3

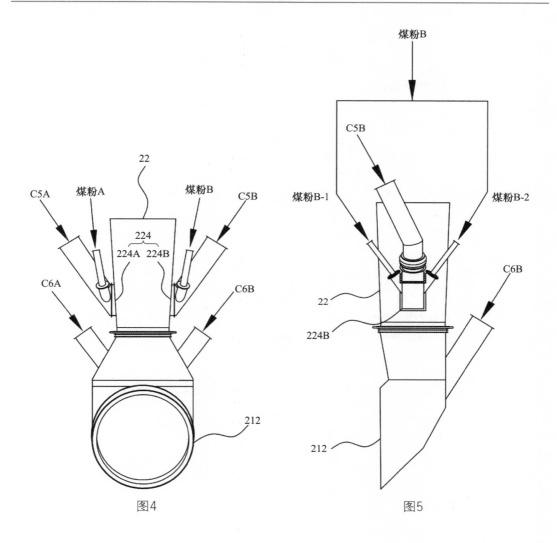

图4

图5

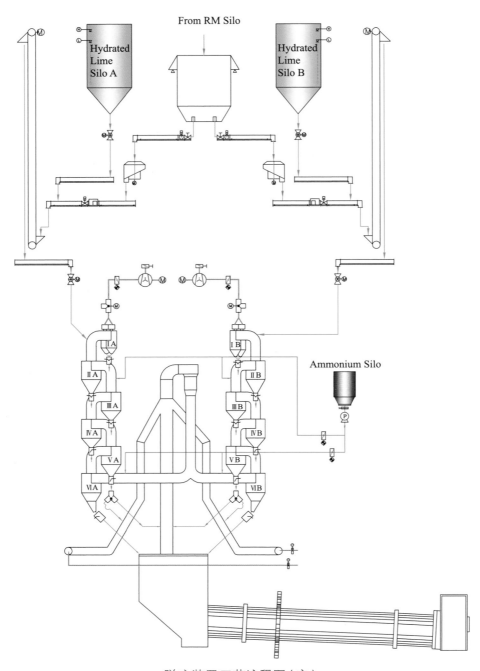

脱硫装置工艺流程图（实）

实用新型专利证书

证书号第8497641号

实用新型名称：水泥卸船装置

发　明　人：张振昆

专　利　号：ZL 2018 2 1210927.8

专利申请日：2018 年 07 月 27 日

专 利 权 人：江西亚东水泥有限公司

地　　　址：332207 江西省九江市码头镇亚东大道六号

授权公告日：2019 年 02 月 19 日　　授权公告号：CN 208516534 U

　　国家知识产权局依照中华人民共和国专利法经过初步审查，决定授予专利权，颁发实用新型专利证书并在专利登记簿上予以登记。专利权自授权公告之日起生效。专利权期限为十年，自申请日起算。

　　专利证书记载专利权登记时的法律状况。专利权的转移、质押、无效、终止、恢复和专利权人的姓名或名称、国籍、地址变更等事项记载在专利登记簿上。

局长
申长雨

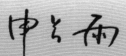

2019 年 02 月 19 日

证书号第8497641号

　　专利权人应当依照专利法及其实施细则规定缴纳年费。本专利的年费应当在每年07月27日前缴纳。未按照规定缴纳年费的，专利权自应当缴纳年费期满之日起终止。

　　申请日时本专利记载的申请人、发明人信息如下：
　　申请人：
　　　　江西亚东水泥有限公司

　　发明人：
　　　　张振昆

（19）中华人民共和国国家知识产权局

（12）实用新型专利

（10）授权公告号 CN 208516534 U
（45）授权公告日 2019.02.19

（21）申请号 201821210927.8

（22）申请日 2018.07.27

（73）专利权人 江西亚东水泥有限公司
　　　地址 332207 江西省九江市码头镇亚东大道六号

（72）发明人 张振昆

（74）专利代理机构 北京清亦华知识产权代理事务所（普通合伙）11201
　　　代理人 何世磊

（51）Int.Cl.
　　　B65G 67/60 （2006.01）

B28C 7/02 （2006.01）

审查员 袁媛

（54）实用新型名称
水泥卸船装置

（57）摘要

本实用新型提供了一种水泥卸船装置，包括吸料机、进料管、缓冲料柜、除尘器、流量控制阀、管带机以及入库提升机，管带机包括驱动轮、皮带以及多个托辊。上述水泥卸船装置，通过吸料机从轮船中吸出水泥，并从进料管流入缓冲料柜中，再通过缓冲料柜出口端将水泥输入至管带机的皮带上，并通过驱动轮带动皮带进行运输，直至将水泥运输至入库提升机中进行入库，其中，通过设置流量控制阀控制水泥从缓冲料柜流入管带机的皮带上的流速，通过吸尘器吸取水泥进入缓冲料柜时产生的灰尘，在整个装置中，因使用管带机运输水泥，而管带机可以根据地形改变形状，且具有驱动能力，可带动水泥向入库提升机移动，减少了中间接力提升机的使用，进而减少了电能的消耗。

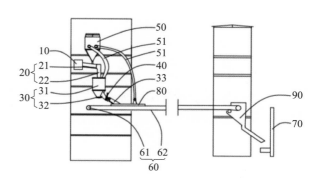

CN 208516534 U 权利要求书

1. 一种水泥卸船装置，其特征在于，包括吸料机、与所述吸料机连接的进料管、设于所述进料管末端的缓冲料柜、设于所述缓冲料柜一侧的除尘器、设于所述缓冲料柜出口端的流量控制阀、设于所述流量控制阀下侧的管带机、设于所述管带机前进端的入库提升机，所述除尘器的吸尘管分别与所述进料管和所述缓冲料柜连接，所述管带机包括驱动轮、与所述驱动轮连接的皮带以及设于所述皮带下端的多个托辊。

2. 根据权利要求 1 所述的水泥卸船装置，其特征在于，所述水泥卸船装置还包括一个导料槽，所述导料槽包括设于所述皮带上方的槽体、分别设于所述槽体的两侧的至少三个止封板，每一所述止封板的自由末端均抵靠与所述皮带，所述流量控制阀的阀口位于所述槽体上方。

3. 根据权利要求 2 所述的水泥卸船装置，其特征在于，所述除尘器通过一根所述吸尘管与所述导料槽的内部连通。

4. 根据权利要求 1 所述的水泥卸船装置，其特征在于，所述缓冲料柜包括漏斗部和设于所述漏斗部下侧的出料管，所述流量控制阀设于所述出料管的管口。

5. 根据权利要求 2 所述的水泥卸船装置，其特征在于，所述流量控制阀的阀口设有一个下料槽，所述下料槽的末端延伸至所述导料槽内。

6. 根据权利要求 1 所述的水泥卸船装置，其特征在于，所述进料管包括与吸料机连接的倾斜部和与所述倾斜部连接的竖直部，所述竖直部竖直设于所述缓冲料柜的上端，所述除尘器的一个吸尘管与所述倾斜部连通。

7. 根据权利要求 1 所述的水泥卸船装置，其特征在于，所述进料管和所述吸料机之间设有一个空气输送斜槽，所述空气输送斜槽设有高压离心风机。

8. 根据权利要求 1 所述的水泥卸船装置，其特征在于，所述皮带的出料端设有一个出料槽。

水泥卸船装置

技术领域

[0001]　本实用新型涉及水泥运输设备技术领域，特别涉及一种水泥卸船装置。

背景技术

[0002]　随着城市化建设的加快，建筑物的增多，市场对水泥的需求量也越来越大，因水泥具有流动性，因此，大体积的水泥运输一般采用轮船，当需要从轮船上获取散装的水泥时，再采用相应的运输装置进行运输。

[0003]　目前，散装的水泥卸船装置一般全程采用空气输送斜槽输送，因空气输送斜槽需要倾斜布置，所以需要在空气斜槽的中部通过多个提升机进行接力，将导致电量消耗高，且因为空气斜槽的内部空间有限，导致输送量受限制。

实用新型内容

[0004]　本实用新型的目的是提供一种水泥卸船装置，以解决因全程使用空气输送斜槽和接力提升机而导致的耗电量高的问题。

[0005]　一种水泥卸船装置，包括吸料机、与所述吸料机连接的进料管、设于所述进料管末端的缓冲料柜、设于所述缓冲料柜一侧的除尘器、设于所述缓冲料柜出口端的流量控制阀、设于所述流量控制阀下侧的管带机、设于所述管带机前进端的入库提升机，所述除尘器的吸尘管分别与所述进料管和所述缓冲料柜连接，所述管带机包括驱动轮、与所述驱动轮连接的皮带以及设于所述皮带下端的多个托辊。

[0006]　相较于现有技术，上述水泥卸船装置使用时，通过吸料机从轮船中吸出水泥，并从进料管流入缓冲料柜中，再通过缓冲料柜出口端将水泥输入至管带机的皮带上，并通过驱动轮带动皮带进行运输，直至将水泥运输至入库提升机中进行入库，其中，通过设置流量控制阀控制水泥从缓冲料柜流入管带机的皮带上的流速，通过吸尘器吸取水泥进入缓冲料柜时产生的灰尘，在整个装置中，因使用管带机运输水泥，而管带机可以根据地形改变形状，且具有驱动能力，可带动水泥向入库提升机移动，减少了中间接力提升机的使用，进而减少了电能的消耗。

[0007]　进一步地，所述水泥卸船装置还包括一个导料槽，所述导料槽包括设于所述皮带上方的槽体、分别设于所述槽体的两侧的至少三个止封板，每一所述止封板的自由末端均抵靠与所述皮带，所述流量控制阀的阀口位于所述槽体上方。

CN 208516534 U　　　　　　说明书

[0008]　进一步地，所述除尘器通过一根所述吸尘管与所述导料槽的内部连通。

[0009]　进一步地，所述缓冲料柜包括漏斗部和设于所述漏斗部下侧的出料管，所述流量控制阀设于所述出料管的管口。

[0010]　进一步地，所述流量控制阀的阀口设有一个下料槽，所述下料槽的末端延伸至所述导料槽内。

[0011]　进一步地，所述进料管包括与吸料机连接的倾斜部和与所述倾斜部连接的竖直部，所述竖直部竖直设于所述缓冲料柜的上端，所述除尘器的一个吸尘管与所述倾斜部连通。

[0012]　进一步地，所述进料管和所述吸料机之间设有一个空气输送斜槽，所述空气输送斜槽设有高压离心风机。

[0013]　进一步地，所述皮带的出料端设有一个出料槽。

附图说明

[0014]　图 1 为本实用新型第一实施例中的水泥卸船装置的结构示意图。

[0015]　图 2 为图 1 中的管带机及导料槽的安装结构示意图。

[0016]　图 3 为本实用新型第二实施例中的水泥卸船装置的结构示意图。

[0017]　主要元件符号说明：

[0018]

吸料机	10	出料管	32	皮带	62
空气输送斜槽	11	下料槽	33	托辊	63
进料管	20	流量控制阀	40	入库提升机	70
倾斜部	21	除尘器	50	导料槽	80
竖直部	22	吸尘管	51	槽体	81

[0019]

缓冲料柜	30	管带机	60	止封板	82
漏斗部	31	驱动轮	61	出料槽	90

[0020]　如下具体实施方式将结合上述附图进一步说明本实用新型。

具体实施方式

[0021]　为了便于理解本实用新型，下面将参照相关附图对本实用新型进行更全面的描述。附图中给出了本实用新型的若干个实施例。但是，本实用新型可以以许多不同的形式来实现，并不限于本文所描述的实施例。相反地，提供这些实施例的目的是使对本实

用新型的公开内容更加透彻全面。

[0022]　需要说明的是，当元件被称为"固设于"另一个元件，它可以直接在另一个元件上或者也可以存在居中的元件。当一个元件被认为是"连接"另一个元件，它可以是直接连接到另一个元件或者可能同时存在居中元件。本文所使用的术语"垂直的""水平的""左""右"以及类似的表述只是为了说明的目的。

[0023]　除非另有定义，本文所使用的所有的技术和科学术语与属于本实用新型的技术领域的技术人员通常理解的含义相同。本文中在本实用新型的说明书中所使用的术语只是为了描述具体的实施例的目的，不是旨在于限制本实用新型。本文所使用的术语"及/或"包括一个或多个相关的所列项目的任意的和所有的组合。

[0024]　请参阅图1和图2，本实用新型第一实施例提供的水泥卸船装置，包括吸料机10、与所述吸料机10连接的进料管20、设于所述进料管20末端的缓冲料柜30、设于所述缓冲料柜30一侧的除尘器50、设于所述缓冲料柜30出口端的流量控制阀40、设于所述流量控制阀40下侧的管带机60、设于所述管带机60前进端的入库提升机70。

[0025]　具体地，所述除尘器50的吸尘管51分别与所述进料管20和所述缓冲料柜30连接，所述管带机60包括驱动轮61、与所述驱动轮61连接的皮带62以及设于所述皮带62下端的多个托辊63，具体地，在本实施例中，所述进料管20包括与吸料机10连接的倾斜部21和与所述倾斜部21连接的竖直部22，所述竖直部22竖直设于所述缓冲料柜30的上端，所述除尘器10的一个吸尘管51与所述倾斜部21连通，使除尘器50可以除去进料管20中的灰尘。

[0026]　上述水泥卸船装置，使用时，通过水泥卸船机等吸料机10从轮船中吸出水泥，并从进料管20流入缓冲料柜30中，再通过缓冲料柜30出口端将水泥输入至管带机60的皮带62上，并通过驱动轮61带动皮带62进行运输，直至将水泥运输至入库提升机70中进行入库，其中，通过设置流量控制阀40控制水泥从缓冲料柜30流入管带机60的皮带62上的流速，通过吸尘器50吸取水泥进入缓冲料柜30时产生的灰尘，在整个装置中，因使用管带机60运输水泥，而管带机60可以根据地形改变形状，且具有驱动能力，可带动水泥向入库提升机70移动，减少了中间接力提升机的使用，进而减少了电能的消耗。

[0027]　具体地，在本实施例中，所述水泥卸船装置还包括一个导料槽80，所述导料槽80包括设于所述皮带62上方的槽体81、分别设于所述槽体81的两侧的三个止封板82，每一所述止封板82的自由末端均抵靠与所述皮带62，所述流量控制阀40的阀口位于所述槽体81上方，通过设置导流槽80，避免水泥从流量控制阀40落入皮带62上时溢出，且具有防止灰尘的作用，并通过在皮带62的左右两侧分别设置三个止封板82，避免水

泥从皮带 62 的左右两侧溢出。

[0028] 具体地，在本实施例中，所述除尘器 50 通过一根所述吸尘管 51 与所述导料槽 80 的内部连通，用以吸收导料槽 80 内部的灰尘。

[0029] 具体地，在本实施例中，所述缓冲料柜 30 包括漏斗部 31 和设于所述 31 漏斗部下侧的出料管 32，所述流量控制阀 40 设于所述出料管 32 的管口。通过上述结构设计，使水泥从缓冲料柜 30 的侧边的出料管 32 处流出，起到缓冲的作用，避免了水泥直接落去流量控制阀 40 处。

[0030] 具体地，在本实施例中，所述流量控制阀 40 的阀口设有一个下料槽 33，所述下料槽 33 的末端延伸至所述导料槽 80 内，以使水泥从流量控制阀 40 流出后直接落入导料槽 80 中。

[0031] 具体地，在本实施例中，所述皮带 62 的出料端设有一个出料槽 90，以便水泥流入入库提升机 70 中。

[0032] 请参阅图 3，本实用新型第二实施例提供的水泥卸船装置，所述第二实施例与所述第一实施例的区别在于，所述第二实施例中，所述进料管 20 和所述吸料机 10 之间设有一个空气输送斜槽 11，所述空气输送斜槽 11 设有高压离心风机（图未标出），所述空气输送斜槽 11 可用于水泥、粉煤灰等易流态化的粉状物料，该槽以高压离心风机（9-19:9-26 型）为动力源，使密闭的空气输送斜槽 11 中的水泥保持流态化下倾斜的一端做缓慢的流动，该设备主体部分无传动部分，采用新型涂轮透气层，密封操作管理方便，设备重量轻，低耗电，输送力大，可以改变输送方向。

[0033] 以上所述实施例仅表达了本实用新型的几种实施方式，其描述较为具体和详细，但并不能因此而理解为对本实用新型专利范围的限制。应当指出的是，对于本领域的普通技术人员来说，在不脱离本实用新型构思的前提下，还可以作出若干变形和改进，这些都属于本实用新型的保护范围。因此，本实用新型专利的保护范围应以所附权利要求为准。

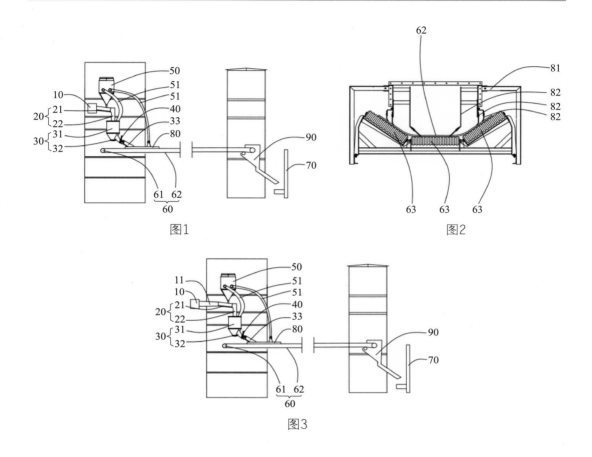

图1

图2

图3

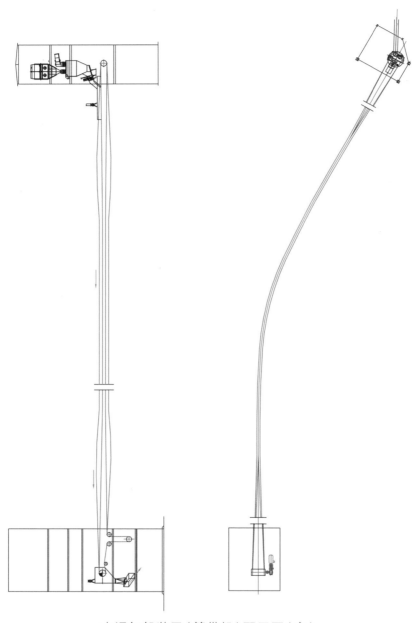

水泥卸船装置（管带机）配置图（实）

说明书附图

水泥输送管带机图片01

水泥输送管带机图片02

证 书 号 第 8324297 号

实用新型专利证书

实用新型名称：下坡式皮带传输装置

发 明 人：张振昆

专 利 号：ZL 2018 2 0999164.3

专利申请日：2018 年 06 月 26 日

专 利 权 人：江西亚东水泥有限公司

地 址：332207 江西省九江市码头镇亚东大道六号

授权公告日：2019 年 01 月 08 日 授权公告号：CN 208345079 U

    国家知识产权局依照中华人民共和国专利法经过初步审查，决定授予专利权，颁发实用新型专利证书并在专利登记簿上予以登记。专利权自授权公告之日起生效。专利权期限为十年，自申请日起算。

    专利证书记载专利权登记时的法律状况。专利权的转移、质押、无效、终止、恢复和专利权人的姓名或名称、国籍、地址变更等事项记载在专利登记簿上。

局长
申长雨

2019 年 01 月 08 日

证书号第8324297号

　　专利权人应当依照专利法及其实施细则规定缴纳年费。本专利的年费应当在每年06月26日前缴纳。未按照规定缴纳年费的，专利权自应当缴纳年费期满之日起终止。

　　申请日时本专利记载的申请人、发明人信息如下：
　　申请人：
　　　　江西亚东水泥有限公司

　　发明人：
　　　　张振昆

（19）中华人民共和国国家知识产权局

（12）实用新型专利

（10）授权公告号 CN 208345079 U
（45）授权公告日 2019.01.08

（21）申请号 201820999164.3

（22）申请日 2018.06.26

（73）专利权人 江西亚东水泥有限公司
　　　地址 332207 江西省九江市码头镇亚东大道六号

（72）发明人 张振昆

（74）专利代理机构 北京清亦华知识产权代理事务所（普通合伙）11201
　　代理人 何世磊

（51）Int.Cl.
　　B65G 15/60 （2006.01）
　　B65G 39/10 （2006.01）

（54）实用新型名称
　　下坡式皮带传输装置

（57）摘要

本实用新型涉及矿产传输技术领域，提供一种下坡式皮带传输装置，包括主动辊组件、从动辊组件、皮带、第一处理装置以及第二处理装置。从动辊组件于

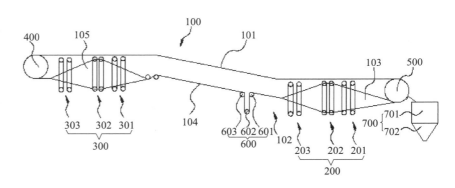

海拔高度上低于主动辊组件，皮带包括载物段以及空载段，载物段的一端绕于主动辊组件上且另一端绕于从动辊组件上，空载段依次绕于第一处理装置和第二处理装置。在传输过程中，利用石灰石的自身重力带动皮带传输，无消耗电动，降低了运输成本。空载段在经过第一处理装置后，其载物面发生转向并朝至载物段，载物面上的石灰石余料在从动辊组件处集中落下，在第一处理装置与第二处理装置之间的空载段的载物面则均朝向载物段，无石灰石细粉料在该传输段掉落，从而保护传输沿途的环境，降低沿途环境污染。

1.一种下坡式皮带传输装置，用于传输石灰石，其特征在于：包括主动辊组件、从动辊组件、皮带、与所述从动辊组件相邻设置的第一处理装置以及与所述主动辊组件相邻设置的第二处理装置，所述主动辊组件设于石灰石的入料口处，所述从动辊组件设于石灰石的出料口处且于海拔高度上低于所述主动辊组件，所述皮带包括载物段以及与所述载物段首尾连接形成封闭环状结构的空载段，所述载物段的一端绕于所述主动辊组件上且另一端绕于所述从动辊组件上，所述空载段依次绕于所述第一处理装置和所述第二处理装置以使所述空载段的载物面转向朝至所述载物段的动作以及所述空载段的所述载物面转向背离的所述载物段的动作沿所述空载段的传输方向顺次完成。

2.根据权利要求1所述的下坡式皮带传输装置，其特征在于：所述空载段包括沿其传输方向依次连接的第一转向段、连接段以及第二转向段，所述第一转向段绕于所述第一处理装置，所述第二转向段绕于所述第二处理装置。

3.根据权利要求2所述的下坡式皮带传输装置，其特征在于：所述第一处理装置包括沿所述空载段传输方向依次设置的第一转向辊组、第一维持辊组以及第二转向辊组，所述第一转向段依次绕于所述第一转向辊组、第一维持辊组以及第二转向辊组以完成载物面转向朝至所述载物段的动作。

4.根据权利要求3所述的下坡式皮带传输装置，其特征在于：所述第一转向辊组包括与水平平面相平行的第一辊体以及倾斜设置且与水平平面呈夹角的第二辊体，所述第一维持辊组包括两平行且间隔设置的第三辊体以及两平行且间隔设置的第四辊体，各所述第三辊体与各所述第四辊体均垂直于水平平面，所述第二转向辊组包括倾斜设置且与水平平面呈夹角的第五辊体以及与水平平面相平行的第六辊体，所述第五辊体的倾斜方向与所述第二辊体的倾斜方相反，所述第一转向段依次绕于所述第一辊体、绕于所述第二辊体、穿过两所述第三辊体、穿过两所述第四辊体、绕于所述第五辊体以及绕于所述第六辊体。

5.根据权利要求4所述的下坡式皮带传输装置，其特征在于：所述第二处理装置包括沿所述空载段传输方向依次设置的第三转向辊组、第二维持辊组以及第四转向辊组，所述第二转向段依次绕于所述第三转向辊组、第二维持辊组以及第四转向辊组以完成载物面转向背离所述载物段的动作。

6.根据权利要求5所述的下坡式皮带传输装置，其特征在于：所述第三转向辊组包括与水平平面相平行的第七辊体以及倾斜设置且与水平平面呈夹角的第八辊体，所述第八辊体的倾斜方向与所述第五辊体的倾斜方相同，所述第二维持辊组包括两平行且间隔设置的第九辊体以及两平行且间隔设置的第十辊体，各所述第九辊体与各所述第十辊体均垂直于水平平面，所述第四转向辊组包括倾斜设置且与水平平面呈夹角的第十一辊体以及与水平平面相平行的第十二辊体，所述第十一辊体的倾斜方向与所述第八辊体的倾斜方相反，所述第二转向段依次绕于所述第七辊体、绕于所述第八辊体、穿过两所述第九辊体、穿过两所述第十辊体、绕于所述第十一辊体以及绕于所述第十二辊体。

7. 根据权利要求2至6任一项所述的下坡式皮带传输装置，其特征在于：所述下坡式皮带传输装置还包括张紧辊组，所述张紧辊组设于所述连接段处，所述张紧辊组包括第一连接辊、相对所述第一连接辊间距可调的伸缩移动辊以及第二连接辊，所述连接段依次绕于所述第一连接辊、所述伸缩移动辊以及所述第二连接辊。

8. 根据权利要求1至6任一项所述的下坡式皮带传输装置，其特征在于：所述主动辊组件包括主动辊本体、驱动减速机以及制动减速盘，所述驱动减速机的输入轴连接与所述主动辊本体的一端，所述制动减速盘连接于所述主动辊本体的另一端。

9. 根据权利要求8所述的下坡式皮带传输装置，其特征在于：所述主动辊组件还包括发电变频电机，所述发电变频电机的输入轴与所述驱动减速机的输出轴相连接。

10. 根据权利要求1至6任一项所述的下坡式皮带传输装置，其特征在于：所述下坡式皮带传输装置还包括用于向输送设备输出石灰石的缓冲料柜，所述缓冲料柜与所述从动辊组件相邻设置，所述缓冲料柜包括与所述从动辊组件出料口相对应的第一柜体以及与所述输送设备入料口相对应的第二柜体，所述第一柜体连通于所述第二柜体，并且，所述第二柜体的内径沿背离所述第一柜体的方向逐级递减。

下坡式皮带传输装置

技术领域

[0001]　本实用新型涉及矿产传输技术领域，尤其提供一种下坡式皮带传输装置。

背景技术

[0002]　石灰石是水泥生产过程中的主要原材料。通常地，石灰石使用皮带传输装置作为主要的传输系统，用来将石灰石由一处传输至另一处，但是现有的皮带传输装置存在以下问题：一是皮带的上表面，即承载面，在装载状态下承载面朝上，而在空载状态下承载面则朝向下，这样，传输过程会有细粉料落入沿途，从而污染沿途的环境；二是传输皮带需要消耗大量的电能。因此，亟须解决现有的皮带传输装置的皮带在传输过程中无法换面所导致环境问题以及传输过程耗能高的问题。

实用新型内容

[0003]　本实用新型的目的在于提供一种下坡式皮带传输装置，旨在解决现有的皮带传输装置的皮带在传输过程中无法换面所导致环境问题以及传输过程耗能高的问题。

[0004]　为实现上述目的，本实用新型采用的技术方案是：一种下坡式皮带传输装置，用于传输石灰石，包括主动辊组件、从动辊组件、皮带、与所述从动辊组件相邻设置的第一处理装置以及与所述主动辊组件相邻设置的第二处理装置，所述主动辊组件设于石灰石的入料口处，所述从动辊组件设于石灰石的出料口处且于海拔高度上低于所述主动辊组件，所述皮带包括载物段以及与所述载物段首尾连接形成封闭环状结构的空载段，所述载物段的一端绕于所述主动辊组件上且另一端绕于所述从动辊组件上，所述空载段依次绕于所述第一处理装置和所述第二处理装置以使所述空载段的载物面转向朝至所述载物段的动作以及所述空载段的所述载物面转向背离的所述载物段的动作沿所述空载段的传输方向顺次完成。

[0005]　具体地，所述空载段包括沿其传输方向依次连接的第一转向段、连接段以及第二转向段，所述第一转向段绕于所述第一处理装置，所述第二转向段绕于所述第二处理装置。

[0006]　具体地，所述第一处理装置包括沿所述空载段传输方向依次设置的第一转向辊组、第一维持辊组以及第二转向辊组，所述第一转向段依次绕于所述第一转向辊组、第一维持辊组以及第二转向辊组以完成载物面转向朝至所述载物段的动作。

[0007]　优选地，所述第一转向辊组包括与水平平面相平行的第一辊体以及倾斜设置且与水平平面呈夹角的第二辊体，所述第一维持辊组包括两平行且间隔设置的第三辊体以及两平行且间隔设置的第四辊体，各所述第三辊体与各所述第四辊体均垂直于水平平面，所述第二转向辊组包括倾斜设置且与水平平面呈夹角的第五辊体以及与水平平面相平行的第六辊体，所述第五辊体的倾斜方向与所述第二辊体的倾斜方相反，所述第一转向段依次绕于所述第一辊体、绕于所述第二辊体、穿过两所述第三辊体、穿过两所述第四辊体、绕于所述第五辊体以及绕于所述第六辊体。

[0008]　具体地，所述第二处理装置包括沿所述空载段传输方向依次设置的第三转向辊组、第二维持辊组以及第四转向辊组，所述第二转向段依次绕于所述第三转向辊组、第二维持辊组以及第四转向辊组以完成载物面转向背离所述载物段的动作。

[0009]　优选地，所述第三转向辊组包括与水平平面相平行的第七辊体以及倾斜设置且与水平平面呈夹角的第八辊体，所述第八辊体的倾斜方向与所述第五辊体的倾斜方相同，所述第二维持辊组包括两平行且间隔设置的第九辊体以及两平行且间隔设置的第十辊体，各所述第九辊体与各所述第十辊体均垂直于水平平面，所述第四转向辊组包括倾斜设置且与水平平面呈夹角的第十一辊体以及与水平平面相平行的第十二辊体，所述第十一辊体的倾斜方向与所述第八辊体的倾斜方相反，所述第二转向段依次绕于所述第七辊体、绕于所述第八辊体、穿过两所述第九辊体、穿过两所述第十辊体、绕于所述第十一辊体以及绕于所述第十二辊体。

[0010]　进一步地，所述下坡式皮带传输装置还包括张紧辊组，所述张紧辊组设于所述连接段处，所述张紧辊组包括第一连接辊、相对所述第一连接辊间距可调的伸缩移动辊以及第二连接辊，所述连接段依次绕于所述第一连接辊、所述伸缩移动辊以及所述第二连接辊。

[0011]　具体地，所述主动辊组件包括主动辊本体、驱动减速机以及制动减速盘，所述驱动减速机的输入轴连接与所述主动辊本体的一端，所述制动减速盘连接于所述主动辊本体的另一端。

[0012]　进一步地，所述主动辊组件还包括发电变频电机，所述发电变频电机的输入轴与所述驱动减速机的输出轴相连接。

[0013]　具体地，所述下坡式皮带传输装置还包括用于向输送设备输出石灰石的缓冲料柜，所述缓冲料柜与所述从动辊组件相邻设置，所述缓冲料柜包括与所述从动辊组件出料口相对应的第一柜体以及与所述输送设备入料口相对应的第二柜体，所述第一柜体连通于所述第二柜体，并且，所述第二柜体的内径沿背离所述第一柜体的方向逐级递减。

[0014]　本实用新型的有益效果：本实用新型的下坡式皮带传输装置，其工作原理如下：

CN 208345079 U 　　　　　　　　　说明书

石灰石从主动辊组件处置于皮带的载物段上，在传输初期，需要由主动辊组件提供的传输动力以使皮带转动，由于皮带传输过程存在海拔落差，因此，在传输过程中，利用石灰石的自身重力带动皮带传输，即在传输过程中，无须消耗电动，降低了运输成本。当载物段绕于从动辊组件后进行翻面成为空载段，即，皮带将石灰石由主动辊组件向从动辊组件传输的为皮带的载物段，而皮带从从动辊组件向主动辊组件传输的为皮带的空载段，其中，载物面是用于承载石灰石的橡胶面。空载段在经过第一处理装置后，其载物面发生转向并朝至载物段，载物面上的石灰石余料在从动辊组件处集中落下，进而在第一处理装置与第二处理装置之间的空载段的载物面则均朝向载物段，无石灰石细粉料在该传输段掉落，从而保护传输沿途的环境，降低沿途环境污染。同时，转向后的空载段在第二处理装置的处理下，其空载面再次转向且恢复初始状态，即，载物段的载物面始终保持不变。

附图说明

[0015]　　为了更清楚地说明本实用新型实施例中的技术方案，下面将对实施例或现有技术描述中所需要使用的附图作简单的介绍，显而易见地，下面描述中的附图仅仅是本实用新型的一些实施例，对于本领域普通技术人员来讲，在不付出创造性劳动的前提下，还可以根据这些附图获得其他附图。

[0016]　　图 1 为本实用新型实施例提供的下坡式皮带传输装置的结构示意图；

[0017]　　图 2 为本实用新型实施例提供的下坡式皮带传输装置的第一处理装置的结构示意图；

[0018]　　图 3 为本实用新型实施例提供的下坡式皮带传输装置的第二处理装置的结构示意图；

[0019]　　图 4 为本实用新型实施例提供的下坡式皮带传输装置的主动辊组件的结构示意图。

[0020]　　其中，图中各附图标记：

[0021]

皮带	100	第一辊体	204	第十一辊体	308
第一处理装置	200	第二辊体	205	第十二辊体	309
第二处理装置	300	第三辊体	206	主动辊本体	401
主动辊组件	400	第四辊体	207	驱动减速机	402
从动辊组件	500	第五辊体	208	制动减速盘	403

CN 208345079 U　　　　　　　　　　　　　说明书

[0022]

载物段	101	第六辊体	209	发电变频电机	404
空载段	102	第三转向辊组	301	张紧辊组	600
第一转向段	103	第二维持辊组	302	第一连接辊	601
连接段	104	第四转向辊组	303	伸缩移动辊	602
第二转高段	105	第七辊体	304	第二连接辊	603
第一转向辊组	201	第八辊体	305	缓冲料柜	700
第一维持辊组	202	第九辊体	306	第一柜体	701
第二转向辊组	203	第十辊体	307	第二柜体	702

具体实施方式

[0023]　下面详细描述本实用新型的实施例，所述实施例的示例在附图中示出，其中自始至终相同或类似的标号表示相同或类似的元件或具有相同或类似功能的元件。下面通过参考附图描述的实施例是示例性的，旨在用于解释本实用新型，而不能理解为对本实用新型的限制。

[0024]　在本实用新型的描述中，需要理解的是，术语"长度""宽度""上""下""前""后""左""右""竖直""水平""顶""底""内""外"等指示的方位或位置关系为基于附图所示的方位或位置关系，仅是为了便于描述本实用新型和简化描述，而不是指示或暗示所指的装置或元件必须具有特定的方位、以特定的方位构造和操作，因此不能理解为对本实用新型的限制。

[0025]　此外，术语"第一""第二"仅用于描述目的，而不能理解为指示或暗示相对重要性或者隐含指明所指示的技术特征的数量。由此，限定有"第一""第二"的特征可以明示或者隐含地包括一个或者更多个该特征。在本实用新型的描述中，"多个"的含义是两个或两个以上，除非另有明确具体的限定。

[0026]　在本实用新型中，除非另有明确的规定和限定，术语"安装""相连""连接""固定"等术语应做广义理解，例如，可以是固定连接，也可以是可拆卸连接，或成一体；可以是机械连接，也可以是电连接；可以是直接相连，也可以通过中间媒介间接相连，可以是两个元件内部的连通或两个元件的相互作用关系。对于本领域的普通技术人员而言，可以根据具体情况理解上述术语在本实用新型中的具体含义。

[0027]　请参考图1，本实用新型实施例提供的下坡式皮带传输装置，用于传输石灰石，包括主动辊组件400、从动辊组件500、皮带100、与从动辊组件500相邻设置的第一处理装置200、与主动辊组件400相邻设置的第二处理装置300。主动辊组件400设于石

灰石的入料口处，从动辊组件 500 设于石灰石的出料口处且于海拔高度上低于主动辊组件 400，皮带 100 包括载物段 101 以及与载物段 101 首尾连接形成封闭环状结构的空载段 102，载物段 101 的一端绕于主动辊组件 400 上且另一端绕于从动辊组件 500 上，空载段 102 依次绕于第一处理装置 200 和第二处理装置 300，这样，沿空载段 102 的传输方向，空载段 102 的载物面在第一处理装置 200 的处理下先转向朝至载物段 101，而后空载段 102 的载物面在第二处理装置 300 的处理下再转向背离的载物段 101，即恢复至初始传输状态。

[0028] 本实用新型实施例提供的下坡式皮带传输装置，其工作原理如下：石灰石从主动辊组件 400 处置于皮带 100 的载物段 101 上，在传输初期，需要由主动辊组件 400 提供的传输动力以使皮带 100 转动，由于皮带 100 传输过程存在海拔落差，因此，在传输过程中，利用石灰石的自身重力带动皮带 100 传输，即在传输过程中，无须消耗电动，降低了运输成本。当载物段 101 绕于从动辊组件 500 后进行翻面成为空载段 102，即，皮带 100 将石灰石由主动辊组件 400 向从动辊组件 500 传输的为皮带 100 的载物段 101，而皮带 100 从从动辊组件 500 向主动辊组件 400 传输的为皮带 100 的空载段 102，其中，载物面是用于承载石灰石的橡胶面。空载段 102 在经过第一处理装置 200 后，其载物面发生转向并朝至载物段 101，载物面上的石灰石余料在从动辊组件 500 处集中落下，进而在第一处理装置 200 与第二处理装置 300 之间的空载段 102 的载物面则均朝向载物段 101，无石灰石细粉料在该传输段掉落，从而保护传输沿途的环境，降低沿途环境污染。同时，转向后的空载段 102 在第二处理装置 300 的处理下，其空载面再次转向且恢复初始状态，即，载物段 101 的载物面始终保持不变。

[0029] 具体地，请参考图 1，在本实施例中，空载段 102 包括沿其传输方向依次连接的第一转向段 103、连接段 104 以及第二转向段 105，第一转向段 103 绕于第一处理装置 200，第二转向段 105 绕于第二处理装置 300。可以理解地，第一转向段 103 的载物面在第一处理装置 200 的处理下发生转向且朝至载物段 101，连接段 104 的载物面则始终朝向载物段 101，即可防止沿途传输过程中，有石灰石的细粉料从连接段 104 落下。第二转向段 105 在第二处理装置 300 的处理下，其载物面恢复至初始状态，即载物面背离载物段 101，并且，在绕于主动辊组件 400 后，第二转向段 105 转化载物段 101，从而回到新的载物传输周期。

[0030] 具体地，请参考图 1 和图 2，在本实施例中，第一处理装置 200 包括沿空载段 102 传输方向依次设置的第一转向辊组 201、第一维持辊组 202 以及第二转向辊组 203，第一转向段 103 依次绕于第一转向辊组 201、第一维持辊组 202 以及第二转向辊组 203 以完成载物面转向朝至载物段 101 的动作。可以理解地，空载段 102 的第一转向段 103

在经过第一处理装置 200 时于三种状态下依次切换：第一转向段 103 通过第一转向辊组 201 时，处于水平状态的第一转向段 103 开始转向，其一侧向另一侧发生翻折，与水平平面形成夹角，此时，载物面还处于背离载物段 101 的状态；而经过第一维持辊组 202 时，第一转向段 103 处于垂直于水平平面的状态，并且，维持该状态，而经过第二转向辊组 203 时，处于垂直状态的第一转向段 103 的一侧向另一侧继续翻折，此时，第一转向段 103 的载物面则处于朝向载物段 101 的状态，并且，最终处于水平传输状态，即在连接段 104 处，其载物面均是朝向载物段 101 的。

[0031]　优选地，请参考图 1 和图 2，第一转向辊组 201 包括与水平平面相平行的第一辊体 204 以及倾斜设置且与水平平面呈夹角的第二辊体 205，即第一转向段 103 由水平状态绕于第一辊体 204，并在绕于第二辊体 205 处发生倾斜，与水平平面呈夹角；第一维持辊组 202 包括两平行且间隔设置的第三辊体 206 以及两平行且间隔设置的第四辊体 207，各第三辊体 206 与各第四辊体 207 均垂直于水平平面，即，第一转向段 103 在第三辊体 206 和第四辊体 207 的夹持作用下，维持处于垂直于水平平面的状态；第二转向辊组 203 包括倾斜设置且与水平平面呈夹角的第五辊体 208 以及与水平平面相平行的第六辊体 209，第五辊体 208 的倾斜方向与第二辊体 205 的倾斜方相反，即处于垂直于水平面状态的第一转向段 103 继续翻折，此时，其载物面在绕于第五辊体 208 时开始朝向载物段 101，并且在由第六辊体 209 传输出时，其载物面完全地朝向载物段 101。第一转向段 103 依次绕于第一辊体 204、绕于第二辊体 205、穿过两第三辊体 206、穿过两第四辊体 207、绕于第五辊体 208 以及绕于第六辊体 209。

[0032]　具体地，请参考图 1 至图 3，在本实施例中，第二处理装置 300 包括沿空载段 102 传输方向依次设置的第三转向辊组 301、第二维持辊组 302 以及第四转向辊组 303，第二转向段 105 依次绕于第三转向辊组 301、第二维持辊组 302 以及第四转向辊组 303 以完成载物面转向背离载物段 101 的动作。同理地，空载段 102 的第二转向段 105 在经过第二处理装置 300 时于三种状态下依次切换：第二转向段 105 通过第三转向辊组 301 时，水平状态的第二转向段 105 开始转向，其一侧向另一侧发生翻折，与水平平面形成夹角，此时，其载物面还处于朝向载物段 101 的状态；而经过第二维持辊组 302 时，第二转向段 105 处于垂直于水平平面的状态，并且，维持该状态，而经过第四转向辊组 303 时，处于垂直状态的第二转向段 105 的一侧向另一侧继续翻折，此时，第二转向段 105 的载物面则处于背离载物段 101 的状态。

[0033]　优选地，请参考图 1 至图 3，第三转向辊组 301 包括与水平平面相平行的第七辊体 304 以及倾斜设置且与水平平面呈夹角的第八辊体 305，第八辊体 305 的倾斜方向与第五辊体 208 的倾斜方相同，即第二转向段 105 由水平状态绕于第七辊体 304，并绕

于第八辊体305处发生倾斜，与水平平面呈夹角；第二维持辊组302包括两平行且间隔设置的第九辊体306以及两平行且间隔设置的第十辊体307，各第九辊体306与各第十辊体307均垂直于水平平面，即第二转向段105在第九辊体306和第十辊体307的夹持作用下，维持处于垂直于水平平面的状态；第四转向辊组303包括倾斜设置且与水平平面呈夹角的第十一辊体308以及与水平平面相平行的第十二辊体309，第十一辊体308的倾斜方向与第八辊体305的倾斜方相反，即处于垂直于水平平面状态的第二转向段105在绕于第十一辊体308时发生翻折，此时，其载物面开始背离载物段101发生转向，并且在由第十二辊体309传输出时，其载物面完全地背离载物段101。第二转向段105依次绕于第七辊体304、绕于第八辊体305、穿过两第九辊体306、穿过两第十辊体307、绕于第十一辊体308以及绕于第十二辊体309。

[0034]　进一步地，请参考图1，在本实施例中，下坡式皮带100传输装置还包括张紧辊组600，张紧辊组600设于连接段104处，张紧辊组600包括第一连接辊601、相对第一连接辊601间距可调的伸缩移动辊602以及第二连接辊603，连接段104依次绕于第一连接辊601、伸缩移动辊602以及第二连接辊603。优选地，伸缩移动辊602可于竖直方向上相对第一连接辊601上下移动，这里限定，当伸缩移动辊602背离第一连接辊601移动时，对皮带100有张紧作用，而当伸缩移动辊602朝向第一连接辊601移动时，对皮带100有松弛作用。

[0035]　具体地，请参考图4，在本实施例中，主动辊组件400包括主动辊本体401、驱动减速机402以及制动减速盘403，驱动减速机402的输入轴连接与主动辊本体401的一端，制动减速盘403连接于主动辊本体401的另一端。在传输初期，驱动减速机402带动主动辊本体401绕轴线转动，进而带动皮带100转动，而在传输中期，由于存在海拔落差，使得石灰石在重力作用下带动皮带100沿传输方向移动，此时，则无须驱动减速机402输出动力或者输出很少部分的动力以维持相对传输速度。制动减速盘403的作用的是控制或降低皮带100的传输速度，以及为完全中止传输做准备。

[0036]　进一步地，请参考图4，在本实施例中，主动辊组件400还包括发电变频电机404，发电变频电机404的输入轴与驱动减速机402的输出轴相连接。可以理解地，在传输中期，主动辊本体401无须驱动减速电机402输出动力，反而能够带动驱动减速电机402的输入轴转动，即，将主动辊本体401绕轴转动的动能通过驱动减速机402传输至发电变频电机404产生电能，这样，进一步地降低传输过程的用电成本。

[0037]　进一步地，请参考图1，在本实施例中，下坡式皮带传输装置还包括用于向输送设备输出石灰石的缓冲料柜700。缓冲料柜700与从动辊组件500相邻设置，缓冲料柜700包括与从动辊组件500出料口相对应的第一柜体701以及与输送设备入料口相对

说明书

应的第二柜体 702，第一柜体 701 连通于第二柜体 702，并且，第二柜体 702 的内径沿背离第一柜体 701 的方向逐级递减。可以理解地，当输送设备在传输过程中出现骤停时，大量的石灰石会在惯性的作用下从皮带 100 的出料口涌输送设备，由于输送设备瞬时处理石灰石的能力有限，这样，导致大量的石灰石会堆积在输送设备的入料口处，因此，缓冲料柜 700 的作用是在过渡期临时存储石灰石，避免上述情况的发生。具体地，石灰石首先堆积于第二柜体 702 内，由于其呈锥状的结构，可以有效地限制出料速率，若来料数量较大，则继续填入第一柜体 701 内。

[0038]　以上所述仅为本实用新型的较佳实施例而已，并不用以限制本实用新型，凡在本实用新型的精神和原则之内所作的任何修改、等同替换和改进等，均应包含在本实用新型的保护范围之内。

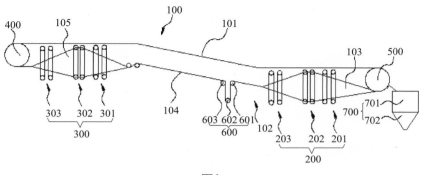

图1

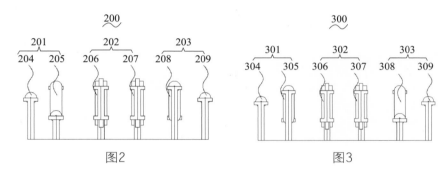

图2　　　　　　　　　图3

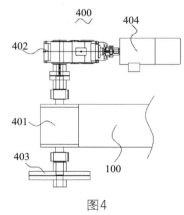

图4

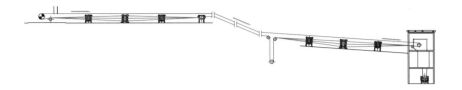

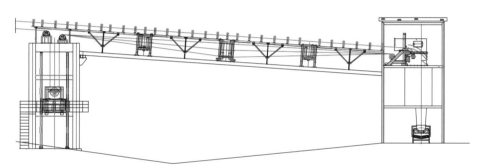

下坡式皮带传输装置结构图（实）

说明书附图

下坡发电皮带图片01

下坡发电皮带图片02

证书号 第8370010号

实用新型专利证书

实用新型名称：输送设备

发　明　人：张振昆

专　利　号：ZL 2018 2 1050275.6

专利申请日：2018 年 07 月 04 日

专利权人：江西亚东水泥有限公司

地　　　址：332207 江西省九江市码头镇亚东大道六号

授权公告日：2019 年 01 月 15 日　　　授权公告号：CN 208377752 U

　　国家知识产权局依照中华人民共和国专利法经过初步审查，决定授予专利权，颁发实用新型专利证书并在专利登记簿上予以登记。专利权自授权公告之日起生效。专利权期限为十年，自申请日起算。

　　专利证书记载专利权登记时的法律状况。专利权的转移、质押、无效、终止、恢复和专利权人的姓名或名称、国籍、地址变更等事项记载在专利登记簿上。

局长
申长雨

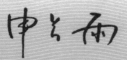

2019 年 01 月 15 日

证书号第 8370010 号

　专利权人应当依照专利法及其实施细则规定缴纳年费。本专利的年费应当在每年 07 月 04 日前缴纳。未按照规定缴纳年费的，专利权自应当缴纳年费期满之日起终止。

　　申请日时本专利记载的申请人、发明人信息如下：
　　申请人：
　　　　江西亚东水泥有限公司

　　发明人：
　　　　张振昆

（19）中华人民共和国国家知识产权局

（12）实用新型专利

（10）授权公告号 CN 208377752 U

（45）授权公告日 2019.01.15

（21）申请号 201821050275.6

（22）申请日 2018.07.04

（73）专利权人 江西亚东水泥有限公司

地址 332207 江西省九江市码头镇亚东大道六号

（72）发明人 张振昆

（74）专利代理机构 北京清亦华知识产权代理事务所（普通合伙）11201

代理人 何世磊

（51）Int.Cl.

B65G 37/00 （2006.01）

B65G 47/18 （2006.01）

B65G 23/44 （2006.01）

B65G 15/60 （2006.01）

（54）实用新型名称

输送设备

（57）摘要

本实用新型提供一种输送设备，包括成品投放架，其上设有成品投放仓；成品下料架，其上设有成品下料仓；输送线，其连接于成品投放架和成品下料架之间，

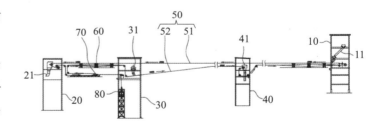

其包括上输送段及下输送段，上输送段用于在成品投放仓和成品下料仓之间运输成品；原料投放架，其上设有原料投放仓；原料下料架，其上设有原料下料仓，下输送段用于在原料投放仓和原料下料仓之间运输原料；两个皮带翻面装置，下输送段经过每一个皮带翻面装置，且每经过一皮带翻面装置，均将翻转一面。本实用新型中的输送设备，可实现双向运输，大幅降低运输成本和设备投资成本，且设置皮带翻面装置，以使得输送带与料接触的面一直朝上，避免皮带落料污染环境。

1. 一种输送设备，其特征在于，包括，

一成品投放架，其上设有成品投放仓；

一成品下料架，其上设有成品下料仓；

一输送线，其连接于所述成品投放架和所述成品下料架之间，其包括上输送段及下输送段，所述上输送段用于在所述成品投放仓和所述成品下料仓之间运输成品；

一原料投放架，其位于所述成品投放架和所述成品下料架之间，其上设有原料投放仓；

一原料下料架，其位于所述原料投放架和所述成品投放架之间，其上设有原料下料仓，所述下输送段经过所述原料投放架和所述原料下料架，并用于在所述原料投放仓和所述原料下料仓之间运输原料；以及

两个皮带翻面装置，所述原料投放架和所述成品下料架之间，及所述原料下料架和所述成品投放架之间均设置一所述皮带翻面装置，所述下输送段经过每一个所述皮带翻面装置，且每经过一所述皮带翻面装置，均将翻转一面。

2. 根据权利要求 1 所述的输送设备，其特征在于，所述输送设备还包括一皮带张紧装置，所述下输送段经过所述皮带张紧装置，所述皮带张紧装置用于对所述输送线进行张紧。

3. 根据权利要求 2 所述的输送设备，其特征在于，所述皮带张紧装置位于所述原料投放架和所述成品下料架之间。

4. 根据权利要求 3 所述的输送设备，其特征在于，所述皮带张紧装置设置于一滑移装置上，所述输送设备还包括一张紧配重装置，所述滑移装置通过一牵引线与所述张紧配重装置连接，所述张紧配重装置在所述牵引线的牵引作用下挂设于所述原料投放架上。

5. 根据权利要求 4 所述的输送设备，其特征在于，所述牵引线的中部缠绕于一缠绕轮上，所述缠绕轮设置于所述原料投放架上。

6. 根据权利要求 1 所述的输送设备，其特征在于，所述成品投放仓倾斜布置，且其料道上设有连续布置的多个缓冲台阶。

7. 根据权利要求 1 所述的输送设备，其特征在于，所述输送设备还包括一原料传送带，其设置于所述原料下料仓的下方。

8. 根据权利要求 1 所述的输送设备，其特征在于，所述输送设备还包括一成品传送带，其设置于所述成品下料仓的下方。

9. 根据权利要求 1 所述的输送设备，其特征在于，所述输送线由三个驱动装置驱动运行，其中一个所述驱动装置设置于所述成品投放架，其余两个所述驱动装置设置于所述成品下料架上。

输送设备

技术领域

[0001]　本实用新型涉及一种输送设备。

背景技术

[0002]　在产品生产线上，一般都会用到传送产品的输送设备，输送设备是一种可代替人工运输的自动化设备，其中最为典型的就是皮带式输送设备。近年来，随着自动化理念的不断提倡，皮带式输送设备的销量也在逐年攀升，与此同时，客户对皮带式输送设备的使用要求也越来越苛刻。

[0003]　现有技术当中，目前使用的皮带式输送设备大多只能单向传输，但一些加工工厂需要在两点之间既要输送成品又要回运原料，显然目前使用的皮带式输送设备无法满足要求。

实用新型内容

[0004]　基于此，本实用新型的目的是提供一种可实现双向运输的输送设备。

[0005]　根据本实用新型实施例当中的一种输送设备，包括：

[0006]　一成品投放架，其上设有成品投放仓；

[0007]　一成品下料架，其上设有成品下料仓；

[0008]　一输送线，其连接于所述成品投放架和所述成品下料架之间，其包括上输送段及下输送段，所述上输送段用于在所述成品投放仓和所述成品下料仓之间运输成品；

[0009]　一原料投放架，其位于所述成品投放架和所述成品下料架之间，其上设有原料投放仓；

[0010]　一原料下料架，其位于所述原料投放架和所述成品投放架之间，其上设有原料下料仓，所述下输送段经过所述原料投放架和所述原料下料架，并用于在所述原料投放仓和所述原料下料仓之间运输原料；以及

[0011]　两个皮带翻面装置，所述原料投放架和所述成品下料架之间，及所述原料下料架和所述成品投放架之间均设置一所述皮带翻面装置，所述下输送段经过每一个所述皮带翻面装置，且每经过一所述皮带翻面装置，均将翻转一面。

[0012]　上述输送设备，在使用时，可通过成品投放仓向输送线的上输送段上投放成品，经上输送段传送后，直接运达指定位置并经成品下料仓下料，与此同时，还可通过原料

投放仓向输送线的下输送段上投放原料，以使输送线在循环时，通过下输送段将原料运达指定位置并经原料下料仓下料，因此所述输送设备可实现双向运输，能够在输送线循环运行时，实现在两点之间既输送成品又回运原料，大幅降低运输成本和设备投资成本。不仅如此，所述输送设备还在输送线上设置两个皮带翻面装置，以对输送线进行翻面，使得输送带与料接触的面一直朝上，避免皮带落料污染环境。

[0013]　　另外，根据本实用新型上述实施例当中的输送设备，还可以包括以下附加技术特征：

[0014]　　进一步地，所述输送设备还包括一皮带张紧装置，所述下输送段经过所述皮带张紧装置，所述皮带张紧装置用于对所述输送线进行张紧。

[0015]　　进一步地，所述皮带张紧装置位于所述原料投放架和所述成品下料架之间。

[0016]　　进一步地，所述皮带张紧装置设置于一滑移装置上，所述输送设备还包括一张紧配重装置，所述滑移装置通过一牵引线与所述张紧配重装置连接，所述张紧配重装置在所述牵引线的牵引作用下挂设于所述原料投放架上。

[0017]　　进一步地，所述牵引线的中部缠绕于一缠绕轮上，所述缠绕轮设置于所述原料投放架上。

[0018]　　进一步地，所述成品投放仓倾斜布置，且其料道上设有连续布置的多个缓冲台阶。

[0019]　　进一步地，所述输送设备还包括一原料传送带，其设置于所述原料下料仓的下方。

[0020]　　进一步地，所述输送设备还包括一成品传送带，其设置于所述成品下料仓的下方。

[0021]　　进一步地，所述输送线由三个驱动装置驱动运行，其中一个所述驱动装置设置于所述成品投放架，其余两个所述驱动装置设置于所述成品下料架上。

附图说明

[0022]　　图1为本实用新型第一实施例中的输送设备的结构示意图；

[0023]　　图2为本实用新型第一实施例中的成品下料架与原料投放架之间的结构示意图；

[0024]　　图3为图2当中Ⅰ处的放大图；

[0025]　　图4为本实用新型第一实施例中的原料下料架与成品投放架之间的结构示意图；

[0026]　　图5为本实用新型第二实施例中的输送设备的结构示意图；

[0027]　　图6为本实用新型第二实施例中的成品下料架与原料投放架之间的结构示意图；

[0028]　　图7为本实用新型第二实施例中的原料下料架与成品投放架之间的结构示意图。

[0029]　主要元件符号说明：

成品投放架	10	成品下料架	20
原料投放架	30	原料下料架	40
输送线	50	皮带翻面装置	60
皮带张紧装置	70	张紧配重装置	80
成品投放仓	11	成品下料仓	21
原料投放仓	31	原料下料仓	41
上输送段	51	下输送段	52
驱动装置	53	滑移装置	71
牵引线	72	缠绕轮	32
缓冲台阶	111	原料传送带	90
成品传送带	100		

（表格左侧标注 [0030]）

[0031]　如下具体实施方式将结合上述附图进一步说明本实用新型。

具体实施方式

[0032]　为了便于理解本实用新型，下面将参照相关附图对本实用新型进行更全面的描述。附图中给出了本实用新型的若干实施例。但是，本实用新型可以以许多不同的形式来实现，并不限于本文所描述的实施例。相反地，提供这些实施例的目的是使对本实用新型的公开内容更加透彻全面。

[0033]　需要说明的是，当元件被称为"固设于"另一个元件，它可以直接在另一个元件上或者也可以存在居中的元件。当一个元件被认为是"连接"另一个元件，它可以是直接连接到另一个元件或者可能同时存在居中元件。本文所使用的术语"垂直的""水平的""左""右"以及类似的表述只是为了说明的目的。

[0034]　除非另有定义，本文所使用的所有的技术和科学术语与属于本实用新型的技术领域的技术人员通常理解的含义相同。本文中在本实用新型的说明书中所使用的术语只是为了描述具体的实施例的目的，不是旨在于限制本实用新型。本文所使用的术语"及/或"包括一个或多个相关的所列项目的任意的和所有的组合。

[0035]　请参阅图1至图4，所示为本实用新型第一实施例中的输送设备，包括一成品投放架10、一成品下料架20、一原料投放架30、一原料下料架40、一输送线50、两个皮带翻面装置60、一皮带张紧装置70及一张紧配重装置80。

[0036]　所述成品投放架 10 上设有成品投放仓 11，所述成品投放仓 11 倾斜布置，其为成型产品（熟料）的投料通道。

[0037]　所述成品下料架 20 上设有成品下料仓 21，所述成品下料仓 21 为成型产品的下料通道。在具体实施时，所述成品下料架 20 可设置在指定位置上（例如装船码头），或使成品下料仓 21 与成品需求设备之间建立设备联系，以使后续成型产品直接输送到指定位置上。

[0038]　所述原料投放架 30 设置于所述成品投放架 10 和所述成品下料架 20 之间，其上设有原料投放仓 31，所述原料投放仓 31 为进厂原料的投放通道。

[0039]　所述原料下料架 40 设置于所述原料投放架 30 和所述成品投放架 10 之间，其上设有原料下料仓 41，所述原料下料仓 41 为进厂原料的下料通道。在具体实施时，可将所述原料下料架 40 设置于指定位置（如厂区内）上，或使原料下料仓 41 与原料需求设备之间建立设备联系，以使后续原料直接输送到指定位置上。

[0040]　所述输送线 50 连接于所述成品投放架 10 和所述成品下料架 20 之间，其包括上输送段 51 及下输送段 52，所述上输送段 51 用于在所述成品投放仓 11 和所述成品下料仓 21 之间运输成品，即成品投放仓 11 投放的成型产品直接落入在上输送段 51 上，并经上输送段 51 传送在成品下料仓 21 处进行下料。所述下输送段 52 经过所述原料投放架 30 和所述原料下料架 40，并用于在所述原料投放仓 31 和所述原料下料仓 41 之间运输原料。

[0041]　其中，所述输送线 50 由三个驱动装置驱动 53 运行，其中一个所述驱动装置 53 设置于所述成品投放架 10，其余两个所述驱动装置 53 设置于所述成品下料架 20 上，所述驱动装置 53 具体为电机驱动机构。

[0042]　所述原料投放架 30 和所述成品下料架 20 之间，及所述原料下料架 40 和所述成品投放架 10 之间均设置一所述皮带翻面装置 60，所述下输送段 52 经过每一个所述皮带翻面装置 60，且每经过一所述皮带翻面装置 60，均将翻转一面。

[0043]　其中，所述皮带翻面装置 60 与现有的无差别，其具体类型可以为 $\phi200mm \times 1400mm$ 规格的翻面滚筒。

[0044]　所述皮带张紧装置 70 位于所述原料投放架 30 和所述成品下料架 20 之间，所述下输送段 52 经过所述皮带张紧装置 70，所述皮带张紧装置 70 用于对所述输送线 50 进行张紧。具体地，所述皮带张紧装置 70 设置于一滑移装置 71 上，所述滑移装置 71 滑装在一预设平台上，以便后续张紧度的调节，在本实施例当中所述滑移装置 71 为一小车，整体构成一皮带张紧小车装置。但可以理解地，在其他实施例当中，所述滑移装置 71 还可以为滑块滑轨机构等。

[0045]　所述滑移装置 70 通过一牵引线 72 与所述张紧配重装置 80 连接，所述张紧配重

CN 208377752 U　　　　　　　　　　说　明　书

装置 80 在所述牵引线 72 的牵引作用下挂设于所述原料投放架 30 上，所述牵引线 72 的中部缠绕于一缠绕轮 32 上，所述缠绕轮 32 设置于所述原料投放架 30 上。具体地，所述张紧配重装置 80 为一重量可调的装置，在具体使用时，所述张紧配重装置 80 可以采用可增减质量块的杠铃等。

[0046]　需要说明的是，当需要调节皮带张紧度时，可通过改变张紧配重装置 80 的重量，从而调节拉动皮带张紧装置 70 的力度，进而调节皮带张紧装置 70 对所述输送线 50 的张紧度。

[0047]　可以理解地，本实施例当中的输送设备可实现长距离运输，也可实现短距离运输，在本实施例当中，所述输送线 50 的下输送端 52 还通过多个引导轮来进行导向，可实现曲线运输，为长距离运输的避障提供较大帮助。

[0048]　综上，本实用新型上述实施例当中的输送设备，在使用时，可通过成品投放仓 11 向输送线 50 的上输送段 51 上投放成品，经上输送段 51 传送后，直接运达指定位置并经成品下料仓 21 下料，与此同时，还可通过原料投放仓 31 向输送线 50 的下输送段 52 上投放原料，以使输送线 50 在循环时，通过下输送段 52 将原料运达指定位置并经原料下料仓 41 下料，因此所述输送设备可实现双向运输，能够在输送线循环运行时，实现在两点之间既输送成品又回运原料，大幅降低运输成本和设备投资成本。不仅如此，所述输送设备还在输送线上设置两个皮带翻面装置 60，以对输送线进行翻面，使得输送带 50 与料接触的面一直朝上，避免皮带落料污染环境。

[0049]　请参阅图 5 至图 7，所示为本实用新型第二实施例中的输送设备，本实施例当中的输送设备与第一实施例当中的输送设备大抵相同，不同之处在于：

[0050]　所述成品投放仓 11 倾斜布置，且其料道上设有连续布置的多个缓冲台阶 111，所述缓冲台阶 111 用于对所投放的熟料进行缓冲，避免因产品下料速度过快导致熟料落入输送带 50 上时产生飞溅溢料现象，同时由于所述缓冲台阶 111 上堆积有细料，在下料过程当中，部分料会直接与堆积的细料接触，而不会直接接触料仓，减轻对下料仓的磨损。

[0051]　此外，所述输送设备还包括一原料传送带 90，其设置于所述原料下料仓 41 的下方，其用于将原料下料仓 41 下放的原料输送给原料需求设备（如煤炭堆煤机）。所述输送设备还包括一成品传送带 100，其设置于所述成品下料仓 21 的下方，其用于将成品下料仓 21 下放的熟料输送至装载点装箱。

[0052]　以上所述实施例仅表达了本实用新型的几种实施方式，其描述较为具体和详细，但并不能因此而理解为对本实用新型专利范围的限制。应当指出的是，对于本领域的普通技术人员来说，在不脱离本实用新型构思的前提下，还可以作出若干变形和改进，这些都属于本实用新型的保护范围。因此，本实用新型专利的保护范围应以所附权利要求为准。

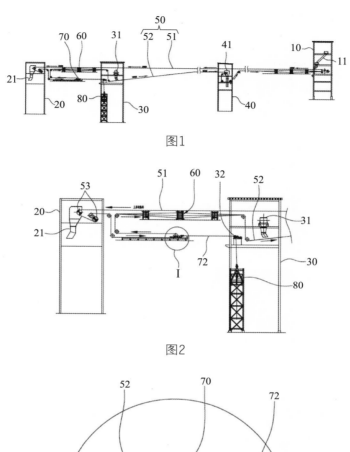

图1

图2

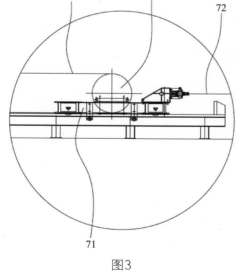

图3

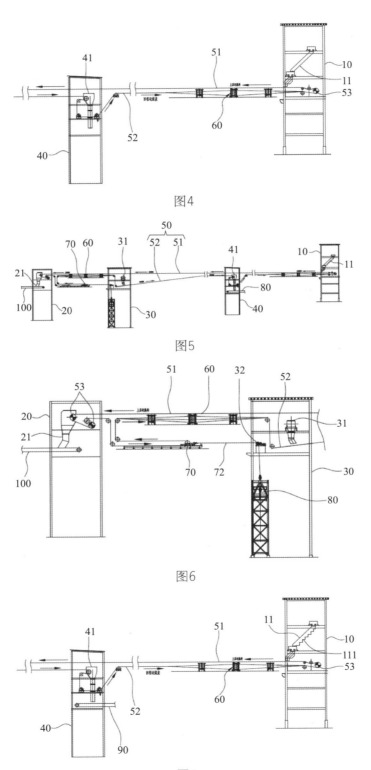

图4

图5

图6

图7

说明书附图

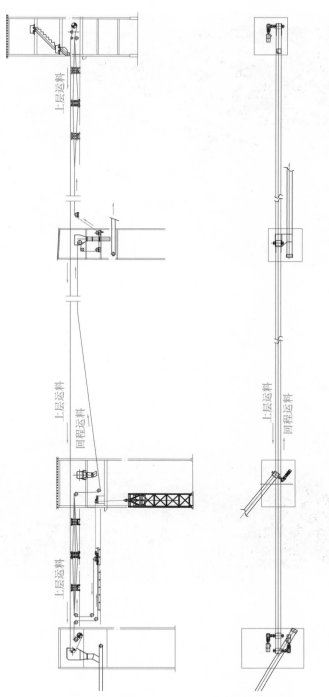

双向输送设备结构配置图（实）

CN 208377752 U 说明书附图

双向曲线皮带图片01

双向曲线皮带图片02

发表论文

THE NEW 4200 T/D CLINKER PRODUCTION LINE OF JIANGXI YA DONG CEMENT CO. LTD. P.R. OF CHINA

By Mr. Chen-Kuen Chang, Senior Vice President and Plant Manager
At the Conference of 6th International Humboldt Wedag Symposium 2001

Ladies and Gentlemen,

My name is Chen-Kuen Chang, on behalf of Asia Cement Corp., Taiwan in mainland China. I would like to cordially welcome you to my lecture *The new 4200 t/d Clinker Production Line of Jiangxi Ya Dong Cement.*

My lecture is sub-divided as follows. After a short introduction dealing with the relationship Asia-Cement Group Taiwan and Ya Dong Cement Corporation China and the local conditions there, I would like to introduce to you the individual plant components of the entire production line from the crushing section to the cement grinding section. Then, I will talk in detail on the plant components supplied by KHD Humboldt Wedag, i.e. preheater, short rotary kiln, tertiary air system and coal dust dosing system. Thereafter, I will introduce to you the characteristic data of the used raw materials, the produced clinker and the used coal. A brief description of the "start-up" phase of the clinker production with subsequent optimizing phase up to the completed warranty test will follow. Finally, I will terminate my lecture with a few summarizing words.

In our works HSINCHU and HUALIEN - TAIWAN, we, the ASIA CEMENT CORPORATION Taipei (ACC), are operating 5 short rotary kiln plants with a production capacity of 6.4 million tons per year. After having, among others, successfully operated a Readymix plant in Shanghai, we, ACC, decided to also become active in the field of cement production in China. To that end, the company Jiangxi YA DONG Cement Corporation was founded, a joint venture company with the Jiangxi Government. With the first phase and an investment volume of US$ 216 million, a production line of 1.5 million tons per year was set up "on the green meadow" with an extension having been planned just from the beginning. Of course, this investment additionally required the installation of several terminals for the dispatch of clinker and cement via railway, river harbor and ship etc. The construction time–signing contract to establish the joint venture company up to commissioning -was 3 years, 1997—2000. Moreover, in Wuhan, a slag grinding plant was built which is still in the phase of final assembly and commissioning, respectively. When selecting the suppliers, we considered proven systems with which we already made good experience.

Now, I would like to introduce to you the complete plant design of the production line in Jiangxi.

The plant was established at the Yangtze River near Matou Town/Ruichang City, Province of Jiangxi, so to say "on the green meadow". The main raw materials are existing in the direct vicinity to the cement factory, e.g. limestone is own in the quarry at a distance of about 1.3 km to the plant. In 2 crushing sections of 600 t/h capacity.

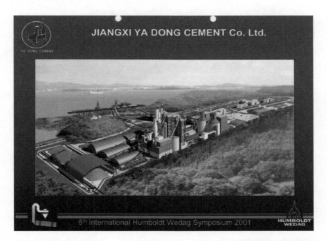

Figure 1. General bird's eye view of Jiangxi Ya Dong Cement Corporation

Each, the limestone is crushed to 0~50 mm and transported to the works by means of belt conveyors, while the clay component is delivered by truck. The additives and the main fuel coal are predominantly delivered to the own pier by ship from where also the products are dispatched. The raw materials are homogenized in partly roofed stores and stored. The raw meal is ground in a roller press system with integrated hammer mill, however without tube mill. On the basis of the good experience made with our plant HUALIEN 3, a 5-stage, 2-string preheater with PYROCLON Low NO$_x$ calciner as well as a PYRORAPID short rotary kiln were decided for. For grinding of clinker, a grinding system comprising preliminary grinding circuit roller press with V-separator as well as a tube mill connected behind with SKS separator was chosen, with which we made good experience in our Taichung grinding plant.

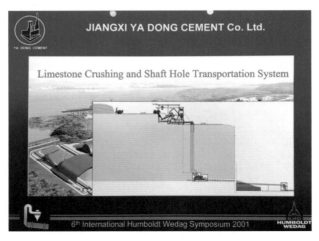

Figure 2. Limestone crushing and shaft hole transportation system

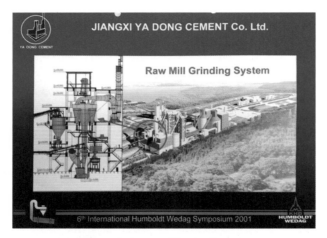

Figure 3. Raw mill grinding system

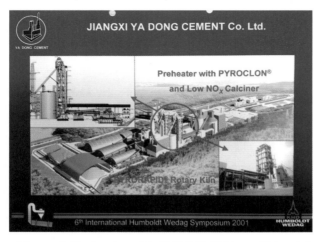

Figure 4. Preheater with PYROCLON Low-NO$_x$ calciner

The complete electric system was prepared by our own engineering company AEEC which also planned and prepared all auxiliary facilities such as workshops, laboratory equipments, and accommodations with kitchens etc. and supervised the local manufacture. Moreover, we charged local companies with all civil and assembly works and trained the local operating staff by ourselves.

As regards the operating staff, we predominantly employed school-leavers who could be objectively familiar with the works. So, up to 50 staff members from Taiwan were temporarily delegated to the plant.

Currently, our loading pier at the river is being extended and a second clinker silo has been installed. Within the next future, we are intending to start the installation of the 2nd line.

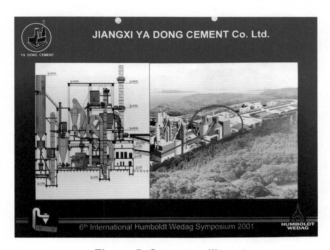

Figure 5. Cement mill system

Now, I will introduce to you the used preheater and calciner type in detail.

In our opinion, the kiln line Jiangxi equipped with a PYRORAPID short rotary kiln and a PYROCLON-Low NO$_x$ calciner is one of the most modern kiln lines in the world, as the experience gained with our plant HUALIEN 3 and other KHD plants could be considered here. On that basis, it was possible to start up the plant without any complication and the guaranteed performance could already be achieved within 4 weeks after the start and also be increasing up step by step.

For preheating and largely precalcining, the raw meal is fed into the 2-string, 5-stage preheater with the aid of two bucket elevators. Dimensioning and determining of the number of cyclones was based on the estimation of the pressure loss (57mbar) and the required construction volume. Moreover, at an increased heat requirement for drying the raw material, we can by-pass the second cyclone. The diameters of the cyclones 2 to 5 are 6.4 m, while the twin-cyclones of stage 1 have a diameter of 4.13 m and are executed as high-efficiency cyclones.

This cyclone geometry which has already been successfully used in HUALIEN was slightly modified in the inlet area to reduce the pressure loss. In connection with the selected immersion pipe geometry, the 270° inlet coil as well as the selected shape of the inclination ensured an excellent separation at an as low pressure loss as possible.

Contrary to HUALIEN 3 (4-stage, 2-string), here, the preheater was designed with 5 stages, since no heat recovery system connected behind is necessary for power generation as sufficient energy is available.

Figure 6. Cyclone preheater with PYROCLON calciner and Low-NO$_x$ system

To reduce the emission of nitrogen oxides, the two calciners were executed as PYROCLON–Low NO$_x$ calciners, so that, beyond the high-grade preliminary neutralization of the raw meal, also the NO$_x$ is degraded which formed in the kiln firing system due to the high flame temperature. The NO$_x$ degrading is achieved here by the generation of a reduced gas atmosphere with increased carbon monoxide formation. The following must be considered:

Figure 7. Cyclone preheater with PYROCLON calciner and Low-NO$_x$ system

a) The oxygen content of the waste gases in the kiln inlet should be within a range of 1.5% to max. 2.5%.

b) In the Low NO_x range, about 60% of the fuel is combusted.

c) To the fresh air calciner, the residual fuel of about 40% is fed.

d) Then, the gas flows form a kind of strand (up to the PYROTOP). The NO_x is reduced by the CO to CO_2 and N_2.

e) In the PYROTOP, an intense whirling of both strings takes place. Here, and also in the further course of the PYROCLON up to entering of cyclone 5, the NO_x portion is further reduced and, at the same time, the residual CO-portion will react with the oxygen and be converted to CO_2. Up to 50% of the NO_x generated in the kiln can be reduced in this way.

Furthermore, I will describe the used short rotary kiln in more detail.

The next core piece of the plant is the 2-fold supported PYRORAPID short rotary kiln with a diameter of 4.8 m and a length of 52 m. From the introduction of this PYRORAPID short rotary kiln in 1980 by the Spenner Zement KG Erwitte, already repeatedly, its mechanical and process-engineering advantages were dealt with and published, among others, those of our kiln line 3 in HUALIEN, Taiwan, on the occasion of the KHD symposium 1992.

Figure 8. The 2-fold supported PYRORAPID short rotary kiln

I think it is not necessary to speak here in detail of the kiln geometry from the mechanical and process-engineering point of view, as this PYRORAPID short rotary kiln is representing the state of the art and has been fully accepted on the market. The best indicator for this is that also other kiln suppliers than KHD are now also applying this technology.

For this process unit, preheater & kiln, a warranty of 728 kcal/kg clinker was given considering a Recuperation Air Volume (secondary and tertiary) of 0.84 m^3/kg·clinker and a cooler loss of 88 kJ/kg·clinker. And this guaranteed value was achieved also during continuous operation.

A brief explanation of the used clinker cooler and of the installed tertiary air system will follow now.

The clinker cooler selected by us manufactured by Messrs. BMH-CPAG is a 3-grate cooler with 134 m^2 of grate surface, a 4-shaft roller grate being installed between the 2nd and the 3rd grate. The guarantee here is an efficiency of 73.6% at a capacity of 4500 t/d.

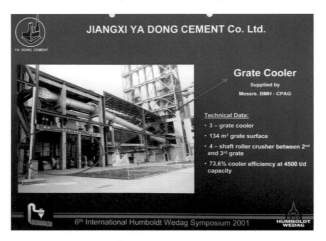

Figure 9. Grate cooler supplied by KHD

As you can see from the figure 10, also in the case of this plant, the tertiary air is withdrawn from the kiln hood. By integrated dust settling chambers, the major part of the entrained hot clinker dust is separated and fed to the cooler grate again via chutes for cooling. The tertiary air cleaned in this way is fed to the two fresh air calciners via two tertiary air lines.

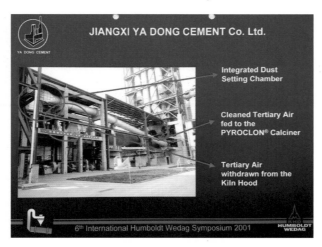

Figure 10. Tertiary air System

By the complete separation of the two preheater calciners, a very simple and flexible operation is possible, in particular in the case of starting or partial operation, e.g. only with one preheater. In this way, upon increasing the capacity, the 2-string are independently reversed one after the other from normal preheating operation to calciner operation.

As the last important component, I will now introduce to you the used coal dosing system.

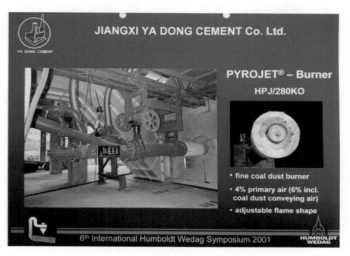

Figure 11. PYROJET burner of KHD

To achieve a constant and trouble-free operation, the firing systems and the connected coal dust dosing systems are very important. Also here, we decided for the KHD dosing system MASTER- PYROCONTROL proven well for many years and for the PYROJET burner of KHD (already installed in our works HUALIEN and HSINCHU for all kilns since the conversion from oil to coal in 1980).

After grinding and simultaneous drying of the coal in a vertical mill with electrostatic precipitator connected behind, the coal dust is pneumatically conveyed into a fine coal dust silo. A total of one short rotary kiln burner and four PYROCLON burners are installed, the kiln burner and each of the PYROCLON have its own dosing unit which can be independently calibrated also during operation.

The coal dust is discharged from the main silo via a controlled rotary lock into the weighing prebin. Via the speed control of the rotary lock, the bin filling level is kept constant to ensure optimal conditions for the dosing system connected behind. The dosing unit connected behind comprises a flowmeter controlling the speed-controlled rotary lock arranged underneath the prebin. A rotary lock with constant speed ensures the necessary air lock against the following pneumatically transport. The system is of impact-resistant design and is provided by KHD -as supplied unit or as drawing supply (e.g. the silo).

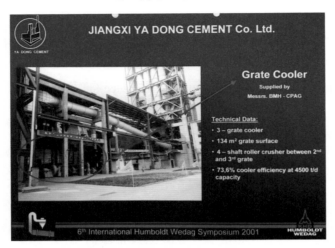

Figure 12. The used coal dosing system

Now, I would like to give you a short survey over the most important data of the used raw material components, the produced clinker and the used coal.

Table 1 contains some characteristic data of the raw meal and of the clinker. The limestone is directly own in the quarry belonging to the works. This is a high-quality limestone, which in the hanging roof of the deposit, is interspersed with clay karst cavities. As additives, a sandy clay, a sand and a calcined pyrite are added to the raw mix.

Table 1 Raw Meal Composition

Component	Unit	Value
Limestone	(%, weight)	84
Clay	(%, weight)	6
Sandstone	(%, weight)	9
Pyrite	(%, weight)	1
Raw meal fineness	—	—
Residual on 200 μm screen	(%, weight)	0.17
Residual on 90 μm screen	(%, weight)	12.35

The modules of clinker and raw meal were well matched to each other. By the entering coal ash, the set lime standard of 102.5 was reduced to 94.5. Silicate and alumina module were influenced only to a minor degree. A silicate module in the clinker was 2.6~2.7, which was balanced by the slightly lower alumina module and ensures good sintering properties.

Table 2   Modula of Raw & Clinker

Item	Raw Meal	Clinker
LSF	102.5	92.13
SM	2.65	2.67
AR	1.38	1.56
Na-equivalent [%]	—	0.51
Free lime [%]	—	1.2
Liter weight [kg/L]	—	1.34

The produced clinker was characterized by a low Na-equivalent and was meeting the requirements for producing "low-alkaline cement" according to ASTM. The degree of sulfur in the clinker was balanced. With this clinker, in Jiangxi, cement of quality P·O 32.5 and P·O 42.5 as well as slag cement P·S 32.5 and P·S 42.5, P·C 32.5 can be produced. (According to the new regulation GB 175—1999, GB 1344—1999, GB 12958—1999)

The used fuel was a Chinese mixed coal of average quality.

Table 3   Coal Data

Coal	Unit	Value
Ash content	(%, weight)	18.0
Volatiles	(%, weight)	18.8
Total moisture	(%, weight)	< 8.0
Residual on 200 μm screen	(%, weight)	< 0.01
Residual on 90 μm screen	(%, weight)	7.7
Net calorific value	kcal/kg	6150

Now, I will deal with the most important points during the "start-up" phase of the clinker production and the achieved warranty values.

On July 17,2000, with a small internal ceremony, the main burner of the kiln was started for drying out and for the subsequent production start. Thanks to our good and intense preparation in the field of electronics (control of the drives and process master system) and in the mechanical field (assembly and alignment of the individual plant components) as well as to carefully performed idle tests, the production operation could be started via pushbutton. The commissioning-and optimization phase were short and exemplary as disturbing plant stops could be avoided.

Repeatedly, the selection of a twin-string preheater for a kiln line of this production capacity proved to ensure an extreme operational safety. Also during e.g. necessary optimization works at the coal dust transport or during short failures of one of the preheater strands, plant failures and, hence, a complete production loss including cooling down and heating up again of the kiln line could be avoided by the single-strand operation (70% of the entire clinker production).

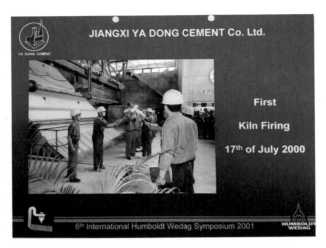

Figure 13. First kiln firing on July 17,2000

The official acceptance test was successfully terminated on November 14,2000. In this official test, which was performed during a normal production operation phase by our own trained and experienced staff alone, all required warranties such as heat consumption, capacity and electrical energy requirement were met or even fallen below. At a production capacity of 4349 t/d, the required heat requirement with 721 kcal/kg·clinker could be fallen below by 1%. Also in future, the plant parameters taken as a basis here will offer sufficient space for optimizations to further reduce the heat requirement. As regards the total electrical energy consumption (whole plant including living area) is 82.5 kW·h/t cement, while the complete production line is using 55.5 kW·h/t·clinker.

Table 4   Performance Test Results

	Test Results	Guarantees
Test Duration (h)	48	48
Production Rate (t/d)	4349	4200 min
Specific Heat Consumption (kcal/kg)	721	728
Energy Consumption (kW · h/t)	8.7	10.3
Residual on 90 μ m screen	wt.-%	7.7
Net calorific value	kcal/kg	6150

In connection with the plant parameters, the reached values showed us that the achieved and promised maximal clinker production capacity of the kiln line of 4600t/d can be clearly increased in future.

I will now terminate my lecture with a few final words.

Thanks to the good co-operation during the projecting and planning phase, assembly and commissioning with all partners and companies involved, we succeeded in realizing the investment true to date and with success. Furthermore, the available overall budget was by far not exhausted. Thank you for your kind attention.

FROM CLINKER TO SLAG AND LIMESTONE-THIS GRINDING PLANT FITS ALL

By Mr. Chen-Kuen Chang, Senior Vice President and Plant Manager
At the Conference of 6th International Humboldt Wedag Symposium 2001

Ladies and Gentlemen,

Nan-Hwa Cement Corporation is a daughter company of Asia Cement Corporation, the second largest cement producer in Taiwan. The construction of the grinding plant started in April 1996 and final commissioning was completed in October 1997.

Fig.1 Photos of Nan-Hwa Cement Corporation and its location-in the midwest of Taiwan

The Grinding Plant is located in Long-Jiing Village belonging to Taichung County, 8 km from the Taichung Harbor. As the figure 1 shown, the location of the plant is in the midwest of Taiwan. On the right screen you see the plant view with the mill building and silos.

Crossing the mountains to the east, we are operating our Hualien-Plant with a production of 4.5 million tons clinker per year. Following the highway to the north, you will arrive at our Hsinchu-Plant with 2 million tons capacity. All five kiln systems have been supplied by KHD. All over the island we are operating cement- terminals, which are supplied by our own ships.

Our Head Office is located in Taipei. I have just introduced our new activities in the PR China.

It is my pleasure to introduce our, we can say, Multiproducts Grinding Plant. Clinker grinding was the original concept for this plant, with a possible later extension for a slag grinding plant. For market reasons, the expansion did not yet come through. Grinding of blast furnace slag had to be done with the original clinker grinding plant by adding drying facilities. Besides slag, we grind limestone for the De-SO$_x$ process of a power plant. I will give the operating results for all three different products and show the performance of the equipment.

During the planning stage we followed four main criteria, the new grinding plant should fulfil:

a) Low power consumption, to face the high energy cost in Taiwan and the general shortage of electrical power.

b) High efficiency, to achieve maximum cost reduction and high quality of products.

c) Environmental protection, to meet growing public awareness of environmental protection.

d) Multiproduct operation, to meet the range of market demands.

Having considered these requirements, NCC selected KHD to supply a 2-stage grinding system with a Roller Press and a tube mill.

Table 1 Products and process

Ground products	Fineness Blaine (cm²/g)	Residue on the 45 microns sieve (%)	Grinding process
OPC	> 3400	< 6	SFG
Slag meal	> 4200	< 6	FG, SFG
Limestone meal		< 10	FG

Detail Planning, erection and supervision was carried out by Asia Engineering Enterprise Corp., a sister company of Nan-Hwa Cement. KHD designed the process, prepared the general layouts and supplied the main equipment.

The table 1 shows the different products and the mode of operation-with or without tube mill. With our grinding plant we can produce Ordinary Portland Cement with a Blaine-surface of 3400 cm²/g in Semi-Finish mode and slag powder of normally 4200 cm²/g by Finish- or Semi-Finish grinding. Limestone meal with a fineness of below 10% residue on the 45 microns sieve is produced without tube mill in Finish-Grinding mode.

The main equipment is shown in table 2.

The first grinding stage consists of the Roller Press and the V-Separator. The Roller Press type-code RP20-170/130 indicates 20 Mega newton grinding force and roller dimensions of 1.7 by 1.3 meters. Each roller is driven by a 1200 kW motor. The V-Separator is designed for an air flow rate of 220000m³/h.

The second grinding stage consists of a 3.4 by 10.5 meters Tube Mill, which is driven by a 1500 kW motor. The High Efficiency Separator type SEPMASTER SKS-2500 has a rotor diameter of 2.5 m and is designed for 175000 m³/h air flow.

Table 2　Main equipment

Roller Press	RP20–170/130	2 × 1200 kW
V-Separator	112~26	220000 m³/h
Ball mill	3.4 × 10.5 m	1500 kW
SEPMASTER	SKS 2500	175000 m³/h

In the following I will show some photos of the main equipment.

In the left of figure 2, you can see a view of the Roller Press, with the drive system. The cylindrical roller bearings of the Roller Press are lubricated by grease. In the right of figure 2 you can see the roller surface after grinding slag. We have modified the welded surface to "ILP", which means "interrupted-line-pattern". Only the profiles are re-welded. Between the profiles you can see ground slag, but the deposit of slag was not sufficient, for acting as autogenous wear protection. We have to do more study.

Fig.2 Views of the Roller Press and the ILP-surface

The figure 3 shows the V-Separator, on the left a complete view, including the material inlet and the gas inlet and -outlet. When adding the drying facility for slag grinding, the V-Separator has been equipped with insulation. The photo on the right shows an internal view. No maintenance or replacement was necessary inside the V-Separator, since start-up in 1997.

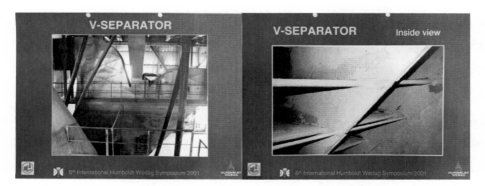

Fig.3 A complete view and an internal view of the V-Separator

As shown in figure 4, The tube mill is supported on slide shoes at both ends and is driven via a flange-mounted planetary gear.

Fig.4 Views of the tube mill and integral-drive

In figure 5, you can see parts of the SEPMASTER separator. In the left of figure 5, the separator discharge with the top bearing which can be reached very easy for maintenance. The separator discharge is directly connected to the bag filter. The waste gas from the V-Separator is introduced to the SKS-Separator. In the right of figure 5, you can see an inside view of the rotor and the drive shaft with its wear protection.

Fig.5 Parts of the SEPMASTER separator and an inside view of the rotor and the drive shaft with its wear protection

In the following I will show the operating results. For each product, you will find a simplified process flow sheet on the left and the operating data on the right screen.

Please follow with me once the product flow in figure 6: we feed clinker and gypsum to the V-Separator, with the advantage that fines is eliminated before going to the Roller Press. The pre-grinding circuit is completed by the Roller Press and the circulation bucket elevator. The V-Separator product, which cut size is controlled by the system fan, is collected in cyclones. It is conveyed to the SEPMASTER Separator, where the finish product quality is controlled by the separator rotor speed. The fines is collected in the bag filter and conveyed to the cement silo.

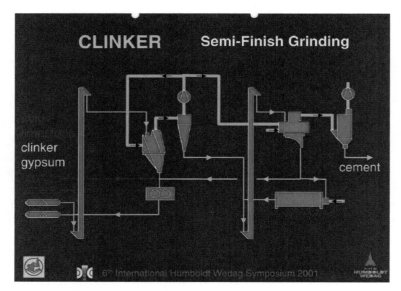

Fig.6 The simplified flow sheet of grinding clinker

The coarse material separated by the separator is conveyed to the ball mill for final grinding. The circuit is closed by the mill bucket elevator. The mill is vented to a separate bag filter, which is not shown on this flow sheet.

The table 3 shows the main data for the production of OPC. The capacity is 120 t/h at a Blaine fineness of 3400 cm^2/g. The residual fineness of 3.6% on the 45 microns sieve is extremely low and is welcome for our product quality. The specific energy consumption for grinding is 26.2 kW·h/t and for the whole system it is 31.1 kW·h/t. With this figures the guarantees from KHD have been reached. The residual fineness could even be improved, thanks to the excellent performance of the SEPMASTER separator, which I will explain later.

Table 3 OPC-Operating Data

Grinding process	SFG
Production	120 t/h
Fineness Blaine	3400 cm²/g
Fineness residue 45 μm	3.6%
Spec. energy cons. grind	26.2 kW · h/t
Spec. energy cons. total	31.1 kW · h/t

The next two illustrations show the flow sheet for slag grinding and the related operating results.

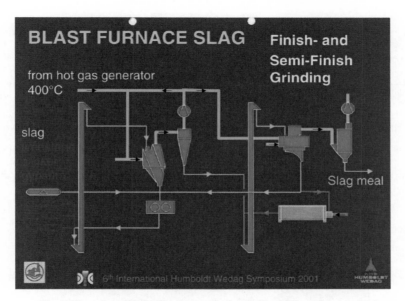

Fig.7 The simplified flow sheet of grinding blast furnace slag

As shown in figure 7, when grinding slag, we usually stop the tube mill and operate only the Roller Press in Finish-Grinding Mode. To produce the final product fineness, we require the SKS-Separator, which is fed via the mill bucket elevator. The SKS-rejects are conveyed to the Roller Press by an air slide. The fresh slag is fed to the Roller Press, not to the V-Separator, to keep a certain water content for stable operation. The slag is dried in the V- Separator by gases with 400℃ of a heavy oil fired hot gas generator.

The table 4 shows the operating results for both operating options. The production rate of dried slag meal is 63 t/h in case of Finish-Grinding, and 75 t/h in case of Semi-Finish-Grinding. The tube mill produces 12 t/h additionally. The product fineness is 4200 cm²/g according to Blaine. The sieve residue on 45 microns is slightly different when operating without or with tube mill which is 3.4% versus 1.8%. In FG-mode, the specific energy consumption is 25.9 for grinding only, and 42 kW·h/t for the whole system. In SFG-mode it is 37.5 and 51.4. The product quality meets our standards very well - in both operating modes. No measurable difference in quality is observed when operating with or without mill.

Table 4　Slag–Operating Data

Grinding process		FG	SFG
Production	t/h	63	75
Fineness Blaine	cm^2/g	4200	4200
Fineness residue 45 μm	%	3.4	1.8
Spec. energy cons. grind	kW·h/t	25.9	37.5
Spec. energy cons. total	kW·h/t	42.0	51.4

Now please look at figure 8, the grinding circuit is stabilized within 15 minutes, when starting the tube mill, which is demonstrated by the trend lines of the Control-Room Monitor shown in figure 8. The feed rate increases from 70 t/h to 85 t/h when starting the tube mill. This function also vice versa when the mill is stopped and the Roller Press keep running.

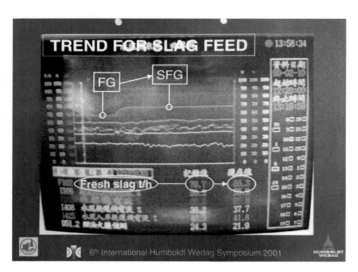

Fig.8 The trend lines for slag feed of the Control-Room Monitor

For slag grinding, we had to make a great effort to separate iron supplied with the slag. It is collected on almost all belt conveyors, using magnetic pulleys and strong overhead magnets. The separated products are brought together to a separate belt with magnetic pulley for a final separation. (Figure 9)

Fig.9 Separate iron in process of grinding slag

For the third type of product, limestone meal, the flow sheet and the data are shown in figure 10 and table 5. We are using a pure high grade limestone, screened to a particle size range of 1mm to 50 mm. The water content is below 2%. We can produce the product without heating the system. Since contamination with any other products must be avoided, the Finish-Grinding mode is chosen. Cleaning of the ball mill would be more difficult, and cause more waste product.

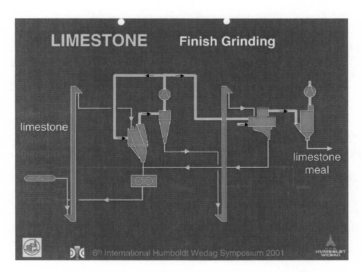

Fig.10 The simplified flow sheet of grinding limestone

The production rate with limestone is 100 t/h. The product fineness is 8% residue on the 45 microns-sieve, or 0.3% at 90 microns. The specific energy consumption for grinding is 11.6 kW·h/t and 25.3 kW·h/t for the system.

Table 5　Limestone–Operating Data

Grinding process	FG
Production	100 t/h
Fineness residue 90 μm	0.3%
Fineness residue 45 μm	8.0%
Spec. energy cons. grind	11.6 kW · h/t
Spec. energy cons. total	25.3 kW · h/t

The next two figures (Figure 11 and Figure 12) further demonstrate the performance of the grinding plant. The figure 11, the grinding diagram of the tube mill is shown for OPC-operation. The three curves demonstrate a good grinding progress along the mill, measured for the Blaine-fineness as well as for the residues on 90- and 45 micron sieves. The products mill inlet consist only of rejects from the SKS-Separator with a Blaine-fineness of approximately 900 cm^2/g.

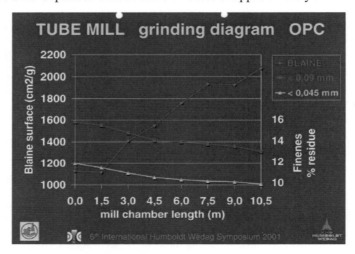

Fig.11 The grinding diagram of the tube mill

I have mentioned the excellent performance of the SEPMASTER separator and the most welcome ratio between Blaine and residual fineness earlier. The figure 12 shows the Tromp-curves for all three products - OPC, slag and limestone. The bypass is only 10% or even lower.

Before I complete my technical presentation, I would like to give a summary for the two-stage grinding process.

At the plants of Asia Cement, in Hualien, at the Jiangxi Plant in China and here in Taichung, today, we are operating 4 grinding plants in Semi-Finish- mode, using a V-Separator. The size and the grinding work of the Roller Press compared with that of the mill is different for every system. It is worth to compare the plants with each other and to find a correlation.

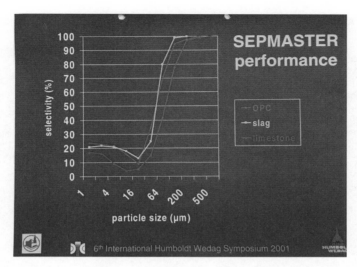

Fig.12 The Tromp-curves for all three products - OPC, slag and limestone

The figure 13 shows the power ratio of the Roller Press and the ball mill plotted over the specific energy consumption for the plant, all related to OPC-grinding. The first mark on the top indicates the figure for the closed circuit ball mill without Roller Press. This figure is available, since all the mills in Hualien have been converted from a Closed Circuit Tube Mill to a Semi-Finish-Grinding system later on. The next dot mark shows the figure for cement mill no.3 in Hualien, which started with a V-Separator just recently. It has the lowest power input of the Roller Press versus the tube mill. The ratio is 0.3. The next dot mark to the right is Cement Mill no.1 in Hualien with a factor of 0.6, followed by the mill at Jiangxi Ya Dong, which I have presented before, with a factor of closed to one. For this grinding plant the power consumption of the Roller Press and the tube mill is nearly the same. The last dot marked on the right indicates the figures for our mill at Nan-Hwa Cement. The ratio is 1.8, which means that the power of the Roller Press is 1.8 times higher than the power of the ball mill. Actually the figures are approximately 2050 kW for the Roller Press and 1100 kW for the tube mill.

What we can see on the trend curve is that the power consumption continuously drops by 10 kW·h/t from the closed circuit tube mill on the top, to the Nan- Hwa plant following the power ratio from 0 to 1.8.

We have expected this general trend! We can prove it with our own plants! Very soon we will have another grinding plant in operation, at Wuhan Ya Dong in the PR China. This process is further improved, the V-Separator product is directly air swept to the SKS. One system fan and the cyclones for the V-Separator and the related conveying system are eliminated. It is expected that the power consumption is well below the trend line. Furthermore we will get operating results for the Finish-Grinding process.

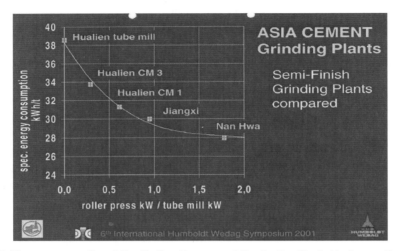

Fig.13 The power ratio of the Roller Press and the ball mill plotted over the specific energy consumption for all ASIA CEMENT Grinding plants, all related to OPC-grinding

Ladies and Gentlemen, we are operating our grinding plant at Nan-Hwa Cement with a minimum number of staff: 12 employees are operating the plant, 3 persons by 4 shifts, 2 employees are available for quality control, there are 2 dispatchers and 2 engineers, 1 for mechanical and 1 for electrical service, 6 employees are available for management, accounting, general affair, etc.. With a total number of 24 employees the grinding plant must be well organized, stabilized in operation and automatically controlled.

The machines are designed for low maintenance. A large, but successful effort has been made to avoid dust and spillage on conveying system, and to extract iron and metal from the system. This was another important step to operate the plant with a low number of personal.

With our grinding plant we are operating in a difficult market with high competition.

Our project goal, I have outlined in the beginning, with the four Main Design Criteria, which are:

a）Low power consumption

b）High efficiency

c）Environmental protection and

d）Multiproduct operation

e）have been fulfilled to our satisfaction.

Thank you for your kind attention!

分磨砂岩粉与石灰石粉配制生料粉技术应用实践

张振昆

亚洲水泥（中国）控股公司技术总监　江西九江，332207

论文发表于中国水泥网在江苏南京举办 2014 年第七届国际粉磨峰会

一、前言

江西亚东水泥公司拥有储量丰富的低硅砂岩矿山，然而大部分为硬质结晶硅，邦德功研磨指数偏高达到 19 kW · h/t，较难研磨，以前与石灰石、黏土、钢渣混合研磨成生料，砂岩中的石英结晶（游离 SiO_2 含量在 55%~60%）多数为较粗的颗粒，此种生料易烧性差且熟料游离石灰（f-CaO）容易超限对质量不利。为降低生料磨电耗、改善生料易烧性，江西亚东水泥公司采用创新与突破的思路，将硬砂岩单独研磨至较细且比表面积较高的砂岩粉增加其中石英结晶（SiO_2）的反应活性，而石灰石粉（即石灰石、黏土、与钢渣混合研磨而得）则因为会在分解炉中脱酸成多孔微粒，故可以磨得较粗一些。再依指定配比将砂岩粉与石灰石粉配制混合均匀成生料后入生料库均化储存。如此可以促进氧化硅（SiO_2）与氧化钙（CaO）颗粒之间在窑中的固态扩散反应速率，提升了硅酸三钙（C_3S）的活性，对熟料强度与烧成均有利。

二、实验室研究与论证

亚泥（中国）技术部品管及研发处在实验室内将江西亚东使用的石灰石、黏土、钢渣单独研磨出 75μm 筛余不同细度的石灰石粉，单独研磨不同细度的砂岩粉，按不同的细度进行组合配置成生料，在实验高温电炉试烧成熟料，同时检验比较各种实验熟料的强度、物理性质、晶相与矿物分析等。在半年多时间内通过 100 多次反复试烧试验最终得出砂岩粉与石灰石粉细度控制理想目标，为江西亚东水泥公司改造 #3 及 #4 生产线生料磨的砂岩粉与石灰石粉分磨系统做好前期实验基础工作。

三、生料磨制程改造

根据实验室研发与可行性分析结果，在 2012 年 1—11 月期间共投资人民币约 1275

万元进行 #3 及 #4 生料磨分磨砂岩粉与石灰石粉配制生料系统的改造工作，砂岩单独粉磨系统利用现有 #4 立磨系统，只新建 2500t 的砂岩粉库两座、砂岩粉进出库系统、砂岩粉配料计量系统、砂岩粉与石灰石粉计量后经垂直螺运机的混合搅拌系统、#3 及 #4 生料交叉入库支援系统等，其他设备可以共享，此项工程由亚泥（中控）技术研发部自行设计，不需要增加磨机，只增加部分附属设备，大幅度节约投资成本。

分磨砂岩粉与石灰石粉配制生料制程将砂岩单独入生料磨研磨，75μm 筛余细度控制更细，其成品入砂岩粉库储存；黏土、钢渣、石灰石三种原料按配比混合入生料磨研磨，75μm 筛余控制比一般水泥厂较粗；石灰石粉研磨后的半成品再与研磨好的砂岩粉按配比进行搅拌混合，混合好的生料再入生料库储存与均化。

分磨砂岩粉后，#3 及 #4 生料中严重影响生料易烧性的砂岩粗颗粒（大于 125μm 筛余为 0%）已完全消除，使二氧化硅（SiO_2）的细度更细，改善了生料的颗粒级配与均匀性，生料易烧性得到大幅提升。

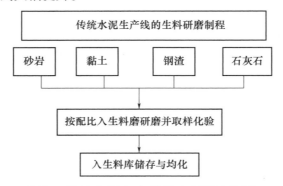

图1　传统水泥生产线的生料研磨制程

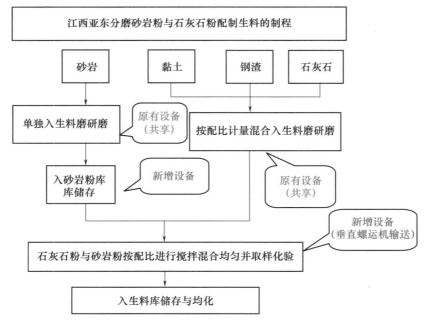

图2　江西亚东分磨砂岩粉与石灰石粉配制生料的过程

四、分磨技术应用成果

1. 熟料烧成状况及单位产量获得改善

采用分磨工艺后，#3 及 #4 窑生料易烧性提高，旋窑熟料烧成及窑尾烟室结料情况较以前明显改善。#3 窑熟料产量由平均 5350t/d 提升至 5500t/d，#4 窑熟料产量由平均 5500t/d 提升至 5700t/d，每套窑熟料提产达 150~200t/d。

2. 熟料质量获得提升

#3 及 #4 窑熟料饱和系数（KH 值）增加至 0.92，硅酸率（SM）下降至 2.58，熟料水泥 3 天抗压强度提升约 1MPa 达到 33MPa，28d 抗压强度提升约 2MPa 达到 60MPa。

3. 单位电耗获得降低

#3 及 #4 生料磨采用分磨流程单位电耗与混合研磨电耗基本持平，但由于生料易烧性得到改善，#3 及 #4 窑熟料烧成工段平均单位电耗降低 0.5kW·h/t 至 23.1~23.9kW·h/t。

4. 政府评审

2013 年 8 月江西省科技厅组织专家对本项目进行评审，将江西亚东分磨砂岩粉与石灰石粉配制生料工艺项目评为"江西省节能减排科技示范项目"，成为江西省唯一获此殊荣的水泥企业。

五、结束语

硬质石英硅难磨难烧，分开粉磨理论研究在国内外资料早有报道，但水泥企业进行实际生产流程改造及取得成果在国内外很少有论文发表，江西亚东水泥公司经过实验室论证，自行设计开发分磨生产流程，针对硬质砂岩采用分开粉磨，控制合理细度，砂岩中粗颗粒石英硅对熟料煅烧影响变小，旋窑熟料产量和品质得到提高，每年产生经济效益 1400 余万元，大幅提升了公司综合竞争力。

江西亚东水泥公司新扩建两条 6000t/d 短窑生产线于 2013 年 9 月底及 2014 年元月底分别投产，采用了更优化的分磨工艺，旋窑产量提升到了 7200t/d，目前正逐步提高生料磨产量，期望通过分磨工艺改善生料易烧性，二条生产线熟料产量提高到 7500t/d。

超级微晶耐磨陶瓷辊套及陶瓷衬板在亚东水泥大型立磨运用实践

张振昆[1]　卢春林[2]

1 亚州水泥（中国）控股公司技术总监　2 江西亚东水泥公司

（论文发表于建筑材料工业技术情报研究所在云南昆明举办
2017 年第九届国内外水泥粉磨新技术交流大会）

立磨研磨体主要使用高铬铸钢磨辊和高铬铸钢衬板，使用周期短，磨损后产量下降且需停机进行堆焊，造成生产、检修成本上升。提高立磨研磨体使用寿命，减少对生产、检修成本影响有利于提高企业综合竞争力。江西亚东水泥公司自 2013 年开始使用陶瓷辊套和陶瓷衬板，经过 3 年多的运用实践，大幅提高了设备运转效率，每年节约检修费用 468.5 万元，提高了企业综合竞争力。

一、立磨陶瓷研磨材料技术

陶瓷磨辊是把陶瓷块于铸造时镶嵌在辊套中，形成一种复合式的铸造结构。陶瓷块镶嵌式辊套这种复合结构有三层材质（图 1）：黄色的是球墨铸铁（Nodular Cast Iron），灰色的是高铬铸铁（Hi-Chrome），橙色的是耐磨陶瓷块（Refractory Oxides）。这些复合件经过复杂的复合铸造及热处理工艺，达到足够高的硬度以抗磨损，同时又保持着足够的韧性。有以下优点：

1. 抗裂性能好。一般高铬铸钢辊套和堆焊修复再生的辊套，以牺牲抗冲击韧性为代价，提高了硬度，结果对抗裂能力产生了不利影响，导致整个辊套在运转中剥落或破裂，引起设备停产。陶瓷块镶嵌式辊套以球墨铸铁作为基体，具有良好的机械性能，硬度为 30HRC，延展率为 7%，能有效地吸收运行过程中的冲击破坏能量，极大地提高了辊套的抗裂能力。

2. 更耐磨。耐磨陶瓷块的硬度非常高，达到 66HRC，远高于堆焊能达到的硬度，比堆焊更耐磨。

3. 磨损均匀，磨机运行参数稳定。陶瓷块镶嵌式磨辊套的特殊设计，减少了高铬铸钢辊套和堆焊修复辊套中常见的尖角、犁沟现象，工作面磨损均匀，所以在辊套的整个使用寿命中，磨机出力更均衡，筛余更稳定。

4.更高的碾磨效率。耐磨陶瓷块工作面如蜂窝状（图2），正是这种奇特的结构，增加了对粉磨物料的咬合力，提高了磨研效率。

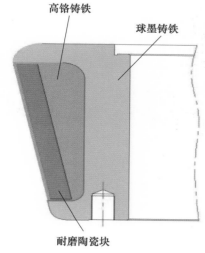

图1　陶瓷辊套结构示意图

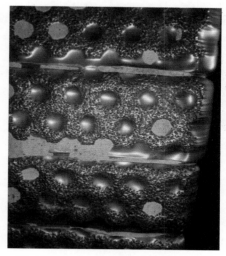

图2　陶瓷研磨体表面蜂窝状照片

图3　煤磨陶瓷辊套使用后照片

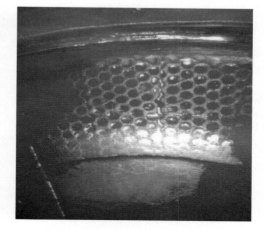

图4　煤磨陶瓷衬板使用后照片

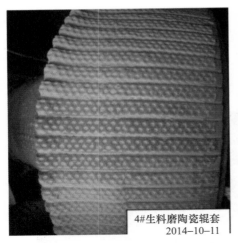

图5 LM56.4生料磨磨辊使用照片   图6 HRM4800生料磨磨辊使用照片

二、企业使用陶瓷辊套和陶瓷衬板需具备的条件

1. 立磨入磨最大颗粒与磨辊直径有关，不允许超过磨辊直径的5%，实际控制在磨辊直径的2%~3%最佳。超过尺寸的物料进入立磨容易造成磨辊剥落，高铬铸钢辊套剥落后可以进行堆焊修复，陶瓷辊套无法进行修复。因此必须严格控制入磨颗粒及外来铁块，避免损坏陶瓷辊套。另外，从粉体原理上分析原材料"重破碎少研磨"对于改善立磨产量、振动、电耗、检修成本具有明显的效果。

2. 进入立磨皮带机上需安装电磁除铁器和金属探测器，避免原料中铁件进入到立磨造成磨辊和衬板损坏。

3. 陶瓷辊套和陶瓷衬板是采用超级微晶耐磨陶瓷块镶嵌在高铬铸铁中，具有耐磨性同时具有不可再生性，当遇到大块铁件或异物造成剥落后无法进行修复，剥落严重会导致整个辊套报废。

4. 企业的原材料管理达到一定的水平，除铁设备齐全且运行良好，巡检工及车间管理人员素质较高，对于立磨异常现象有较强的敏感性，那么企业基本具备了使用陶瓷辊套和陶瓷衬板的条件。

三、江西亚东水泥公司使用陶瓷研磨体一览表

1.陶瓷研磨体使用一览表见表1。

表1　陶瓷研磨体使用一览表

车间名称	四号生料磨	五号生料磨	六号生料磨	一号煤磨	三号煤磨	四号煤磨	五号煤磨	六号煤磨
磨机型号	Loeshce LM56.4	合肥院 HRM4800	合肥院 HRM4800	Loesche LM23.2D	Loeshce LM23.2D	Loesche LM28.2D	天津院 TRM31.3	天津院 TRM31.3
开始使用时间	2013.7	2013.9	2014.2	2014.3	2014.3	2013.7	2013.9	2014.2
保证使用寿命（h）	>20000	>20000	>20000	>25000	>25000	>25000	>25000	>25000

2.生料磨陶瓷辊磨耗与产量关系见表2。

表2　生料磨陶瓷辊磨耗与产量关系

序号	运转小时（h）	磨辊最大磨深（mm）	磨机产量（t/h）	产量变化（%）
1	548	3	520	0
2	2071	9	515	−0.10%
3	3403	15	522	0
4	6150	26	515	−0.10%
5	8263	31	510	−1%
6	11308	65	510	−1%

（1）表1、表2为HRM4800磨机数据，磨辊为轮胎型，陶瓷层厚度约65mm，可以翻面使用，两个面使用时间约在2万小时以上。其他磨机锥形磨辊陶瓷层厚度约100mm，使用寿命也可以达到2万小时以上。

（2）从图7可以看出，堆焊铸钢辊套使用7500h后表面光滑，对物料咬合力差，存在打滑现象。从图8可以看出陶瓷辊套使用10146h后仍能保持原始外形，表面依照呈现蜂窝状，具有极强的咬合力，不会发生打滑现象，大幅提升了研磨效率。

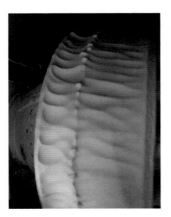 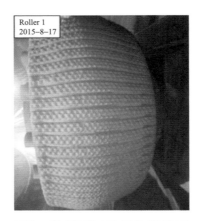

图7 使用约7500h堆焊铸钢磨辊　　　图8 使用10146h后陶瓷辊套

3. 生料磨辊套磨损与磨机产量变化关系图如图9所示。

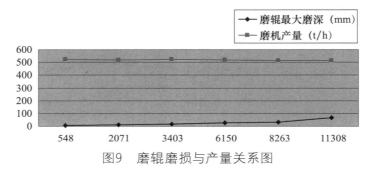

图9 磨辊磨损与产量关系图

四、生料磨使用陶瓷辊套经济效益分析

生料磨使用陶瓷辊套经济效益分析见表3。

表3 生料磨使用陶瓷辊套经济效益分析

类型	购买价	每年堆焊费用	合计堆焊费用（2.8年）	1个周期内总费用（2.8年）	1个周期内每年使用成本（2.8年）
单个陶瓷辊	37.8万元	0	0	37.8万元	13.5万元
单个高铬堆焊辊	66.15万元	20万元	56万元	122.2万元	43.6万元

五、煤磨使用陶瓷辊套经济效益分析

煤磨使用陶瓷辊套经济效益分析见表4。

表 4　煤磨使用陶瓷辊套经济效益分析

类型	购买价	每年堆焊费用	合计堆焊费用（4.5 年）	1 个周期内总费用（4.5 年）	1 个周期内每年使用成本（4.5 年）
单个陶瓷辊	17.1 万元	0	0	17.9 万元	4.0 万元
单个高铬堆焊辊	24.4 万元	5 万元	22.5 万元	46.9 万元	10.42 万元

注：煤磨陶瓷辊使用时间约 25000h，高铬堆焊辊套使用寿命约 7500h，3 个陶瓷辊每年节约成本 19.3 万元。

六、煤磨使用陶瓷衬板效益

煤磨使用陶瓷衬板效益见表 5。

表 5　煤磨使用陶瓷衬板效益

类型	购买价	每年堆焊费用	合计堆焊费用（4.5 年）	1 个周期内总费用（4.5 年）	1 个周期内每年使用成本（4.5 年）
单套陶瓷衬板	15.4 万元	0	0	17.4 万元	3.9 万元
单套高铬堆焊衬板	29.3 万元	5 万元	22.5 万元	51.8 万元	11.5 万元

注：1. 煤磨陶衬板使用时间约 25000h，高铬堆焊衬板使用寿命约 7500h，单套陶瓷衬板每年节约成本 7.6 万元。

2. 堆焊高铬衬板再生修复约 4 次后会报废，且每次堆焊影响整条生产线运转。

七、综合经济效益

1. 从表 6 中可以看出，每年总共节约成本 468.5 万元。

表 6　综合经济效益

车间名称	四号生料磨	五号生料磨	六号生料磨	一号煤磨	三号煤磨	四号煤磨	五号煤磨	六号煤磨
陶瓷材料	陶瓷辊	陶瓷辊	陶瓷辊	陶瓷辊＋陶瓷衬板	陶瓷辊＋陶瓷衬板	陶瓷辊＋陶瓷衬板	陶瓷辊＋陶瓷衬板	陶瓷辊＋陶瓷衬板

续表

每年节约成本（万元）	120.4	120.4	120.4	26.9	26.9	26.9	26.9	26.9
保证使用寿命（h）	＞20000	＞20000	＞20000	＞25000	＞25000	＞25000	＞25000	＞25000

2. 陶瓷辊和陶瓷衬板使用周期内不需要进行堆焊作业，生料磨磨辊和衬板可以在2.8年周期内不检修，煤磨磨辊和衬板可以4.5年周期内不检修，大幅减少生产线停机时间，尤其是在生产销售旺季时可以为公司创造更大的经济效益。

八、总结

1. 立磨陶瓷研磨体在国外早已使用多年，但在国内尚无成熟可靠产品。江西亚东立磨陶瓷研磨体同时使用国外两家公司产品，从3年多使用经验看，两家公司产品均可以达成上表中所列使用寿命。

2. 江西亚东水泥公司从2013年开始使用立磨陶瓷研磨体，经过不断摸索总结，对陶瓷研磨体购买、使用积累丰富的经验，每年节约检修成本468.5万元，每年减少每条产线停机时间7d以上，为提高企业综合竞争力作出了贡献。

江西亚东低氮燃烧脱硝技术应用实践

张振昆　李绍先

亚洲水泥（中国）控股公司技术及生产部

（论文发表于中国水泥网在安徽芜湖举办2016年第九届
中国水泥节能环保交流大会）

江西亚东水泥公司在水泥生产线建设过程中，注重引进国内外先进节能环保技术，促进节能减排和环境保护。江西亚东第五条、第六条生产线分别于2013年和2014年投产，两条生产线配置了德国洪堡公司设计的低氮燃烧器、低氮分解炉、煤粉分级燃烧设备降低氮氧化物。经过近两年的摸索、调试，取得了重大突破，两条生产线主要依靠低氮燃烧进行脱硝，SNCR系统间断性运转，只有在旋窑减料烧成或预热器煤粉全部喷入低氮燃烧点后NO_x仍超过400mg/m³时才短暂喷氨水来控制，此项技术成功应用，大幅减少氨水消耗、降低了生产成本，具有明显的经济效益和环保效益。

一、窑头低氮燃烧器技术

窑头燃烧器是水泥旋窑熟料煅烧的主要设施之一，其产生的热力型NO_x是窑尾烟气中NO_x的主要来源，采用低氮燃烧器可以有效减少窑头煤粉燃烧时NO_x产生。江西亚东第五、第六线采用洪堡PYRO-JET型低氮燃烧器，其运转参数见表1，构造如图1所示。

表1　PYRO-JET型低氮燃烧器（HPJ-530-CO）的主要运转参数

项目	风量（m³/h）	风压（kPa）	比例（%）
旋流风	6000	20	~2.4
轴流风	2800	95	~1.6
煤粉输送	3309	56	~2.3
冷却风	1700	6.3	~1

低氮燃烧器轴流风和旋流风出口风速高，分别达到 440m/s 和 160m/s，输送风压达到 95kPa 和 20kPa，具有低风量、高速差、高动能的特点。

低氮燃烧器出口风速远高于二次空气风速，其一次风吸卷二次风的能力较强，使得火焰外焰形成强氧化区，中焰形成还原区，故有助于低氮燃烧。

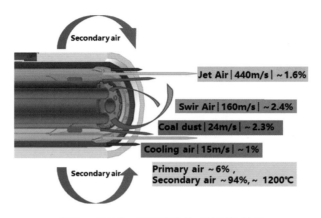

图1　PYRO-JET型窑头低氮燃烧器

二、低氮分解炉技术

1. 江西亚东第五六条线预热器采用洪堡双系列六级旋风筒，其设计采用了超低压损旋风筒、低氮分解炉、煤粉分级燃烧等多项创新技术，三次风管分 A、B 系列，共用管道式分解炉。窑尾气体含氧气（以下简称 O_2）量一般为 2%~3%，经上升风道的低氮燃烧喷煤点与五级旋风筒下来的部分生料混合，此处煤粉在缺氧状态下燃烧产生大量一氧化碳（以下简称 CO），其为强还原剂可将窑尾气体中 NO_x 还原成氮气（以下简称 N_2），CO 则被氧化成二氧化碳（以下简称 CO_2）同时释放出热量，该脱硝反应会持续进行至管道式分解炉中 CO 耗尽为止；三次风（含 O_2 量 19%~20%）经三次风管的分解炉喷煤点与五级旋风筒下来的部分生料混合，此处煤粉在正常有氧状态下燃烧，会产生一定量的 NO_x；窑尾气流经上升风道和三次风管气流汇合经过管道式分解炉上升后再下行进入六级旋风筒。低氮喷煤点至六级旋风筒进口的分解炉管道总长 155m，生料在分解炉内热交换时间长，同时低氮燃烧产生的 CO 与烟气中 NO_x 有充分的反应时间，保障了低氮燃烧的脱硝效果。

2. 低氮燃烧产生 CO 与窑尾及分解炉气流中 NO_x 反应生成 CO_2 和 N_2 的化学反应式为：$CO+NO \longrightarrow CO_2+1/2\,N_2$，此反应受高温促进和生料催化会快速完成。

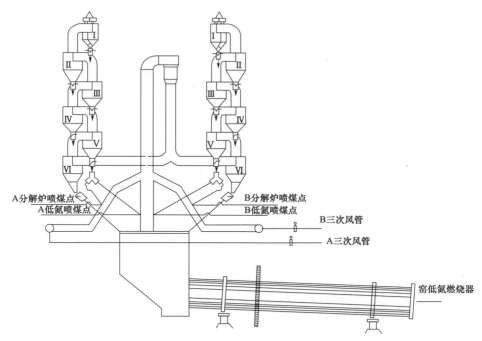

图2　最新式低氮分解炉与双系列六级旋风预热器

3. 从图2可以看出，洪堡短窑系统总共有五个喷煤点：窑头喷煤点、A边及B边低氮燃烧喷煤点、A边及B边三次风管分解炉喷煤点，其喷入煤粉量的比例如表2及图3所示。五段旋风筒下料有两条路径，一条路径进入上升风道，另外一条路径进入三次风管，两条路径下料量的分配比例根据窑内及三次风管通风和温度状况进行灵活调整。低氮燃烧喷煤点的煤粉与五段旋风筒部分生料粉混合后一路上升进入分解炉，避免在喷煤点形成局部高温，同时提高煤粉和生料粉混合的均匀性，促进生料脱酸效果。五段旋风筒下料分料及煤粉与生料粉混合技术系洪堡创新技术，为提高低氮燃烧喷煤点煤粉喷入量创造了有利条件。

表 2　短窑系统喷煤点及喷煤量比例（%，质量百分比）

喷煤点	喷煤比例	说明
窑头	35%~40%	窑头煤粉比例低，有利于降低热力型氮氧化物
A 边和 B 边低氮燃烧喷煤点	40%~65%	低氮燃烧煤粉比例越高，有利于在还原气氛下生产 CO，降低 NO_x，理论上只要通风效果好，预热器所用煤粉可以全部喷入此位置
A 边和 B 边三次风管	0~25%	由于三次风管气流与分解炉气流汇合，实际操作过程中，此处喷煤量越少，低氮燃烧器煤粉量就多，有利于降低 NO_x

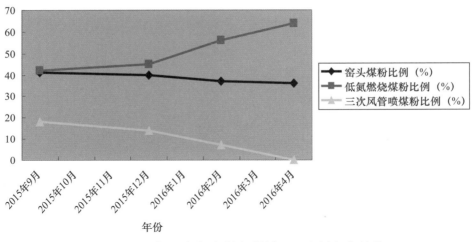

图3　江西亚东#6窑各喷煤点煤粉用量比例变化趋势图

4. 江西亚东五六线投产初期采用 SNCR+ 低氮燃烧进行脱硝，低氮燃烧煤粉比例只有 42%，氨水耗用量大，由于第五六条线设计时加大了分解炉通风面积，低氮燃烧煤粉比例可以进行优化上调，通过不断尝试调整降低窑头煤粉用量，适当增加低氮燃烧煤粉比例到 63.9%，基本达成脱硝指标，SNCR 成为辅助脱硝系统仅间断性喷氨水，只有在旋窑减料烧成或预热器煤粉全部喷入低氮燃烧点后 NO_x 排放浓度仍超过 400 mg/m³ 时才少量喷氨水，吨熟料氨水耗用降低至小于 0.1kg/t，如图 4、图 5 所示。

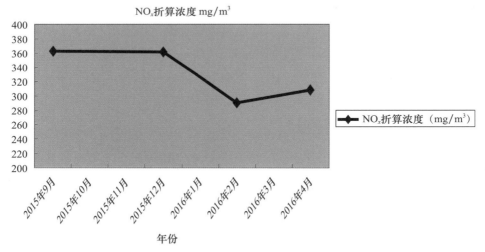

图4　江西亚东#6窑NO_x排放折算浓度平均值均小于国标（400mg/m³）

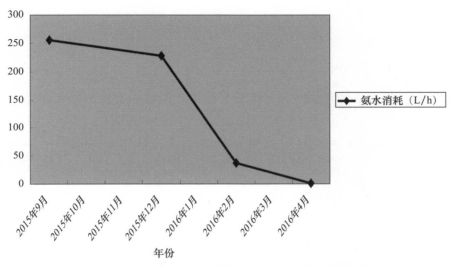

图5　江西亚东#6窑脱硝用氨水耗用量变化趋势图

　　5. 分解炉通风面积与三次风管通风面积的比例将影响低氮燃烧喷煤点与三次风管分解炉喷煤点的煤粉用量及生料预分解脱酸效果。洪堡最新式低氮分解炉通风面积经适当加大，分解炉通风面积与三次风管通风面积之比由原设计的 0.78 提高到 0.86。将分解炉加大加高，除了有利于增加低氮燃烧煤粉用量来进一步降低 NO_x 排放，还可降低窑头煤粉用量减少热力型 NO_x 生成量，同时确保入窑生料脱酸度高且稳定，为旋窑熟料烧成稳定奠定了基础。

三、低氮燃烧煤粉在缺氧状态下产生大量 CO 但不具爆炸安全隐患性

　　1.CO 的基本化学性质

　　在标准状况下，CO 纯品为无色、无臭、无刺激性的气体，人体若吸入过量会中毒。相对分子质量为 28.01，密度 1.25g/L，冰点为 –205.1℃，沸点 –191.5℃，自燃温度 610℃，极难溶于水。

　　2.CO 浓度与爆炸的关系

　　CO 与空气混合的爆炸极限（以 CO 在混合气体中所占体积百分比并用 % 表示）为 12.5%~74.2%，即 CO 在此范围内与空气混合才有爆炸可能。CO 的氧化反应为 $2CO+O_2 \longrightarrow 2CO_2$。

　　CO 与空气混合后能够发生爆炸的最低浓度和最高浓度，分别称为爆炸下限和爆炸上限。在低于爆炸下限时不爆炸也不着火，这是由于 CO 浓度不够，经过量空气的冷却作用，阻止了火焰的蔓延；在高于爆炸上限时不会发生爆炸，但会着火，这是由于

空气不足，导致火焰不能快速蔓延的缘故。从表3可知，只要控制窑上升风道中O_2含量小于5.4%，则高浓度的CO只会着火但不会爆炸的，江西亚东上升风道中O_2含量为2%~3%，满足安全脱硝的正常生产条件。

表3　CO与空气以不同比例（%，体积百分比）混合后产生的氧化爆炸或着火现象

CO 占比	空气占比	O_2 占比	现象
10%	90%	18.9%	不爆炸不着火
12.5%	87.5%	18.4%	爆炸下限
29.6%	70.4%	14.8%	爆炸最剧烈
74.2%	25.8%	5.4%	爆炸上限
80%	20%	4.2%	着火但不爆炸

四、总结

江西亚东第五六条线建设初期也配置了SNCR设备，投产后经过不断摸索、优化操作参数，加大低氮燃烧煤粉喷入量，SNCR氨水系统间断性喷氨水，氨水平均消耗小于0.1kg/吨熟料，主要依靠低氮燃烧进行脱硝。每年节约氨水费用300万元以上，产生了巨大的经济效益和环保效益。

大多数水泥生产线采用SNCR+低氮燃烧技术降低氮氧化物，SNCR系统喷入氨水与NO_x反应。氨水生产本身就是高污染产业，大量使用氨水，实际上是转嫁环境污染的行为。采用SNCR脱硝，氨逃逸不可避免，造成了资源浪费和环境污染。如何借鉴国外先进低氮燃烧技术进行升级改造，降低脱硝氨水消耗，是水泥企业共同努力的方向。

水泥厂执行超低排放脱硝脱硫解决方案探讨

亚洲水泥（中国）控股公司技术总监　张振昆

（发表于中国水泥网在河南郑州举办 2018 年中国水泥行业超洁净排放研讨会）

　　亚泥中国第一条生产线于 1998 年开工建设，从 1998 年开始在国内设厂，共建设了 12 条短窑生产线。公司秉持远东集团"诚、勤、朴、慎·创新"的企业精神，传承台湾经验，致力在国内建造高环保、高品质、高效率、低成本之"三高一低"的大型现代化模范水泥厂，为企业永续发展奠定良好基础。一直以来，公司均以"工业发展与环境保护可并行不悖"的理念，采用世界上最先进的预热预煅式旋窑设备，配合废热回收发电技术，有效节约能源，除引进最先进的环保设备，有效控制污染物排放，使之远低于国家标准外，每单位产品综合能耗亦处于水泥企业能耗的先进行列，至于利用电厂、钢厂的废弃物如水渣、各类矿渣、脱硫石膏、粉煤灰等每年也高达数百万吨。公司还投入大量的人力、物力，致力于污染物排放治理研究、污水处理、矿山复育和环境绿美化，尽量保留各种原生植物，厂区矿山绿化成果绩效卓著，广受政府及社会专业机构之肯定。亚泥将持续进行脱硝脱硫技术研究改进，尤其在无氨脱硝技术走在水泥行业的前列。亚泥也响应政府"要绿水青山、更要蓝天白云"的号召，积极进行探索实践让污染物排放低于国家超低排放标准。

一、污染物排放控制趋势

　　随着社会的发展，政府对于水泥企业污染物排放要求日趋严格，对水泥企业生产管理、技术水平提出挑战。从表 1 可以看出，江西省 SO_2 和 NO_x 污染物排放控制值呈现 50% 的递减趋势。2019 年将实行特别排放标准，可以判断若干年后将实行超低排放标准。

表 1　江西省水泥企业污染物排放执行标准表

污染物	1997 年	2005 年	2014 年	2019 年
SO_2（mg/Nm^3）	800	400	200	100
NO_x（mg/Nm^3）	1600	800	400	320

注：江苏、河北、河南等省份 NO_x 和 SO_2 已经开始执行超低排放标准，分别要求小于 $100mg/Nm^3$、$50mg/Nm^3$。

二、超低排放脱硝技术

氮氧化物排放治理可谓当前水泥行业大气污染物减排面临的最大难题。目前，国内脱硝技术方案可以分为两大类，一是过程控制（低氮燃烧，分级燃烧等改造方案），二是末端治理，主要包括 SNCR 和 SCR，在实际应用中部分企业也采用了过程控制加 SNCR 脱硝的模式，取得了良好的效果，但是要实现超低排放要求，SCR 脱硝更具可行性也更具潜力。

目前 SCR 脱硝技术在水泥行业应用面临两大难题，一是粉尘浓度高，导致催化剂堵塞，严重影响使用寿命并带来催化剂中毒风险；二是对温度要求较高，需要将催化还原温度稳定在 280℃以上才能发挥 SCR 技术优势。

江西亚东利用低氮煤粉燃烧系统 +SNCR 低氨脱硝系统进行超低排放脱硝技术研究，在不增加设备投资的条件下实现了窑尾 NO_x 小于 $100mg/Nm^3$ 的超低排放控制目标。

三、江西亚东低氮煤粉脱硝（无氨脱硝）技术介绍

江西亚东第五六条线预热器采用洪堡双系列六级旋风筒，其设计采用了超低压损旋风筒、低氮分解炉、煤粉分级燃烧等多项创新技术，三次风管分 A、B 系列，共用管道式分解炉。窑尾气体含氧气（以下简称 O_2）量一般为 2%~3%，经上升风道的低氮燃烧喷煤点与五级旋风筒下来的部分生料混合，此处煤粉在缺氧状态下燃烧产生大量一氧化碳（以下简称 CO），其为强还原剂可将窑尾气体中 NO_x 还原成氮气（以下简称 N_2），CO 则被氧化成二氧化碳（以下简称 CO_2）同时释放出热量，该脱硝反应会持续进行至管道式分解炉中 CO 耗尽为止；三次风（含 O_2 量 19%~20%）经三次风管的分解炉喷煤点与五级旋风筒下来的部分生料混合，此处煤粉在正常有氧状态下燃烧，会产生一定量的 NO_x；窑尾气流经上升风道和三次风管气流汇合经过管道式分解炉上升后再下行进入六级旋风筒。低氮喷煤点至六级旋风筒进口的分解炉管道总长 155m，生料在分解炉内热交换时间长，同时低氮燃烧产生的 CO 与烟气中 NO_x 有充分的反应时间，保障了低氮燃烧的脱硝效果。

低氮燃烧产生 CO 与窑尾及分解炉气流中 NO_x 反应生成 CO_2 和 N_2 的化学反应式为：$CO+NO \longrightarrow CO_2+1/2\,N_2$，此反应受高温促进和生料催化会快速完成。

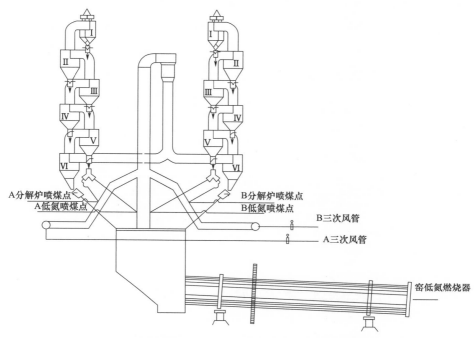

图1　最新式低氮分解炉与双系列六级旋风预热器

从图 1 可以看出，洪堡短窑系统总共有五个喷煤点：窑头喷煤点、A 边及 B 边低氮燃烧喷煤点、A 边及 B 边三次风管分解炉喷煤点，以上煤粉均采用单独计量称。其喷入煤粉量的比例如表 2 及图 2 所示。五段旋风筒下料有两条路径，一条路径进入上升风道，另外一条路径进入三次风管，两条路径下料量的分配比例根据窑内及三次风管通风和温度状况进行灵活调整。低氮燃烧喷煤点的煤粉与五段旋风筒部分生料粉混合后一路上升进入分解炉，避免在喷煤点形成局部高温，同时提高煤粉和生料粉混合的均匀性，促进生料脱酸效果。五段旋风筒下料分料及煤粉与生料粉混合技术系洪堡创新技术，为提高低氮燃烧喷煤点煤粉喷入量创造了有利条件。

低氮煤粉采用单独煤粉称进行计量控制，可以根据高温风机出口 CO 及窑尾 NO_x 进行快速准确调整低氮煤粉用量。国内设计分解炉煤粉共用一台煤粉称，煤粉分多个支路喷入分解炉，对于喷入低氮燃烧点的煤粉无法进行稳定准确控制，难以提高低氮煤粉脱硝效率。

低氮煤粉喷入点距离三次汇合点有 25 米高度差，当大量煤粉喷入到低氮燃烧点时，CO 与 NO_x 进行反应，高差大反应时间长，脱硝效率高。国内传统设计分解炉低氮煤粉喷入点与三次风管汇合点只有 2~3 米，脱硝反应时间太短造成低氮煤粉脱硝效率低。目前国内部分水泥企业进行脱硝改造将三次风管汇合点抬高，增加脱硝反应时间，对于提高脱硝效率具有明显效果。

分解炉通风面积与三次风管通风面积的比例将影响低氮燃烧喷煤点与三次风管分解炉喷煤点的煤粉用量、及生料预分解脱酸效果。洪堡最新式低氮分解炉通风面积经适当加大，分解炉通风面积与三次风管通风面积之比由原设计的 0.78 提高到 0.86。将分解炉加大加高，除了有利于增加低氮燃烧煤粉用量来进一步降低 NO_x 排放，还可降低窑头煤粉用量减少热力型 NO_x 生成量，同时确保入窑生料脱酸度高且稳定，为旋窑熟料烧成稳定奠定了基础。

表 2   短窑系统喷煤点及喷煤量比例（%，质量百分比）

喷煤点	喷煤比例	说明
窑头	35%~40%	窑头煤粉比例低，有利于降低热力型氮氧化物
A 边和 B 边低氮燃烧喷煤点	40%~65%	低氮燃烧煤粉比例越高，有利于在还原气氛下生产 CO，降低 NO_x，理论上只要通风效果好，预热器所用煤粉可以全部喷入此位置
A 边和 B 边三次风管	0%~25%	由于三次风管气流与分解炉气流汇合，实际操作过程中，此处喷煤量越少，低氮燃烧器煤粉量就多，有利于降低 NO_x

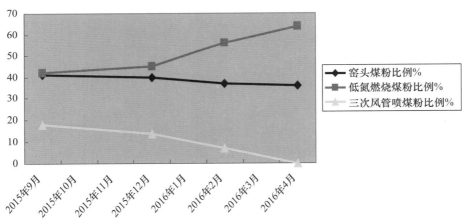

图2   江西亚东#6窑各喷煤点煤粉用量比例变化趋势图

江西亚东五六线设计时加大了分解炉通风面积，低氮燃烧煤粉比例可以进行优化上调，通过不断尝试调整降低窑头煤粉用量，适当增加低氮燃烧煤粉比例到 63.9%，在不喷氨水的条件下基本达成窑尾 NO_x 小于 400mg/Nm³ 目标。

四、低氮煤粉燃烧系统 + 低氨脱硝复合技术达成超低排放 NO$_x$ 控制目标

　　江西亚东第五六条线将预热器的煤粉全部喷入低氮燃烧点进行脱硝，在不喷入氨水的条件下窑尾 NO$_x$ 排放约在 350m/Nm³，将 SNCR 系统氨水用量逐渐加大，窑尾 NO$_x$ 呈现下降趋势。当 SNCR 氨水喷量在 600~700L/h 时，窑尾 NO$_x$ 稳定在 80~95mg/Nm³。系统运转稳定，经测试对熟料产量和品质没有负面影响。在不须改造设备的条件下，达成超低排放折算控制目标，吨熟料脱硝氨水费用约 1.6 元 /t。

　　超低排放 NO$_x$ 控制测试曲线如图 3 所示。

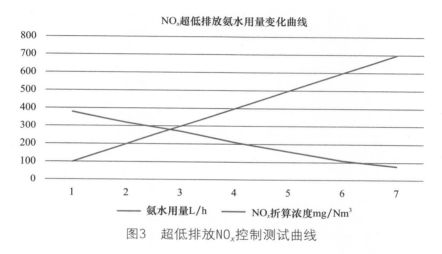

图3　超低排放NO$_x$控制测试曲线

五、其他生产线超低排放控制改造措施

　　江西亚东其他生产线也是采用 KHD 低氮煤粉燃烧系统，但与第五六条线存在差异。主要是低氮煤粉燃烧系统没有单独计量称，须进行改造。拟计划每条生产线投资 368 万元进行煤粉单独计量系统改造，改造完成后进行优化操作，通过提高低氮煤粉脱硝效率，少量喷入 SNCR 系统氨水，达成超低排放 NO$_x$ 小于 100mg/Nm³ 目标。

六、超低排放脱硫技术研究

　　江西亚东石灰石 SO$_3$ 含量在 0.40%~0.50%，窑尾 SO$_2$ 排放浓度约 1100mg/Nm³，目前采用氨水 + 熟石灰脱硫，勉强控制在窑尾 SO$_2$ 在 180mg/Nm³（2018 年执行国标要求小于 200mg/Nm³），采用氨水脱硫受限于氨逃逸指标氨水用量小，需用大量熟石灰进行

脱硫。熟石灰加入后引起熟料 KH 值变化，对于熟料烧成及稳定有负面影响。同时每年购买熟石灰费用高，随着环保日趋严格，生产熟石灰的厂家面临停产整顿，熟石灰供应也日趋紧张。

2019 年江西省实行特别排放政策，要求窑尾 SO_2 排放小于 100mg/Nm³，未来可能实行超低排放标准。现有氨水 + 熟石灰脱硫技术难以满足超低排放要求。针对国内出现的多中脱硫技术江西亚东组织技术人员进行对比分析，具体见表 3。

表 3

项次	项目	方案一： 氨水 + 熟石灰脱硫法	方案二： 采用石灰石 – 石膏法	方案三： 外购脱硫剂法	方案四： 热生料自制熟石灰法
1	工艺技术简述	设计熟石灰储存加入系统，氨水用目前的 SNCR 系统，外购氨水 + 熟石灰加入到预热器进行脱硫	利用窑尾收尘回料制成石灰石浆液，让烟气进入脱硫塔内与石灰石浆液充分反应，除去烟气中 SO_2，此方案在电厂普遍使用	购买专业公司生产脱硫粉剂 + 脱硫水剂加入到预热器内进行脱硫。存在成本高，且脱硫剂来源无法掌控	取预热器热生料制备熟石灰进行脱硫，在国内尚无成熟业绩
2	运行维护成本	本底浓度：1100mg/Nm³，处理后排放保证：不大于 200mg/Nm³；运行成本 5~6 元 / 吨熟料	本底浓度：1100mg/Nm³，处理后排放保证：不大于 50mg/Nm³；运行成本 1~2 元 / 吨熟料	本底浓度：1100mg/Nm³，处理后排放保证：不大于 100mg/Nm³，生料磨开机工况下脱硫粉剂与水剂成本约：2.5 元 / 吨熟料，生料磨停机工况下脱硫粉剂与水剂成本约 25.5 元 / 吨熟料	目前能处理的本底浓度约 500mg/Nm³，处理后排放：不大于 100mg/Nm³；运行成本约 1.0 元 / 吨熟料
3	设备投资费用	约 100 万 / 套	约 1800 万 / 套	约 100 万 / 套	约 500 万 / 套

1. 方案一和方案三原理相同，均存在成本高及脱硫剂保供问题。

2. 方案二属于成熟的脱硫工艺，可以达成超低排放目标，运行成本比较低，但一次性投资费用大。

3. 方案四运行成本最低，属于最新的脱硫技术，目前在国内尚无成熟业绩，但随着技术进步，此项技术可能会在水泥业广泛应用。

4. 江西亚东石灰石硫含量高，窑尾 SO_2 排放浓度在 1000~1300mg/Nm³，要达成超低排放标准需采用石灰石 – 石膏法进行脱硫。

5. 对于窑尾 SO_2 排放本体值不高的企业可以采用方案一、方案二、方案四进行脱硫，或者可以进行组合式脱硫方式降低成本，确保达成窑尾 SO_2 超低排放目标。

七、总结

亚泥中国在污染物排放控制方面投入人力和物力积极进行研究探索，始终将环保作为企业的重大责任，在环保治理方面投入巨资，确保各项污染物排放远低于国家排放标准。亚泥中国在超低排放脱硝脱硫方面取得技术成果及经验也积极向水泥同业进行介绍，为提升水泥行业环保技术水平贡献力量。

SUCCESSFUL OPERATION MERITS OF CEMENT SHORT ROTARY KILNS IN ASIA CEMENT (CHINA) HOLDINGS CORPORATION

By Mr. T.H. Chang（Advisor of Asia Cement Taiwan）

Mr. C.K. Chang（Deputy CEO and Production Technical Supervisor of Asia Cement China, and President of Jiangxi Yadong Cement Co. Ltd.）

at October 10th 2017 from www.ccement.com

（论文发表于 2018 年德国《GLOBAL CEMENT》国际期刊）

1. Introduction

The first line of Asia Cement Corporation using KHD Pyrorapid cement short rotary kiln （ϕ5 m × 55 m, two piers kiln, 4800 t/d）had started producing in Hualian Taiwan since 1992 directed by Advisor Mr. T.H. Chang, became the largest cement short rotary kiln in the world at that time, which was an important milestone for technology development of cement short rotary kiln. This cement production line had adopted advanced technology and equipment as well as the innovative engineering concept promoting environmental protection, energy saving and emission reduction, with high cement clinker quality then.

Supporting fast continuous development of national infrastructure and economy great goal in China, Asia Cement Corporation had invested 12 production lines of cement short rotary kilns located in Jiujiang city Jiangxi province, Chengdu city Sichuan province, Wuhan city and Wuxue city Hubei province from 1998 to 2014. Asia Cement（China）Corporation（written as Asia Cement in the following article）established in 2004 owns 10 prodction lines of 4200 t/d by KHD cement short rotary kilns ϕ4.8 m × 52 m and 2 prodction lines of 6000 t/d by KHD cement short rotary kilns ϕ5.2 m × 61 m now, all with two piers station equipped pyroclone precalciners systems with low-NO$_x$ burners, showing remarkable merits through cooperating with waste heat recovery power generation systems, fine designing coordinate production engineering, building green quarry systems, and efficient elaborate management. Especially for Jiangxi Ya Dong Cement Co.（written as Jiangxi Ya Dong in the following article）line #5 and line #6 cement short rotary kilns（shown in Figure 1）both have adopted various innovative engineering with selective local raw mills by more than 20 years actual operational valuable experiences, exhibiting all kinds of operational data have reached leading positions all over the world.

Figure1. Jiangxi Yadong Cement Co. line #5 short rotary kiln φ5.2 m×61 mL with two piers station.

2.Development history from cement wet-process long kiln to cement short rotary kiln

Wet-process kilns used to play a leading role of cement production from 1950 to 1960 which need to prepare rawmeal into slurry with 32%~40% moisture, as a result lots of clinker heat consumption around 30%~35% of total would be consumed on rawmeal water evaporation. The diameter of wet-process kilns was improved from 3m to 5m and length from 135 m to 185 m, clinker production capacity from 630 t/d to 1680 t/d. The biggest cement rotary kiln in the world was one wet-process kiln built in 1966 which had 7.6 m diameter, 232 m length, with clinker production capacity 3600 t/d, unit clinker heat consumption 1500~1600 kcal/kg clinker.

Many semi dry-process Lepol kilns were built in Germany and Japan from 1930—1960 with unit clinker heat consumption 800~900 kcal/kg clinker, where dried rawmeal would be prepared into small balls with diameter 5~25 mm and 12%~14% moisture. Then rawmeal balls would be fed into kiln for clinker production with a slow speed of 0.7 m/min.

The SP kilns（dry process kilns）had been developed with suspension preheater and became dominant trend in the end of 1960s, which saved 40%~50% unit clinker heat consumption in comparison of wet process kilns.

The NSP kilns（new dry process kilns）technology invention came out and started working with precalciner and tertiary air duct from the beginning of 1970, which led a significant increasing from 40% to 90% of hot rawmeal decarbonation degree in kiln inlet and a further saving unit clinker heat consumption as well as electricity consumption in comparison of SP kilns. [1]

After further optimization, NSP kilns have been developed from three piers traditional kiln into two piers short kiln, distinguished by length to diameter ratio（L/D）of three piers traditional kiln（written as traditional kilns in the following article）around 14 ~ 17, while two piers short kiln（written as short kilns in the following article）around 10 ~ 13. [2]

3. Characteristics of short kilns in Asia Cement[3]

It will not be scientific reasonable to simply say that the short kiln is better than the traditional kiln, because cement production depends on organic combination of personnel, equipment, raw materials, fuels, operational skills and management systems, etc. A cement plant will greatly improve clinker quality and reduce production cost by high level of plant management, good and stable quality of raw materials and fuels, carefully operation and control. At present Asia Cement owns ten production lines of short kiln $\phi4.8m \times 52m$ with engineering capacity 4200 t/d clinker, and two production lines of short kiln $\phi5.2m \times 61m$ with engineering capacity 6000 t/d clinker. Characteristics and advantages of short kilns are briefly reported in the following based on Asia Cement long term practical experiences.

3.1 Energy saving[4]

（1）Saving unnecessary heat consumption of kiln feed in the transition zone

The hot rawmeal decarbonation degree in short kilns inlet will reach more than 95%, only very small portion of rawmeal decarbonation is completed inside short kilns. While traditional kilns feed hot rawmeal also with high decarbonation degree still have to pass through the kilns transition zone with 900℃ to 1300℃ for about 15 minutes, then flow to sintering zone, which causing certain amount of heat consumption wasted. However, hot rawmeal passing the short kiln transition zone only take 5~6 minutes before flowing to sintering zone, which effectively reducing heat consumption.

（2）Reducing surface heat scattered from kiln shell

For short kilns, kiln shell is shorter and surface area is smaller than traditional kilns, thus surface heat scattered is only 24.42 kcal/kg clinker, accordingly short kilns unit heat consumption of clinker is decreased by 11.88 kcal/kg clinker than traditional kilns.

（3）Reducing power consumption

For short kilns, kiln shell is shorter and kiln weight is 10% less than traditional kilns, therefore power consumption of short kilns main motor is decreased. L/D ratio of short kilns is smaller, but inner sectional area is larger than traditional kilns, as a result gas flow resistance in short kilns is reduced to low level, and power consumption for ID fan is decreased.

3.2 Clinker quality Improvement[4]

Longer retention time for hot rawmeal in transition zone of traditional kilns makes free

CaO crystals grow larger with lower reactivity, which is not beneficial to C$_3$S formation. However for short kilns, retention time for hot rawmeal in transition zone is 5~6 minutes only and then flow into sintering zone, which allows fully utilize the reactivity of free CaO, hence C$_3$S content in clinker is increased, free CaO content is lower, 3 days and 28 days compressive strength are higher, clinker grindability is improved as well.

3.3 Refractory brick consumption and cost reduction[5]

Due to smaller L/D ratio, the effects of heat radiation, convection and conduction inside short kilns are better than traditional kilns, as a result short kilns gas flow speed is lower accordingly, which could reduce clinker dust recycling, and unit volume production capacity is increased with mechanical advantages, hence refractory brick lifetime is obviously increased and refractory brick consumption is reduced markedly. For normal traditional kilns, the International advanced index for refractory brick consumption is 0.5~0.6kg/t clinker, but for short kilns, that is down to 0.15~0.2kg/t clinker, reducing by about 60%. Refractory brick consumption saving is very important for reducing clinker cost.

3.4 Advantages of mechanical structure

（1）Reliability is improved, which could avoid mechanical parts overload, two points supporting allow all short kilns rollers contact entirely for friction driving.[5]

（2）Unit effective thermal load of sintering zone inner sectional area and refractory brick consumption for short kilns are both reduced.

（3）Static structural system on two points supporting eliminates the effects from overload, which contributes to operation conveniently, maintenance cost is lower accordingly.[6]

（4）Static supporting structural system of kiln shell brings homogeneous load distribution and stable mechanical stress, thus there will not have additional load to supporting points when kiln shell bent or foundation sedimentation, moreover no extra bending mechanical stress from overconstrained.[7]

（5）Eliminating overload risk of kiln shell, tyres and rollers caused by foundation sedimentation or uneven wear on three points supporting, which is easy for installation and adjustment due to less kiln weight by more than 10%.[8]

（6）Mechanical structure of short kilns is stable and reasonable, the mechanical stress load on thrust roller is about 14% less than traditional kilns.[8][9]

3.5 Advantages of environmental protection

Short kilns are equipped with low NO$_x$ burner, low NO$_x$ calciner and coal dust staged combustion technology. During the actual operation period, NO$_x$ emission in the exhaust gas of kiln main chimney can be controlled less than 400 mg/Nm^3 by De-NO$_x$ coal dust combustion alone without ammonia water spraying, the existing SNCR system is used for the waste gas desulfurization. Hence, ammonia water consumption will be greatly reduced to less than 0.1 kg/t clinker, meanwhile unit clinker heat consumption will be slightly reduced, which show both economic and emvironmental protection benefits obviously.

3.6 Advantages of operation

（1）It is unnecessary to inspect the kiln center line frequently, which reduces maintenance cost.[5]

（2）Kiln operation rate is higher, failure rate is lower, with longer lifetime for equipment and refractory brick lining.[7]

3.7 Advantages of investment

（1）Short kilns related equipment investment is lower and it will be easier for installation and adjustment.[6]

（2）Short kilns related equipment weight is lighter, which occupy less area, kiln foundation is decreased by 1/3, and initial investment is saved.[7]

3.8 Performance comparison between short kilns and traditional kilns, referring to table 1.

Table 1　Performance comparison between short kilns and traditional kilns for 5000 t/d clinker lines

Items	Short kilns	Traditional kilns	Remarks
5000t/d clinker plant	Asia Cement Hualian and Jiangxi Yadong plants	Normal type in China	[4] [10]
Diameter and length （m）	Φ（4.8~5）×（52~55）	ϕ4.8×（72~74）	
L/D ratio	10.8~11	15~15.4	
Effective inner diameter （m）	4.36~4.56	4.36	
Effective inner cross sectional area of sintering zone（m^2）	14.92~16.32	14.9	
Calibrated clinker production capacity（t/d）	5200~6000	5500	
Designed clinker production capacity（t/d）	4200~4800	5000	
Unit effective inner cross sectional area production capacity of sintering zone（$t/m^2 \cdot d$）	348.5~367.6	369.1	

Continued

Items		Short kilns	Traditional kilns	Remarks
Fuel ratio of kiln/calciner		37/63	41/59	
Actual clinker heat consumption（kcal/kg clinker）		758	822	
Unit effective inner cross sectional area thermal load of sintering zone,（ $\times 10^5$, kcal/m^2 · h ）		40.7~43.0	51.8	
Kiln shell surface heat scattering（kcal/kg clinker）		24.42	36.3	
Kiln speed, 4 r/min	Materials retention time（minutes）	17.2	21.6	[5]
Refractory brick consumption（kg/t clinker）		0.15~0.2	0.5~0.6	
Kiln inclination（%）		3.5	3.5	
Kiln effective volume（m^3 ）		775.8~897.6	1088	[11]
Unit kiln volume production capacity（t/m^3 · d ）		6.7	5.1	
Various zones length in the kiln（m）	Cooling zone	3~4	4~6	[12]
	Sintering zone	20~23	25~29	
	Exothermic reaction zone	22~26	26~32	
	Decarbonation zone	10~13	14~16	
Clinker formation processing（minutes）	Decarbonation zone	1	2	
	Inlet transition zone	5	15	
	Sintering zone	12	12	
	Outlet transition zone	2	2	
Clinker quality		Fast temperature rising of rawmeal for better f-CaO solid state reaction, which promotes C$_3$S formation with good clinker quality	Longer retention time of rawmeal in transition zone cause higher C$_2$S content, abundant f-CaO recrystallization lead to larger crystal grain with low activity of C$_3$S	[5] [6]

4. Development history of short kilns in cement plants of Asia Cement

Asia Cement has built 12 cement short kilns production lines in mainland China since 1998. All of these lines establishment avoid unified design engineering and equipment supply mode adopted by local cement plants in general. Asia Cement has chosen worldwide well-known main equipment of these lines followed "Order Dishes" style and keep continuously optimization of the following lines main equipment through actual production operation of commissioned lines based on Taiwan experiences of cement plants building. Asia Cement short kilns system has achieved almost perfect organization gradually with various operation data reach the leading position all over the world by continuously exploration with conclusion and equipment optimization.

4.1 The first stage short kilns system development in Aisa Cement

Jiangxi Yadong line #1 and line #2 are the first stage short kilns system, which were improved from the first short kiln actual operation experiences of Asia Cement Hualian plant in Taiwan. The raw mills system were Hammer Mill + Roller Press with low power consumption designed and supplied by KHD. The stud lining Roller Press of KHD has been operating 5 years without refurbishing with surface welding since 2012. Short kilns $\phi 4.8m \times 52m$ were engineered 4200 t/d with 5 stages preheater supplied by KHD, while the real operation clinker production capacity could get to 5100 t/d by 20% increasing. The third generation coolers were supplied by CP Germany which were the most advanced coolers at that time. Jiangxi YaDong line #1 commenced construction at 1998 installed with all kinds of most advaced process and equipment in world-wide cement industry.

4.2 The second stage short kilns system development in Aisa Cement

Asia Cement started to build Jiangxi Yadong line #3 and Sichuan YaDong line #1 at 2005 by utilizing the operation experiences of the first stage short kilns system conclusions along with developed application of the fourth generation cooler technology. Both lines adopted the fourth generation cross-bar coolers from FLS Denmark at the first time and short kilns were still KHD $\phi 4.8m \times 52m$ with 4 stages preheater. The engineering clinker production capacity was 4200 t/d while the real operation capacity could get to 5300 t/d by 26% increasing. Although other equipment selection followed previous line #1 and line #2 in Jiangxi Yadong, the higher heat recovery efficiency, stable and higher secondary and tertiary air temperature by the installment of the fourth generation coolers, which highly improved the clinker quality and production capacity with lower cost.

4.3 The third stage short kilns system development in Aisa Cement

Although the raw mill system of Roller Press + VSK could enjoy lower power consumption, the raw materials drying effect is not good that will negative effect on system production capacity and power consumption. However, the vertical mill could solve the problem with good drying effect, simple system processing and less maintainance. Therefore, the line #4 of Jiangxi Yadong, line #1 of Huanggang Yadong, line #1 and line #2 of Hubei Yadong, line #2 and line #3 of Sichuan Yadong built successively after 2008 all adopted vertical mills of Loesche as rawmeal grinding system together with same KHD $\phi 4.8m \times 52m$ short kilns and 5 stages preheaters（except Hubei Yadong line #1 and Sichuan Yadong line #2 installed 4 stages preheaters）and the fourth generation cross-bar coolers of FLS. The real operation clinker production capacity could get to 5400t/d increased by 30% compared with engineering capacity 4200 t/d. The adoption of vertical mills lead to higher efficiency of whole plants and making preheaters from 4 stages to 5 stages exhibit lower clinker heat consumption.

4.4 The fourth stage short kilns system development in Aisa Cement

Along with fast progress of cement equipment technology in China, moreover the cement enterprises competition increase drastically day-by-day. The only way to stand out in cement market is continuously optimization engineering process installed with highly environmental protection, good clinker quality, increasing effciency, lower cost equipment from the beginning of cement production lines construction investment. As a result, when Jiangxi Yadong commenced to build line #5 and line #6 at 2011, which had adopted large scale vertical mill from Hefei Institue China and KHD $\phi 5.2m \times 61m$ short kilns and 6 stages preheaters with extremely lowgas flowpressure loss. The cross-bar coolers of the latest modern type from FLS Denmark could enjoy higher air quenching and conveying efficiency solving red river and snow man problems completely. The engineering production capacity was 6000 t/d while the real operation capacity could keep at 7850 t/d stably with 30% increasing. The clinker quality, clinker heat consumption and power consumption were all better than previous short kilns.

5. The processes comparison for short kilns system at different stages in Asia Cement

5.1　The comparison for raw mills system are shown in Table 2.

Items	1st Stage	2nd Stage	3rd Stage	4th Stage
Raw mills	KHD Hammer Mill + RP	KHD RP + VSK Separator	Loesche LM56.4 Vertical Mill	China Hefei Institute HRM 4800 Large Vertical Mill
Actual output （t/h）	380~400	350~380	400~430	520~540

Continued

Items	1st Stage	2nd Stage	3rd Stage	4th Stage
Rawmeal power consumption (kwh/t)	15~16	16~17	18	18
Advantages / disadvantages	The raw materials particles are crushed by hammer mill then suctioned to separator, the coarse particles go into the roller press for grinding with low power consumption commonly. However, because raw materials drying time between hammer mill and separator is short, cause low rawmeal output when raw materials have high moisture content, especially system will run unsteadily and power consumption increase a lot during rainny season	KHD has improved designing based on Hammer Mill+RP by extending the drying time. The raw materials particles enter VSK separator with long duct initially for drying, but due to shortage of pre-grinding by hammer mill and wholly depend on RP grinding cause low output. Although better drying effect, but system output decreases significantly during rainny season, hence power consumption higher than that of hammer mill+RP system	Raw mills have adopted German Loesche vertical mill with good drying capability, simple process and easy maintenance etc. The system operational rate is enhanced significantly. However, the power consumption is much higher than RP systems	Along with the development of large vertical mill technology in China, Jiangxi Yadong lines #5, #6 have adopted China vertical mills, which show the same good drying capability as German ones, as well as other similar advantages. The power consumption difference is small in comparison of German ones. Because the materials science technology of China are inferior to Germany, China vertical mills maintenance frequency are higher than German ones

5.2　The structural parameters comparison for preheaters are shown in Table 3.

Items	Hualian Plant Taiwan	Line #1 Jiangxi Yadong	Lines #2,#3,#4 Jiangxi Yadong	Line #5,#6 Jiangxi Yadong	Remarks
Design clinker output	4800t/d	4200t/d	4200t/d	6000t/d	
Stages of preheater cyclones	4 Stages	5 Stages	4 Stages for line #3, others 5 Stages	6 Stages	All are KHD double string
Stage-1 cyclone diameter (m)	ϕ4400	ϕ4000	ϕ4000	ϕ5400	All equipped with four cyclones

Continued

Items	Hualian Plant Taiwan	Line #1 Jiangxi Yadong	Lines #2,#3,#4 Jiangxi Yadong	Line #5,#6 Jiangxi Yadong	Remarks
Stage-2,3,4 cyclones diameter（m）	$\phi6570$	$\phi5970$	$\phi5970$	$\phi7770$	
Stage-5 cyclone diameter（m）	—	$\phi5970$	$\phi5970$	$\phi7770$	
Stage-6 cyclone diameter（m）	—	—	—	$\phi7770$	
Inlet chamber shrinkage dimension（m）	1500×2050	1010×1930 （−36.6%）	1088×1930 （−31.7%）	2595×2200 （+86%）	Jiangxi Yadong lines #5,#6 equipped common Pyroclone calciners, others are double Pyroclone calciners for each string
Tertiary air duct diameter（m）	$\phi1740$	$\phi1840$ （+11.8%）	$\phi1840$ （+11.8%）	$\phi2040$ （+37.5%）	
Tube-type Pyroclone calciner diameter（m）	$\phi3285 \times 2$	$\phi3285 \times 2$（0%）	$\phi3285 \times 2$（0%）	$\phi5585 \times 1$ （+44.5%）	
Tube-type Pyroclone calciner total length（m）	75.234	96.5 （+28.3%）	96.5 （+28.3%）	160.7 （+113.6%）	From inlet chamber to the inlet of the last cyclone

5.2.1 For the purpose of reducing the pressure loss of the system and improving the effect of De-NO$_x$ by coal dust combustion, KHD has cooperated with Jiangxi Yadong to enlarge the tube-type Pyroclone calciners cross sectional area of lines #5 and #6 by 44.5%, and to increase the length of the Pyroclone calciners by 113.6%, which are 43.7m higher and 85.47m longer than that of Asia Cement Hualian Plant, moreover which are 33m higher and 64.2m longer than that of Jiangxi Yadong line #4.

5.2.2 Through the above improvements, the pressure loss of the preheater systems has significantly decreased in Jiangxi Yadong lines #5 and #6, which allow longer preheating time for rawmeal and the decarbonation degree of hot rawmeal to the kilns are controlled steadily between 98%~99%. The De-NO$_x$ coal dust combustion effect become more distinct by enlarging the volume of the Pyroclone calciners, which have been achieving complete De-NO$_x$ with coal dust combustion alone without ammonia water spraying to control the NO$_x$ emission less than 400 mg/Nm^3 in the exhaust gas of kiln main chimney.

5.3 The comparison for preheater operation parameters are shown in Table 4.

Items	1st Stage	2nd Stage	3rd Stage	4th Stage
Stages of preheater cyclones	5	4	5	6
Clinker output （t/d）	5100	5300	5400	7850
Cyclone 1 outlet temperature （℃）	295~305	320~330	285~295	260~270
Cyclone 1 outlet gas pressure （Pa）	−7400	−6300	−7200	−5800~−6000
Decarbonation degree of hot rawmeal to kilns （%）	93~95	93~95	95~97	98~99
Unit clinker heat consumption（kcal/ kg clinker）	730~740	730~740	720~730	680~710

5.3.1 It can be concluded from table 4 that the more stages of preheaters, the lower exhaust gas temperature from cyclone 1, accordingly the lower unit clinker heat consumption. However, the first stage short kilns system installed 5 stages preheater with higher unit clinker heat consumption, because which equipped the third generation coolers with lower heat recovery efficiency and lower clinker production capacity.

5.3.2 Theoretically, the more stages of preheaters, the higher pressure loss. Actually, taking Jiangxi Yadong lines #5 and #6 as examples for the fourth stage short kilns system, although which installed 6 stages preheater but with the lowest system pressure loss even lower than 4 stages preheater, that is mainly resulted from the KHD optimized designing to meet Jiangxi Yadong requirement by means of adopting ultra-low pressure loss cyclones and enlarging Pyroclone calciners as well as ducts diameters, meanwhile 33m height increased based on the proportion of Pyroclone calciners, which extend the preheating time of the rawmeal and the decarbonation degree of hot raw-meal to the kilns are controlled steadily between 98%~99%, hence unit clinker heat consumption drops significantly.

5.4 The comparison for coolers are shown in Table 5.

Items	1st Stage	2nd Stage	3rd Stage	4th Stage
Type of coolers	The 3rd generation cooler from CP Germany	The 4th generation cross-bar type cooler from FLS Denmark		The new generation cross-bar type cooler from FLS Denmark
Cooler models	Aerated beam cooler 1433/1433/1437	SF4 × 6F		CB18 × 52

Continued

Items	1st Stage	2nd Stage	3rd Stage	4th Stage
Sections no.	3	2		2
Driving type	Hydraulic	Hydraulic		Hydraulic
Type of crushers	Center roller crusher	Center roller crusher		Center roller crusher
Snowman prevention device	N.A.	Air cannons installed on straight wall of the cooler to blast clinker piles periodically, with not good performance		Air cannons installed on both straight wall and fixed grates of the cooler with good performance
Design output (t/d)	5000	5500		8500
Secondary air temperature (℃)	1150~1200	1150~1200		> 1200
Tertiary air temperature (℃)	950~980	950~980		950~980
Clinker temperature (℃)	105~115	105~115		100~115
Heat recovery efficiency (%)	60.16	64.13		74.51

6. Various innovative technologies utilized in the fourth stage short kilns system, with leading indications of operational parameters all over China and internationally

The fourth stage short kilns system, represented by Jiangxi Yadong lines #5 and #6 were put into commission at October 2013 and January 2014 respectively, which had summarized the operation experiences of the first to third stages short kilns systems, bringing in the advanced technologies, equipment and process domestically and all over the world, to uphold the concept of innovation, saving energy, reducing production costs and improving products qualities. After nearly three years of exploration practices, Jiangxi Yadong #5 and #6 cement production lines have obtained a number of forward-looking innovative technologies fruitfully, which significantly reduced production costs, various economic indications achieved leading position domestically, making contribution to Jiangxi Yadong with the outstanding leadership position in cement market competition drastically.

6.1 Limestone belt conveyor downhill power generation

Electricity is required to drive for the traditional belt conveyor transportation, Jiangxi Yadong lines #5 and #6 limestone transporting have equipped only a domestic downhill energy-saving power generation belt conveyor with 3.6km in length and 1500t/h capacity from quarry to limestone homogenization yard, no electricity is required in the transporting process by using downhill terrain, which not only save power consumption but also can generate electricity of about 300kW · h/h to increase benefit. Return belt using the advanced turn-over technology to avoid fine materials fallen along the way for environmental protection, and to save labor cleaning costs, obtaining very good economic benefits.

6.2 Separate grinding sandstone improves rawmeals burnability, increases clinker production capacity and quality

Jiangxi Yadong owns abundant amount of sandstone quarry reserves, however, most of the sandstone are hard with bond work index of grindability about 19kW · h/t, which is hard to grind. Previously, sandstone, limestone, clay, iron cinder were intermixed ground to be rawmeal, allow most of free quartz crystals of sandstone exist in coarse particles, as a result, rawmeal burnability was low and clinker free lime (f-CaO) content was high even fail to meet the target frequently with limited quality. Jiangxi Yadong had been breaking through innovation action, separate grinding hard sandstone with controlling less 75μm sieve residue and stored into sandstone powder silo, nevertheless the other three kinds of raw materials, limestone, clay, iron cinder are mixed into raw mill and ground, referred to as "limestone powder", which can be controlled with higher 75μm sieve residue. Sandstone powder and limestone powder will be mixed homogeneously based on given proportion to raw meal and fed in rawmeal silo for storage and further homogenization, which improve rawmeal burnability significantly.

Jiangxi Yadong #3 and #4 lines sandstone powder separate grinding projects commissioned successfully at November 18, 2012, which improved rawmeal burnability remarkably, both kilns clinker production were increased by 150~200t/d, 28 day compressive strength of clinkers were increased by about 2MPa.

Jiangxi Yadong #5 and #6 lines separate grinding sandstone powder and limestone powder projects had been innovating improved to a new generation advanced processes based on #3 and #4 lines valuable experiences, which use separate vertical mill to grind sandstone powder, equipped with 6300 tons of sandstone powder silo (Φ17mx52.5mH) and vertical screw blade transportation metering and mixing system shared by both kilns, as a result the clinker production of #5 and #6 lines were all increased to 7850t/d with improving rawmeal burnability significantly, and the clinker qualities shown in table 6 and 7 were better than other short kilns system in the Asia Cement Group. Figure 2 shows Jiangxi Yadong #5 and #6 lines vertical raw mills used for grinding limestone powder. Figure 3 shows Jiangxi Yadong No. 7 vertical sandstone mill used for grinding sandstone powder.

Table 6　Jiangxi Yadong Cement Company lines #5, #6 short kilns clinker chemical composition records

Short kilns	f–CaO (%)	SiO$_2$ (%)	Fe$_2$O$_3$ (%)	Al$_2$O$_3$ (%)	CaO (%)	Mineralogical composition(%)				LSF	SM	IM
						C$_3$S	C$_2$S	C$_3$A	C$_4$AF			
#5	1.16	21.87	3.30	4.96	66.08	58.4	19.1	7.5	10.0	95.4	2.65	1.50
#6	1.17	21.92	3.24	4.95	66.10	58.3	19.2	7.5	9.9	95.4	2.68	1.53

Table 7　Jiangxi Yadong Cement Company #5 and #6 lines short kilns clinker and clinker cement physical properties records

Short kilns	Setting time (min)		Bending strength (MPa)		Compressive strength (MPa)		Bond work index of grindability (kW · h/t)	Liter weight (kg/L)
	Initial	Final	3 days	28 days	3 days	28 days		
#5	149	176	7.0	9.3	33.5	58.5	13.46	1.24
#6	150	178	7.0	9.4	33.6	58.7	13.22	1.25

Figure 2　Jiangxi Yadong Cement Co. lines #5,#6 vertical raw mills used for grinding limestone powder

Figure 3　Jiangxi Yadong Cement Co. No. 7 vertical sandstone mill used for grinding sandstone powder

6.3 Adopting new type micro-crystalline wear-resistant ceramic materials in vertical mills to improve service life and save maintenance costs

6.3.1 Vertical raw mill grinding discs and tyres base metal to apply with ductile iron, which has better shock absorption function, reducing discs vibration effectively and protect reducer.

6.3.2 Inlaying micro-crystalline wear-resistant ceramic materials on grinding discs and tyres surfaces, which replace the traditional wear-resistant surface welding process, allowing once guaranteed life of ceramic grinding tyres more than 20000 hours, only regular checking required during operation periods without downtime maintenance, which reduces vertical mills downtime, increasing production efficiency effectively, and reducing maintenance costs. In comprehensive comparison, the total cost of using wear-resistant ceramic materials is only about 60% of the traditional wear-resistant surface welding process.

6.4 100% coal dust De-NO_x combustion instead of SNCR ammonia water De-NO_x technology

Initially, Jiangxi Yadong #5 and #6 lines adopted SNCR + De-NO_x combustion for De-NO_x will consume large amount of ammonia water, De-NO_x coal dust consumption is 42% of the total coal dust used. Because ventilation area of Pyroclone calciners were increased when designed, allow to increase the De-NO_x coal dust consumption proportion possibly by adjusting kiln main burner coal dust feeding down and De-NO_x burners coal dust feeding up to 63.9% gradually since Feburary 2016, which can 100% satisfy with De-NO_x requirement basically.

Now SNCR become spare facility will be in operation with small amount of ammonia water spraying only when kiln feed decreased occasionally, as a result, SNCR is mainly used for De-SO$_2$, unit clinker De-NO$_x$ ammonia water consumption drops to less than 0.1kg/t clinker, which save De-NO$_x$ ammonia water consumption about 4193.4 tons annually, saving annual ammonia water cost more than RMB 3 million yuan and achieving significant economic and environmental benefits. Figure 4 shows Jiangxi Yadong #5 and #6 lines kilnslow NO$_x$ main burner. Figure 5 shows De-NO$_x$ coal dust burners position and preheater structure. Figure 6 shows six stages cyclone preheaters with De-NO$_x$ burners. Figure 7 shows line #6 kiln central control operation picture.

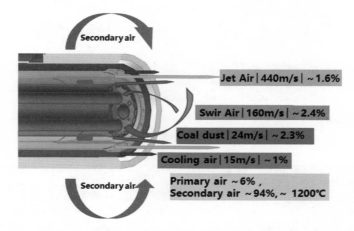

Figure 4　Jiangxi Yadong Cement Co. #5 and #6 lines kilns low NO$_x$ main burner with high air velocity and large thrust[13]

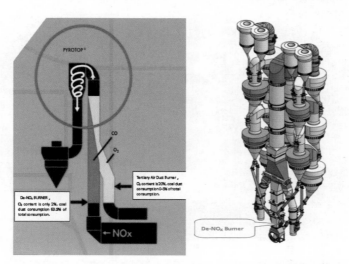

Figure 5　Jiangxi Yadong Cement Co. #5 and #6 lines De-NO$_x$ coal dust burners position and preheater structure[13]

Figure 6　Jiangxi Yadong Cement Co. #5 and #6 lines six stages cyclone preheaters with De-NO$_x$ burners

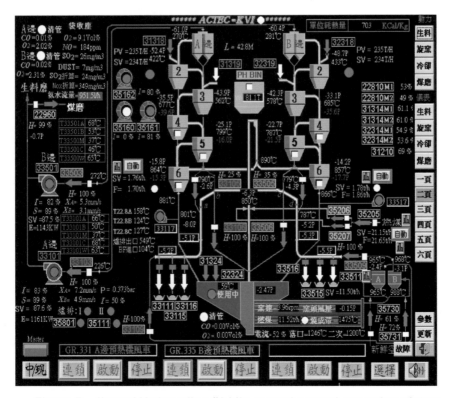

Figure 7　Jiangxi Yadong line #6 kiln central control operation picture

6.5 The fifth-generation cross-bar coolers of the latest modern type from FLS Denmark

6.5.1 Coolers are used for clinker quenching and heat recovery, Jiangxi Yadong #5 and #6 lines have adopted the fifth-generation cross-bar coolers with low stroke frequency, low pressure and long stroke length level clinker transportation, without red river and snowman problems, engineering capacity of 8500 t/d. The exhaust gas temperature is higher than 500 ℃ due to center type clinker roller crushers installation, which can improve heat recovery power generation efficiency of AQC boilers. Clinker outlet temperature is lower than 100 ℃ with heat recovery efficiency more than 75%, as a result the secondary air temperature to be 1200 ℃ above, tertiary air temperature to be 950~980 ℃, which creates good conditions for short kilns clinker production up to 7850 t/d. Figure 8 shows line #6 cooler central control operation picture.

6.5.2 Eliminating separate settlement chambers for waste heat power generation AQC boilers of coolers, to simplify equipment, saving investment and follow-up costs of operation and maintenance.

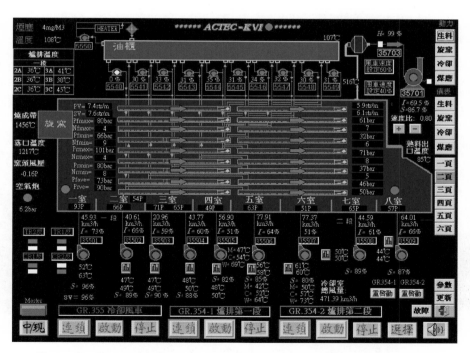

Figure 8   Jiangxi Yadong line #6 cooler central control operation picture

6.6 High efficient and environmental friendly, high temperature resistant bag filters（dust emission < 15mg/Nm³）for kiln outlet, from Hefei HCRDI China

Because high temperature resistant bag filters are applied for short kilns outlet dust collection instead of electrostatic dust collectors, equipment failure rate is low, utilizing air

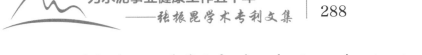

cooled valves to substitute for air coolers to save investment cost. Dust emission concentration is $< 15mg/Nm^3$ far below national standard $30mg/Nm^3$, which reaches emission standards of developed countries in Europe and America.

6.7 Bi-directional enclosed curve belt conveyor with high efficiency, high environmental protection

6.7.1 Jiangxi Yadong #5 and #6 lines are 3km far from the Yangtze River private harbor, transportation from ship loading and unloading for raw materials, coal and clinker to the harbor rely on one bi-directional enclosed curve belt conveyor with total length of 2.92km, using curved arrangement delivery cross the mountains and through residents living area, to send clinker to harbor with capacity 1000t/h, and the return way to deliver coal, iron cinder, gypsum, slag and other raw materials from harbor to the plant with capacity 600t/h（shown in Figure 9）, the above materials transportation power consumption is $0.95kW \cdot h/t$, which save costs RMB 3 yuan/t comparing to vehicles transportation, annual savings of transfer costs is about RMB 10 million yuan.

6.7.2 Intemediate transfer stations are not required for the Bi-directional enclosed curve belt conveyor transportation, prevent from dust and noise.

6.7.3 Installing rollers of low noisy and low resistance to avoid disturbing surrounding people by noisy, no materials dropping by using turn-over technology for return way belt, saving power and protecting environment.

Figure 9　Bi-directional enclosed curve belt conveyor with length of 2.92km (send way capacity 1000t/h, return way 600t/h)

6.8 Precision weighing devices are used for clinker & cement ship loading and coal & raw materials ship unloading

6.8.1 Installing precision weighing devices to replace the previous belt scale and water gauge measurements, moreover applying with mechanical cabin cleaning and fast ship loading facilities for high efficiency and evironmental protection of the harbor.

6.8.2 Both bulk cement and clinker ship loading static weighing errors are less than 0.2%, coal ship unloading weighing error is less than 0.3%, better than traditional dynamic weighing error of 1%~2%, raising about 5 times accuracy with stability, saving much time of checking water gauge as well as reducing shipment error disputes and losses.

6.9 Auto-packing plant with high efficiency, clean production

6.9.1 Eight spout packing machines and automatic bag applicators from Haver & Boecker are equipped, with automatic accuracy rate of 98%, to replace manual work of bag application and promoting delivery efficiency.

6.9.2 In process of planning to install automatic bag cement trucks loading machines, where installation space has been reserved in design stage, which will achieve auto-packing, bag inserting and truck loading completely.

6.9.3 Equipping self-designed purging and vacuum cleaning facilities, to achieve clean production of cement packing plant.

7. Conclusions

Asia Cement has over 60 years experiences to produce Portland cement with good quality and build the skyscraper brand, leading to research and set up 12 short kilns cement production lines in China with elaborate process design, green mining system, high-efficiency management etc., which result in outstanding performance for cement short kilns production system. The short kilns system is steady and reliable, with high clinker production capacity and good quality, high heat efficiency and low cost, which achieves annual operation rate over 95% and 30% exceeding the engineering capacity, becomes the demonstration plants for "high environmental protection, high quality, high efficiency, low cost". Especially all operation indexes of Jiangxi Yadong lines # 5 and # 6 are at leading level domestically and internationally. The short kiln production line has become one of the best options aiming at good clinker quality, energy saving with CO_2 reduction, and green environmental protection for cement industry currently. Many local large cement groups come and visit Asia Cement for technical communication, therefore the continuously development of the short kilns technologies applied in Asia Cement have been greatly promoting the progress of Chinese cement technology.

In respondence to national supply side reform policy in China, Asia Cement has been actively and consistently strengthening the elaborating management measures, improving the production processing, innovating on energy saving, CO_2 reduction and environmental protection related technologies, continuously improving products quality to build national brand, and preparing to set up related facilities for municipal solid waste disposals management coordinated with cement kilns for taking social responsibilities sincerely. Looking forward to the future, Asia Cement will take actively innovation thought to cooperate and implement with various national plans and related Portland cement contruction materials policies, to provide products and services with the best quality serving the national construction and people's well-being in China.

The above report is drafted for references and advices purposes to all the Portland cement trade in China and overseas.

漫谈水泥生产品质的系统规划和精细管理

2020 第八届中国水泥节能环保技流大会演讲报告

（刊登在《中国水泥网》2020 年第 6 期网刊）

近年来，伴随着"绿水青山就是金山银山"理念的深入人心，生态文明建设的全面推进，水泥行业也紧握绿色发展的转型机遇，奏响了一曲节能减排的乐章。

在此过程中，以江西、四川、武汉为三大生产基地，以水运贯穿长江上中下游的亚东水泥，积极履行环保责任，持续加大环保投入，正以独特的方式诠释水泥建材行业绿色发展的意义，向行业提交一份绿色转型的范本答卷。

"2020 第八届中国水泥节能环保技术交流大会"会议现场，亚洲水泥（中国）控股公司副执行长兼技术总监张振昆就带来了以《漫谈水泥生产品质的系统规划和精细管理》为主题的报告，解密亚东水泥绿色发展背后的故事。

一、报告前言

亚泥（中国）控股公司于 1998 年开始在江西建厂，目前公司总计拥有 10 条 KHD ϕ4.8m×52m、设计熟料产能 5000 t/d 短窑生产线，以及 2 条 KHD ϕ5.2m×61m、设计熟料产能 7000t/d 短窑生产线。

　　亚东水泥建厂始终坚持自主规划、自主"点菜式"采购装备，自主安装调试的系统规划，自此开启了水泥短窑生产技术发展的重要里程碑。

二、生产品质系统规划

1. 新生产线生料率值的选择

从原料调查到生料试烧再到率值优化，亚东水泥对生料进行物理性质、化学性质调查，并且依照试烧结果优化选定配料方案。

2. 智能化矿山

亚东水泥建立地质模型，搭配开采表土、高镁高硫石灰石，可以达到矿山零废弃料。此外，亚东水泥利用一班生产、三班输送的方式，设趟数奖金激励制，最终实现全矿无人驾驶。

图1　矿山6m×6m堆块模型图　　　　　图2　250亩生态农业园

图3　智能化无人机的广泛使用

3. 煤粉研磨

该研磨系统安全满足三大条件，即 O_2 小于 10%，温度小于 80℃，CO 小于 0.05%，且煤磨操作需严格控制系统漏风。

表 1

项目	煤磨系统氧气含量	煤粉水分
从冷却机取热风	20%~21%	2%~3%
从预热机高温风机出口取热风	3%~4%	< 1.0%

4. 分磨砂岩粉及掺配粉

将含石英结晶的砂岩单独入砂岩磨研磨，再与石灰石粉进行按配比搅拌混合入生料库均化，大幅提升生料易烧性。利用砂岩磨停机时间研磨水泥磨用石灰石掺配粉，取代矿渣，降低成本，改善颗粒分布。

图4

图5

5. 短窑＋管道式分解炉生产优质稳定熟料

短窑煅烧原则主要有：高且稳定入窑外分解率（95%~99%）；薄料快烧（窑转速4r/min）；1200℃及1100℃的二次风温、三次风温；良好的激冷冷却机。

表 2

月台账平均值	窑别	以熟料成分配料计算值				衍射仪检测核对矿物相结果					C_3A 计算值—矿物量分析含量结果差异（%）
		C_3S	C_2S	C_3A	C_4AF	C_3S	C_2S	C_3A	C_4AF	C_3A+C_4AF	
全年平均值	短窑	56.0	21.7	6.9	9.8	70.9	10.8	4.6	8.5	13.1	2.3
	长窑	57.2	20.0	7.3	11.3	66.5	13.2	6.7	9.5	16.2	0.6

（2018 年对比短窑和长窑熟料矿物相成分统计）

6. 旋窑主燃烧器（KHD）

稳定的煤粉和性能优异的窑头喷煤管将达到"1+1 ＞ 2"的效果。

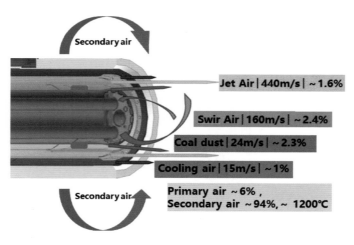

图6

7. 高效率冷却机

FLS+ 亚泥共同开发改良第四代半 Cross bar 十字架推棒冷却机有以下特点：延续四代机优点及去除部分缺点；料床水平布置；液压缸 350mm 冲程；取消固定推棒；冷却风车 Q 和 P 加大 30%；窑落口采用大型高压空气炮。

表 3

项目	单位	FLS 第四代	FLS 第四代半
型号		SF4X6F	CB18 × 52
熟料产量	t/d	5000	7000, max8500
篦床面积	m²	138.8	158
篦床尺寸	$W \times L$(m)	5.2 × 27.2	5.4 × 29.2
篦板负荷	t/d/m²	36	44.3
料层厚度	mm	600~700	650~800
冲程长度	mm	200	350 × 9 道
冲程频率	次 / 分	15~20	6~8
二次风温	℃	1150	＞ 1200
热效率	%	70~75	75~80

续表

项目	单位	FLS 第四代	FLS 第四代半
进料端空气炮	个	10	15
破碎机类型	台	4辊中置式	4辊中置式
出料温度	℃	120	110
冷却风机	台	9	9

8. 水泥研磨系统

亚东水泥在拥有大滚压机配置；最佳滚压机循环负荷；球磨机通风 2m/s 以上；球磨机收尘回料 1/2~1/3 入成品特点的传统辊压机＋球磨机联合粉磨系统基础之上，不断创新工艺，使水泥磨采用分别粉磨工艺进行配制水泥，这样不仅水泥品质高，还能降低成本。

在此背景下，亚东水泥品质指标先进，比表面积 340~350m²/kg；粒度分布斜率值 1.00；3~30μm 粒径含量 57%~60%；小于 3μm 粒径含量 10%~13%；大于 45μm 粒径含量 5%~8%；标准稠度需水量 25.5%~27.0%；净浆流动度大于 200mm。且水泥强度富余一个标号。

三、生产精细化管理

1. 水泥同业品质对比

亚东水泥每月从市场上购买各种同业品牌水泥进行检验，统计分析同业品牌与洋房牌水泥差异，取长补短，不断改进，提高客户满意度。

表 4

P·O 42.5 品牌	CaO %	MgO %	SO$_3$ %	LOI %	Cl$^-$ %	凝结时间 min		抗折强度 MPa		抗压强度 MPa		比表面积 cm²/g	45μm 筛余细度	标准稠度 %	水泥品质稳定性评鉴指数	稳定性评鉴指数排名	市场趋势评鉴指数	市场趋势评鉴指数排名
						初凝	终凝	3d	28d	3d	28d							
GB175 国际规范	—	≤5.0	≤3.5	≤5.0	≤0.06	≥45	≤600	≥3.5	≥6.5	≥17.0	≥42.5	≥3000	—	—				
D 品牌	56.26	2.94	2.74	4.29	0.025	210	250	4.9	8.9	24.9	54.0	3870	9.1	27.8	29.3	10	61.1	9
E 品牌	59.22	2.41	2.39	4.45	0.033	151	187	5.9	8.7	27.2	53.3	3660	7.8	26.6	40.0	6	66.4	4
F 品牌	57.30	2.31	2.90	3.20	0.026	228	265	5.9	8.6	27.7	53.0	3350	12.9	26.2	38.1	8	64.8	5
G 品牌	58.08	1.60	2.49	3.99	0.020	225	275	5.7	8.5	28.1	52.4	3660	9.0	26.8	17.4	12	67.1	3
H 品牌	60.31	2.15	2.44	4.42	0.051	228	268	6.0	8.3	32.6	49.2	3850	4.8	26.1	45.8	5	61.7	8
I 品牌	59.67	2.40	2.62	4.41	0.028	162	202	5.9	8.4	27.9	49.5	3580	8.7	26.8	71.0	3	56.6	10
J 品牌	56.87	2.69	2.44	4.21	0.028	225	270	5.5	8.2	25.0	46.5	3610	5.8	26.2	25.9	11	45.6	12
K 品牌	60.54	2.11	2.43	4.12	0.055	216	261	5.9	8.3	33.1	49.6	3790	4.3	26.0	35.9	9	67.8	2
M 品牌	59.99	2.49	2.40	3.14	0.010	300	359	5.6	8.4	25.5	51.7	3840	8.8	27.6	38.3	7	46.8	11
亚东 01	56.69	2.26	2.73	3.39	0.025	207	252	5.8	8.3	30.3	51.3	3900	5.2	26.9	87.2	1	64.6	6
亚东 02	57.69	2.36	2.28	3.67	0.035	191	245	6.0	8.8	27.6	52.1	3520	3.9	27.0	50.9	4	62.4	7
亚东 03	56.94	2.94	2.38	4.15	0.028	202	246	6.7	8.7	27.7	53.5	3620	7.9	26.8	84.3	2	83.8	1
市场指标加权平均值	58.29	2.39	2.52	3.95	0.030	212	257	5.82	8.51	28.13	51.34	3688	7.35	26.73				

注：1. 通过每个水泥样品近 12 个月单一因子品质指标数据计算变异系数（标准差／平值），对每项变异系数进行评分，变异系数越小评分越高，最终加总计算为水泥稳定性评鉴指数，数值越高水泥稳定性越好。

2. 将当月单一因子品质指标数值进行排名，按排名计算各因子的评分，最终加总计算为市场趋势评鉴指数（表示单月水泥品质），以 100 为满级，数值越高，符合国家标准与市场需求性越高。

2. 水泥及熟料装船静态计量系统

亚东水泥散泥及熟料装船采用静态计量，误差小于2‰。

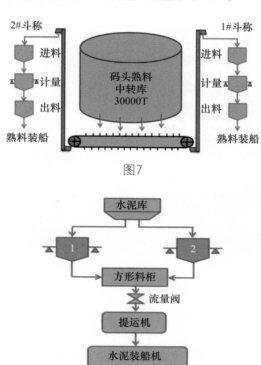

2#斗称
1#斗称
进料
计量
出料
熟料装船
码头熟料
中转库
30000T
进料
计量
出料
熟料装船

图7

水泥库
1
2
方形料柜
流量阀
提运机
水泥装船机

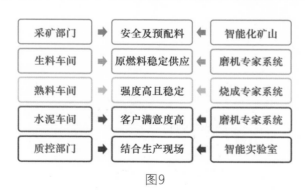

图8

3. 高品质水泥，成为水泥市场有特色的稀缺产品

五大部门分开管理效率下降，如何系统优化及管理，既分工又合作？

采矿部门
安全及预配料
智能化矿山
生料车间
原燃料稳定供应
磨机专家系统
熟料车间
强度高且稳定
烧成专家系统
水泥车间
客户满意度高
磨机专家系统
质控部门
结合生产现场
智能实验室

图9

亚东水泥的高品质水泥混凝土配比稳定、外加剂用量少且稳定，外销美国客户，真正做到了让客户满意。

四、节能环保创新工艺

1. 下坡发电皮带

亚东水泥石灰石输送采用国产下坡节能发电带运机，总长 3.6km，1500t/h。发电 300（kW·h）/h，回程皮带翻面，沿线无漏料，清洁生产。

图10

2. 双向输送曲线带运机

江西亚东水泥二厂至码头间双向曲线输送带运机（总长 2.92km），上行送熟料至码头 1000t/h，回程送四种原燃料至二厂600t/h，高效节能。该机器经过丘陵地形及居民区，采用上坡、下坡、曲线方式布置。无中间转运站，节约投资约 1077 万元。实际运转耗电仅 0.86（kW·h）/t，每年节电达 246 万千瓦·时，年节约电费 172.2 万元。

3. 煤粉低氮燃烧＋氨水脱硝技术

经过技术改造，NO_x 小于 35mg/Nm^3。该技术的特点是 60%~65% 的低氮煤粉脱硝；烟室缩口上方还原区高度超过 25m；加大管道式分解炉直径和高度；低氮燃烧 +SNCR 可以控制 NO_x 小于 75mg/Nm^3，再配合中温中尘 SCR 可以确保超低排放及超低氨逃逸。

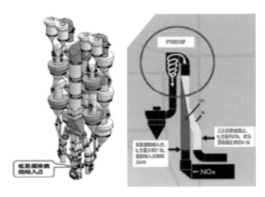

图11

五、报告总结

亚泥在海峡两岸有 60 余年生产优质水泥的经验，企业由成长期进入到成熟期，如何再精进？亚泥将把握新机遇，迎接新挑战，开创新时代，与水泥同业一起共同迈向新未来。

1. 预告未来，趋势加速，未来已来

AI、5G 通信、大数据、量子计算、万物联网、卫星定位等数位科技的全方位运用是控制疫情扩散的最有效工具，也是恢复社会常态生活与保障跨境旅行安全的必要手段。数位科技已经成为 21 世纪的国家竞争力核心要素，全智能生产时代已经来临；智慧公共治理时代已经来临；超级透明社会已经来临；数位经济时代已经开启；零边际成本社会已经来临。

2. 级透明社会已经到来＋超级智慧政府也将来临

电子货币即将取代纸币，所有经济交易与金钱流向一目了然；万物联网后，所有人生活与职场足迹都有数位记录。除非退出现代网路社会，个人拥有或产生的数位资讯都可被记录与保存（从遗传基因编码开始）。

个人一生的健康、举止、体验、言行、移动、消费、生产与交往活动细节都可被完整记录。无死角的社会信用制度，腐败无所遁形，财富无法藏匿，企业无法逃税。

3. 给中国水泥行业朋友们的一些建议

当下中国水泥业急需要规划与设计的全局性的人才，需要拥有项目规划能力和资源整合能力。充分使用智能化无人机实现对各种资产和条件的远程监控。未来的工作将很少事务性的，更多是分析性的；很少是基于经验的，更多是数据驱动的；很少是由个人推动的，更多是团队协作性的；很少是当地的，更多是与全球或其他各营运站点联系的。

利用高镁废石烧制优质熟料，
提高矿山资源综合利用率

张振昆[1]，刘文元[1]，杜文斌[2]

①亚洲水泥（中国）控股公司，②黄冈亚东水泥有限公司，

（论文发表于《水泥》杂志 2022 年第 4 期）

一、摘要

亚洲水泥（中国）控股公司辖下黄冈亚东水泥有限公司（以下简称黄冈亚东）畚箕山石灰石矿山主要供应水泥厂烧制熟料，其先天条件不佳，整体圈定储量范围平均剥采比达 0.37:1，储量中含有大量的低品位与高氧化镁废石，废石总量预估达 8000 余万吨，严重制约矿山生产，为彻底解决矿山重大危机，研究如何提高矿山资源综合利用，是必须面对且克服的重要课题。

一般来说石灰石中氧化镁含量越高对水泥熟料生产与产品质量越不利，按水泥国家标准，熟料氧化镁不能高于 5%。为此我司于 2015 年 3 月成立专案小组，制定目标，确保在维持既有熟料产量与品质不下降的前提下，尽量提高入仓石灰石中氧化镁的含量，最大化掺配低品位及高镁废石，最终目标希望能够充分开发矿山资源综合利用，达到矿山零排废，避免废石堆置造成的占地、环境污染、地质灾害一系列的负面影响，同时还可以延长矿山可采年限，降低矿山生产成本，为企业永续发展作出正面贡献。

项目自 2015 年 3 月开始实施，期间参考大量的文献，不断调整熟料生产配料方案，加强精细化生产操作管理，攻关克难，至 2016 年 6 月，利用高镁废石烧制优质熟料项目基本达成既定目标，迄今为止，熟料 3d 及 28d 强度维持在 30MPa 及 58.5MPa，熟料日产量维持在 5400t 以上。

二、背景

畚箕山矿区石灰岩矿区地处湖北省武穴市长江北岸，在武穴市北西 304° 方向约

15km 处，行政区划属武穴市田镇办事处管辖，矿产资源包括：探明的经济基础储量（121b）：2822 万吨；控制的经济基础储量（122b）：8420 万吨；推断的内蕴经济资源量（333）：9620 万吨；资源储量总计 20862 万吨，平均剥采比 0.37∶1，废石剥离量预估达 8000 余万吨。

矿场于 2011 年完成基建采准投入生产，开采工艺采用由上而下的阶段露天开采法，阶段高为 12m，此项目施行前（2015 年 2 月底前），水泥厂设定入仓石灰石原料氧化镁的管制标准为 1.4%±0.1%，导致矿场开采过程中大量高镁石灰石（MgO）含量大于 3.5%，无法掺配利用，只能运至废石暂存场丢弃，截至 2015 年 2 月矿山暂存场累计堆存量高达 400 多万吨，已经严重影响矿场的正常台段降阶及推进（图 1）。

图1　原黄冈亚东矿区高氧化镁石灰石抛弃暂时堆置场

为达到矿山矿场长期健康发展，我司初步决定采取提高石灰石氧化镁含量，以彻底解决矿场废石排废等问题。

黄冈亚东为两档短窑系统，长径分别为 52mL 和 4.8m，短窑在烧制熟料时有很多优势，但也存在不足。短窑采取薄料快烧，料在窑内停留时间短，这就要求入窑生料脱酸度高（正常控制 95% 以上），且来料及操作都要稳定，稍有不慎，就会导致预热机结料，另在原燃料的选择上有害成分硫、氯、碱分、MgO 也要低。公司一直以来石灰石 MgO 控制在小于 1.5%，对提高 MgO 保持较为谨慎的态度，但随着矿山开采的压力，开始在副执行长的指导下，着手研究将石灰石 MgO 提高到 2.0%、2.5% 甚至更高。并思索以下几个问题：

（1）如何制订提高新的入仓石灰石氧化镁的管制标准限值？

（2）氧化镁管制标准放宽后，矿场如何掺配废石，使入仓石灰石维持稳定符合新标准？

（3）氧化镁管制标准提高后，短窑系统熟料生产如何因应，以确保品质与产量不下降。

为此亚泥（中国）控股公司技术与生产部于 2015 年 3 月召集黄冈亚东采掘、制造及品管三个单位联合成立专案小组，并由副执行长亲自担任小组召集人，展开高镁废石烧制优质熟料的专案研究，并根据国内外相关文件及少数成功案例的经验，采取稳健措施逐步提高石灰石氧化镁含量，自 2015 年 4 月起氧化镁管制标准从原来的 1.4% 提高至 1.6%，2015 年 6 月起再提高至 1.9%，至 2016 年 1 月最终确定入仓石灰石氧化镁含量为 2.5% ± 0.1%，并根据此标准制定适应高氧化镁的配料方案。

三、发现问题及分析反应

矿场投入生产后，废石抛弃量已经累计 400 多万吨，因废石弃置引发后续影响正常台段的推进及降阶，可供堆栈的空间越来越少，现有的废石场需要搬移，种种难题，都跟原来设定的资源利用管制标准有关，2015 年 2 月以前，石灰石原料品质供应水泥厂使用管制标准有两项，除氧化钙（CaO）外，就是对水泥制程的有害物质氧化镁（MgO），设定的氧化镁管制标准为 1.4% ± 0.1%，导致大量低钙高镁废石无法有效被利用。

已经知道因为石灰石原料氧化镁管制过低导致废石堆置量成长快速，需要进一步分析问题，此项目的分析难度是如何清楚统计分析全矿品质分布，虽然有地质勘探资料，但都是以间距（200m 以上）剖面方式表示，地质报告上品质的计量及平均是以勘探线上的钻孔及探槽取样分析，依据划分化性及物性的不同，划定不同层位的圈定，除了明显地质构造造成变化外，两个剖面件同样层位连接的部分，基本上是参考两条剖面的取样分析结果的平均化验结果，为整个块段一致的呈现，但实际上此矿山存在很多小的不连续面，因此各个地理空间的品质分布，一定存在部分的差异，为呈现地理空间位置不同地点的化性差异，利用相关的地理资讯系统软体（GIS）及统计分析方法，进行地理空间不同位置的石灰石化性的推算，实施步骤：①建立空间块体模型：在储量分布范围，建立四方体的大块体模型，再将大块体分切成 6m × 6m × 6m 主块体，每个主块体可以再切割至 3 米立方的次块体；②制作数据库：包括勘探资料外，另收集三个月的钻孔化验资料；③主块体赋值：特定空间位置的主矿体参考已建数据库的附近的数据，依据距离平方反比权重法（Inverse Distance Squared Weighting Method）决定已知空间位置的样本的化性对于特定空间化性影响的权重；

$$Z^n(\gamma)=\sum_{i=1}^{n}\lambda_i Z(X_i) \tag{1}$$

$$\sum_{i=1}^{n}\lambda_i=1 \tag{2}$$

$$\lambda_i=\frac{d_i^{-r}}{\sum_{i=1}^{n}d_i^{-r}} \tag{3}$$

式中　$Z^n(\gamma)$——化性推测值；

　　　$Z(X_i)$——已知空间位置样本的化性；

　　　λ_i——已知空间位置样本距离 r 次方反比权重。

④分层矿量及化性统计：全部主块体经过赋值的阶段后，再进行分层（台段）矿量及化性的统计，得到全矿区的灰岩平均品质，氧化钙（CaO）：47.29%、氧化镁（MgO）4.20%，总矿量（含废石）为2.2亿吨；⑤分析品质政策供层峰决策：依照不同氧化镁的管制标准模拟，扣除配套设施#2角材场年处理高镁灰岩120万吨，提出四种情境供决策参考：第一，若品质政策订在氧化镁（MgO）≤1.5%，全矿区需要剥离丢弃3122万吨；第二，若品质政策订在氧化镁（MgO）≤2.0%，全矿区需要剥离丢弃1605万吨；第三，若品质政策订在氧化镁（MgO）≤2.5%，全矿区需要剥离丢弃387万吨；第四，若品质政策订在氧化镁（MgO）≤3.0%，全矿区则不需要丢弃。经过专案小组充分讨论，考量熟料生产与品质因素，并由副执行长张振昆最终决定，将入仓石灰石氧化镁（MgO）的管制标准订为2.5%±0.1%（表1）。

表 1　全矿区品质分布及品质政策情境分析

黄冈亚东全矿区（阳城山＋莲花山）开采 MgO 标准设定影响剥离弃置量分析（莲花山开采底高 EL30m、阳城山开采底高 EL75m、年供矿需求量 630 万吨）										
成分	MgO	CaO	MgO	CaO	MgO	CaO	MgO	CaO	MgO	CaO
%	4.20	47.29	1.50	49.39	2.00	49.06	2.50	48.70	3.00	48.34
剥离量（t）（a）	0		61479930		48732682		38505501		28005501	
可供生产量（t）（b）	220304969		158825039		171572287		181799468		192299468	
剥采比（%）（a/b）	0.00		38.71		28.40		21.18		14.56	
开采年限（年）	—		25.21		27.23		28.86		30.52	

续表

黄冈亚东全矿区（阳城山＋莲花山）开采 MgO 标准设定影响剥离弃置量分析（莲花山开采底高 EL30m、阳城山开采底高 EL75m、年供矿需求量 630 万吨）										
成分	MgO	CaO	MgO	CaO	MgO	CaO	MgO	CaO	MgO	CaO
%	4.20	47.29	1.50	49.39	2.00	49.06	2.50	48.70	3.00	48.34
年需要抛废量（t）	—		2438681		1789426		1334353		917499	
#2 角材年处理量（t）	—		1200000		1200000		1200000		1200000	
尚需要处理剥离总量（t）	—		31227541		16052246		3877031		0	

四、组织团队执行目标

专案小组各成员的功能与职责明确如下：采掘组负责矿场开采石灰石品质预配及人仓品质稳定，品管组负责原燃料品质控管及生料配料并管控熟料品质，制造组负责优化生产操作及加强精细化管理。为及时追踪品质变化，同时由采掘、制造及品管指定专人组成现场采验小组，采验小组组长由品管组主任担任，并接受厂长及技术副执行长的督导，采验小组每天根据矿山开采、品质检验与熟料生产情况，及时讨论后将讯息反馈至相关部门，并与相关部门沟通及建议优化改善措施。

4.1 采掘组具体做法：为满足入仓石灰石品质的管制目标，采掘组具体做法如下；

4.1.1 地质模型定期更新：初步建构完成地质模型，定期需要做地质模型更新，每日进行钻孔作业后钻孔收尘粉料堆进行取样，8~12 个孔取混合样，并以手持式 GPS 定位，若是岩层过渡带，可以密集取样，并依据化验结果更新数据库，地质模型主要是利用统计方式，模拟现场品质的趋势，呈现拟真的地质品质分布，未来使用者可以依据分层品质平面图，决定开采计划。

4.1.2 每日钻孔取样分析：每日取样化验的资料填入石灰石取样表及矿场现存量表（表 2）。

表 2　矿场现存表

黄冈亚东畚箕山矿场现存量日报表										
日期	工区	平台	生产量 /t	爆破落矿量 /t	现存量 /t	CAO%	MGO%	备注 1	备注 2
2016/11/5	阳城山	238			1000	49	2	大块石	
		238			2500	46	1		
		238			2500	49	3		
		250		20000	20000	49	6		
		262			1000	49	1.5		
		274			2000	43.5	9.5		
		274			79200	0~40	0~10	弃置料	
	合计				29000	48.36	5.26		不含弃置料
	八哥头	172			8000	49	8		
		172			2000	46.5	8.5	大块石	
		172			1000	49	3.5		
		172			13000	50	1.5		
		184			132000	0~25	0	弃置料	
	莲花山	112		20000	20000	43	07		
		124			1000	45	1		
		124			2000	10	12	弃置料	
	合计				47000	44.87	3.04		不含 184 弃置料

　　4.1.3 拟定铲装运输计划：依据矿场现存量表制作隔天的配料计划，决定卡车配料车数，并事先安排铲运设备（表 3）。

表 3　生产预配实配对照表

日期	预配计划							实际配料						
	来料位置	单车载重	车数	产量小计	CaO（%）	MgO（%）	分配车辆	来料位置	单车载重	车数	产量小计	CaO（%）	MgO（%）	分配车辆
	274平台	46		0	30.00	6.00	5#	274平台	46		0	41.67	17.55	
	274平台	27		0	41.67	17.55	中福矿车	274平台	27		0	41.67	17.55	中福矿车
			0	0							0			
7月6日 上午	238平台 2#	46	30	1380	47.91	1.08	4#5#	238平台 2#	46	31	1426	47.91	1.08	4#5#
	262平台	46	30	1380	52.38	1.16	2#3#	262平台	46	26	1196	52.38	1.16	2#3#
	274平台	46	8	368	49.00	1.50	1#	274平台	46	7	322	49.00	1.50	1#
	274平台	27	8	216	41.67	17.55	中福矿车	274平台	27	5	135	41.67	17.55	中福矿车
									27	6	159	45.51	8.25	
			68	3344	49.47	2.22					3238	49.29	2.19	
7月6日 下午	238平台 1#	46	0	0	52.45	1.12	4#5#	250平台 3#	46	10	460	48.49	1.05	4#5#
	238平台 2#	46	30	1380	47.91	1.08	4#5#	238平台 2#	46	33	1518	50.18	1.10	2#3#
	262平台	46	30	1380	52.38	1.16	2#3#	262平台	46	13	598	52.38	1.16	4#5#
	274平台	46	8	368	49.00	1.50	1#	274平台	46	11	506	49.00	1.50	1#

续表

日期	预配料计划							实际配料						
	来料位置	单车载重	车数	产量小计	CaO(%)	MgO(%)	分配车辆	来料位置	单车载重	车数	产量小计	CaO(%)	MgO(%)	分配车辆
	274平台	27	6	162	41.67	17.55	中福矿车	274平台	27	11	306	41.67	17.55	中福矿车
7月7日 上午			74	3290	49.60	1.97					3388	49.39	2.65	
	238平台2#	46	30	1380	50.18	1.10	1#5#	238平台2#	46	28	1288	50.18	1.10	1#5#
	250平台3#	46	40	1840	48.49	1.05	2#3#4#	250平台3#	46	28	1288	48.49	1.05	2#3#4#
	274平台	46	3	138	49.00	1.50	2#	274平台	46	3	138	49.00	1.50	2#
	274平台	27	8	200	41.67	17.55	中福矿车	274平台	27	10	279	41.67	17.55	中福矿车
								274弃置料	43	4	172	30.00	3.00	亚利
7月7日 下午			73	3558	48.78	2.01					3165	47.59	2.65	
	238平台2#	46	30	1380	50.18	1.10	1#5#	238平台2#	46	29	1334	50.18	1.10	1#5#
	250平台3#	46	40	1840	48.49	1.05	2#3#4#	250平台3#	46	34	1564	48.49	1.05	2#3#4#

4.1.4 当日进料实际核实：当日生产依照实际派遣制作实际配料表，结合预配料计划及实际配料结果，入大仓储存前，设置有自动取样器，目前设置15min取样一次，上下午各集样化验一次，于下个班作业前回馈检验结果，并产生当日的实际比较表格，是以检视进破碎机车数是否按照计划控制（表4）。

表4　每日进仓配料汇总表

下料日期	现堆别	预配计划 产量(t)	CaO%	MgO%	实际配料 产量(t)	CaO%	MgO%	入仓实际检验 产量(t)	CaO%	MgO%	差距过大原因分析
7/6-7/10 满堆加权平均	南堆	27376	61.58	2.59	33082	48.32	2.22	33083	48.43	2.01	
截止目前现堆加权平均		21109	48.21	1.99	14397	47.99	2.11	14397	49.36	1.78	
现堆剩余加权平均		8891	48.19	2.03	15603	48.40	1.89				
7月6日 上午		3344	49.47	2.22	3238	49.29	2.19	3238	48.96	2.14	
7月6日 下午		3290	49.60	1.97	3388	49.39	2.65	3388	51.87	1.90	
7月7日 上午		3558	48.78	2.01	3165	47.59	2.65	3165	47.81	2.99	
7月7日 下午		3635	47.07	2.09	3385	47.14	2.15	3385	47.74	1.98	
7月8日 上午		3453	48.14	2.02	2946	47.66	2.33	2946	46.48	2.21	
7月8日 下午		3426	48.19	1.90	3711	47.93	1.91	3711	47.82	1.81	
7月9日 上午		3426	48.19	1.90	2831	47.77	2.04	2831	49.36	1.64	我们的设备在那定地点，CaO出现如此大偏差，极大可能是因为该处只下了6车，大仓取样未取到该处的样。若该处未取到样（车数为0），结果基本吻合
7月9日 下午		3701	48.62	2.05	3180	48.82	2.09	3180	47.97	1.78	
7月10日 上午		3471	48.37	2.11	3483	48.84	2.13	3483	48.51	1.89	
7月10日 下午		3480	48.35	2.15	3756	48.65	2.07	3756	47.84	1.80	

续表

下料日期	现堆别 南堆	预配计划			实际配料			入仓实际检验			差距过大原因分析
		产量(t)	CaO%	MgO%	产量(t)	CaO%	MgO%	产量(t)	CaO%	MgO%	
7/6~7/10 满堆加权平均		27376	61.58	2.59	33082	48.32	2.22	33083	48.43	2.01	
截止目前 现堆加权平均		21109	48.21	1.99	14397	47.99	2.11	14397	49.36	1.78	
现堆剩余加权平均		8891	48.19	2.03	15603	48.40	1.89				
南堆满堆		34784	48.46	2.04	33082	48.32	2.22	33083	48.43	2.01	
7月11日	上午	3651	48.47	1.96	3099	48.30	2.12	3099	49.66	1.73	
7月11日	下午	3834	47.44	2.14	3678	48.33	2.05	3678	50.14	1.56	
7月12日	上午	3721	48.10	2.05	3910	48.06	2.21	3910	48.76	2.18	
7月12日	下午	3721	48.10	2.05	3710	47.31	2.07	3710	48.98	1.63	

4.1.5 入仓均化作业：水泥厂石灰石仓为长方形仓，分成南北两处堆存，扣除取料机的作业空间，每次可以堆存约 4 万吨，堆存时间 5~6d，为达到均化效果，禁止定点下料，执行移动堆料，为避免最后一天的品质偏移过大，造成堆头的品质与整堆的平均品质有较大的变异，换堆取料时变料时变异状况影响的时间过长，最后一天的堆料时堆头部分内缩 1m，其全流程灰岩原料进仓品质控制全流程如图 1 所示。

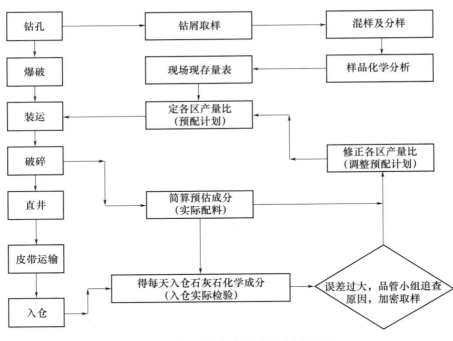

图2　灰岩原料进仓品质控制全流程

4.2 生产和品管组具体做法：为确保熟料生产与质量不下降，具体做法如下：

4.2.1 调整配料方案：经事前研究讨论、策划，结合其他研究资料，再根据高镁石灰石的特性，配料方案调整如下（表5）：

表5　根据石灰石氧化镁特性调整熟料三率值

三率值中心值控制	KH	SM	P
熟料 MgO 提高前	0.915	2.55	1.35
熟料 MgO 提高后	0.915	2.75	1.45

4.2.1.1 在窑操作上适当降低分解炉温度来降低脱酸，由目前的 95%~96% 降低到 93%~94%，相应的再降低入窑生料温度。同时窑操时刻提高注意料、风、煤等的配合，因提高 MgO 带来的烧成范围窄，会导致旋窑的不稳定。

4.2.1.2 尽管事前也估计到了旋窑的不稳定，以及可能带来熟料品质的波动，但是实际情况比预料要差，实施第一个月，由于生料氧化镁及熟料三率值控制变化，造成产量降低及 f-CaO 上升，相关数据体如下（表6）：

表6　调整熟料三率值第一个月制程产量及品质影响

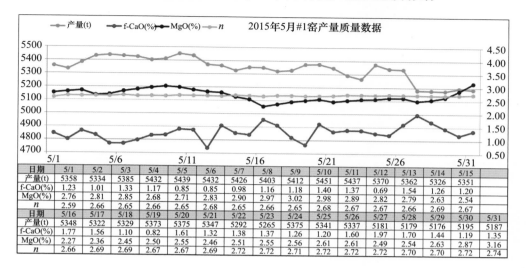

日期	5/1	5/2	5/3	5/4	5/5	5/6	5/7	5/8	5/9	5/10	5/11	5/12	5/13	5/14	5/15
产量(t)	5358	5334	5385	5432	5439	5432	5426	5403	5412	5451	5437	5370	5362	5326	5351
f-CaO(%)	1.23	1.01	1.33	1.17	0.85	0.85	0.98	1.16	1.18	1.40	1.37	0.69	1.54	1.26	1.20
MgO(%)	2.76	2.81	2.85	2.68	2.71	2.83	2.90	2.97	3.02	2.98	2.89	2.82	2.79	2.63	2.54
n	2.59	2.66	2.65	2.66	2.65	2.68	2.65	2.66	2.65	2.68	2.67	2.67	2.66	2.69	2.67
日期	5/16	5/17	5/18	5/19	5/20	5/21	5/22	5/23	5/24	5/25	5/26	5/27	5/28	5/29	5/30	5/31
产量(t)	5348	5322	5329	5373	5375	5347	5292	5265	5375	5341	5337	5181	5179	5176	5195	5187
f-CaO(%)	1.77	1.56	1.10	0.82	1.61	1.32	1.38	1.37	1.26	1.20	1.60	1.97	1.70	1.44	1.19	1.35
MgO(%)	2.27	2.36	2.45	2.50	2.55	2.46	2.51	2.55	2.56	2.61	2.61	2.49	2.54	2.63	2.87	3.16
n	2.66	2.69	2.69	2.67	2.67	2.69	2.72	2.72	2.71	2.72	2.72	2.72	2.70	2.70	2.72	2.74

4.2.1.3 在操作过程中，随着 MgO 进一步地提高，窑况出现了明显的波动，初期是预热机结料变的严重，结料快且硬，时值正处于高温天气，捅料员大汗淋漓轮番上阵，仍然力不从心，长时间的捅料使得窑况进一步恶化，f-CaO 频繁超限，甚至出现跑生料。产量比正常时下降近 300t/d，质量方面 3 天强度虽然变化不大，28d 强度可能会有降幅，其正异常熟料如图3、图4所示并见表7。

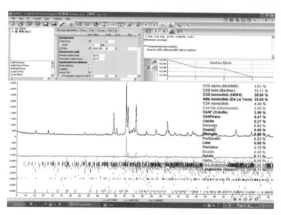

图3　正常熟料XRD

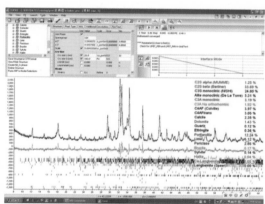

图4　异常熟料XRD

表7　正异常熟料矿物组成比例

序号	矿物组成及化学式	正常熟料	异常熟料
1	C_2S alpha （MUMME）	3.91%	1.25%
2	C_2S beta （Berliner）	13.11%	33.69%

续表

序号	矿物组成及化学式		正常熟料	异常熟料
3	C$_2$S 总量		17.02%	34.94%
4	Alite M1（NISHI）		28.84%	24.80%
5	Alite M3（Torre）		35.05%	3.31%
6	C$_3$S 总量		63.89%	28.11%
7	C$_3$A monoclinic		4.34%	3.19%
8	C$_3$A Na orthorhombic		未检出	1.92%
9	C$_3$A 总量		4.34%	5.11%
10	C$_4$AF（Colville）		2.60%	3.97%
11	C$_4$AF trans		6.47%	3.05%
12	C$_4$AF 总量		9.07%	7.02%
13	Calcite	CaCO$_3$	0.27%	2.35%
14	Dolomite	CaMg（CO$_3$）$_2$	0.82%	1.43%
15	Quartz	SiO$_2$	0.05%	0.12%
16	Ettringite	Ca$_6$（Al（OH）$_6$）$_2$（SO$_4$）$_3$（H$_2$O）$_{26}$	0.68%	0.36%
17	Portlandite	Ca（OH）$_2$	0.23%	12.24%
18	Lime	CaO	0.60%	5.12%
19	Periclase	MgO	2.13%	2.86%
20	Brucite	Mg（OH）$_2$	0.30%	0.17%
21	Sylvite	KCl	0.11%	0.14%
22	Halite	NaCl	0.35%	0.04%
24	Langbeinite	K$_2$Mg$_2$（SO$_4$）$_3$	0.11%	未检出

4.2.2 副执行长召集各相关单位检讨上一阶段出现的问题，并作以下调整。

4.2.2.1 采取高 n 值方案，制订熟料三率值： n 值为 2.85 ± 0.1、 P 值为 1.5 ± 0.05、 KH 值为 0.915 ± 0.01。提高熟料 n 值，可以降低熟料液相量、提高耐火度，平衡由于 MgO 提高增加的液相，减少窑内结圈结蛋，影响熟料品质。适当提高 P 值以进一步降低 Fe$_2$O$_3$ 含量，在一定程度上拓宽烧结范围，提高生产操作弹性；适当提高熟料的 KH 值，使熟料强度得到一定的恢复，同时配料时还要防止 MgO 与 R$_2$O、SO$_3$ 等低熔点有害物质的同时作用。

4.2.2.2 稳定生料配料：加强配料人员培训，取样化验与配料工作采取更高标准的要求，确保入窑生料成分一致稳定。

4.2.2.3 加强原燃料精细化管理：①加强矿山矿层钻孔取样，做好预配。进行开采搭配和进仓搭配，加强石灰石预均化和生料均化。对于难以掌控的区域，不同时进行下料，以减小各成分的波动。②配料需要的校正黏土、砂岩、铁质原料做到源头取样化验，符合要求的才进厂，进厂后加强取样化验，并做好取样代表性；对进厂的原料按照要求分别堆放，避免混料，加强均化，以提高原料稳定性。③砂岩、黏土、铁质矿的选择除要求其化学成份符合外，还特别关注其物理性质，以确保生料易烧性良好。

4.3 制造组具体做法

4.3.1 转变思想，增强自信：因氧化镁的大幅提高，必然对于生产造成重大影响，因此生产单位同仁必须转变思想，适应新的配料方案，攻关克难，坚定信心，努力达成既定目标。

4.3.2 收集文献，夯实基础：收集国内各水泥公司在高镁石灰石应用中遇到的情况及解决措施，了解同行业中高镁石灰石烧制熟料中出现的问题及处理措施。夯实基础知识，从无到有，提高对高镁石灰石烧制优质熟料的认知。

4.3.3 加强培训，凝聚力量：技术副执行长召集品管、制造等相关单位人员组织技术攻关小组，安排时间亲自授课，其中包含学习氧化镁对熟料烧成的影响机理及应对措施，了解高镁石灰石在煅烧过程中的影响，结球成因，分析窑圈的影响因素。风、煤、料、窑速的配合对黄心产生的影响，凝聚力量，抓住关键点，消除不利影响。

4.3.4 加强精细化生产管理：①稳定窑尾进料室温度在 1000~1050℃，C5 下料温度：850~860℃，避免温度起伏过大造成窑况不稳定，影响生产。②加强现场每班巡检，及时观察和清理进料室、上升道结料及各下料管的结皮，预防堵塞影响系统通风。③对预热机上升道缩颈处进行改造，增大通风面积，加强窑内通风，避免燃料燃烧不完全造成还原气氛，影响生产。④采用薄料快烧策略，降低窑内填充率，防止窑内结圈、结大球等。⑤利用停窑机会，彻底清理冷却机空气分布板迷宫内积料，保证空气分布板通风良好，确保达到熟料急冷的效果。

4.4 经过反复调整、检讨、改善，最终烧成趋于稳定，各项指标也正常了。

4.4.1 到 2016 年 5 月份，将熟料 MgO 由 2015 年初的 1.8% 提高到 3.6%（表 8），f-CaO 控制正常了，产量也正常了；

4.4.2 中间一段时间熟料 SM 值控制比较高，一度达到 2.9，后续慢慢往下调到 2.8，烧成也比较稳定（表 9）；

4.4.3 强度方面有略微降低的趋势（表 10），MgO 的提高导致熟料中有效成分 CaO 降低，同时也有一部分有害的游离 MgO，这些导致强度降低。

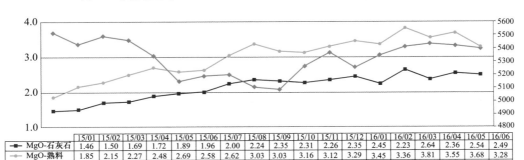

表 8　黄冈亚东 2015/01~2016/06 熟料氧化镁变化趋势

	15/01	15/02	15/03	15/04	15/05	15/06	15/07	15/08	15/09	15/10	15/11	15/12	16/01	16/02	16/03	16/04	16/05	16/06
MgO-石灰石	1.46	1.50	1.69	1.72	1.89	1.96	2.00	2.24	2.35	2.31	2.26	2.35	2.45	2.23	2.64	2.36	2.54	2.49
MgO-熟料	1.85	2.15	2.27	2.48	2.69	2.58	2.62	3.03	3.03	3.16	3.12	3.29	3.45	3.36	3.81	3.55	3.68	3.28
产量t/d	5516	5428	5491	5460	5340	5147	5189	5198	5103	5085	5262	5366	5251	5344	5410	5432	5418	5395

表 9　黄冈亚东 2015/01~2016/06 熟料 SM 及 KH 率值变化趋势

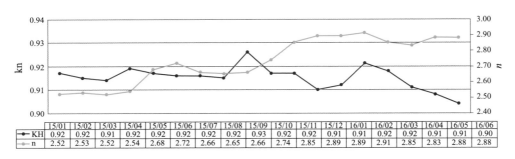

	15/01	15/02	15/03	15/04	15/05	15/06	15/07	15/08	15/09	15/10	15/11	15/12	16/01	16/02	16/03	16/04	16/05	16/06
KH	0.92	0.92	0.91	0.92	0.92	0.92	0.92	0.92	0.93	0.92	0.92	0.91	0.91	0.92	0.92	0.91	0.91	0.90
n	2.52	2.53	2.52	2.54	2.68	2.72	2.66	2.65	2.66	2.74	2.85	2.89	2.89	2.91	2.85	2.83	2.88	2.88

表 10　黄冈亚东 2015/01~2016/06 熟料 3 及 28 天强度变化趋势

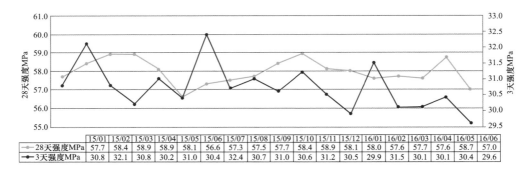

	15/01	15/02	15/03	15/04	15/05	15/06	15/07	15/08	15/09	15/10	15/11	15/12	16/01	16/02	16/03	16/04	16/05
28天强度MPa	57.7	58.4	58.9	58.9	58.1	56.6	57.3	57.5	57.7	58.4	58.9	58.1	58.0	57.6	57.7	57.6	58.7	57.0
3天强度MPa	30.8	32.1	30.8	30.2	31.0	30.4	32.4	30.7	31.0	30.6	31.2	30.5	29.9	31.5	30.1	30.1	30.4	29.6

五、经验推广

　　黄冈亚东全矿区生产量约 63% 的灰岩提供集团湖北亚东水泥公司（以下简称湖北亚东），利用船运输送到厂，黄冈亚东水泥灰岩供应量约占湖北亚东生产需求量的 70%~75%，2016 年 1 月黄冈亚东矿区水泥灰岩氧化镁（MgO）的管制标准更新为 2.5%±0.1%，开始供应湖北亚东，因应原料变化，湖北亚东开始调整制程熟料三率值。

　　5.1 湖北亚东在没有使用高镁（以前石灰石 MgO 允收标准不大于 1.40）石灰石进行生产前，熟料三率值约为 KH 值为 0.915±0.01，n 值为 2.40±0.05、P 值为 1.35±0.05，自 2015 年下半年起为配合黄冈亚东石灰石矿山的综合开发利用，在技术部指导下，石灰石中 MgO 含量逐步提高至 1.80%、2.00%，最高到 2.40%，熟料中 MgO 含量也由原来的小于 2.00%，提升至 2.50%、2.80%，最高至 4.00%（表 11）。

5.2 初期在应对石灰石中 MgO 含量提高时，熟料维持原来的 KH 值不变，逐步提升熟料的 n 值为 2.50 ± 0.05、P 值为 1.45 ± 0.05，在生产中没有明显异常，熟料的 3d 强度变化不大，但熟料 28d 强度却明显偏低，经查询相关资料并学习关系企业黄冈亚东的配料经验，开始强调提升熟料中 C_3S 含量，大幅提升熟料中 KH 值为 0.925 ± 0.01，n 值为 2.70 ± 0.05（表 12），其熟料 3d、28d 强度明显提升，但直接带来的后果就是熟料产量下降，煤耗升高。

5.3 在技术部进一步提导下，制造组与品管组多次总结生产中的异常，决定试验适当降低熟料 n 值 2.60，保持高 KH 值 0.920 以上，从而来适当改善生料的易烧性，但随之带来的就是系统结料，窑内结圈的问题，且伴随熟料强度的下降，至 2016 年年底，结合前期约一年多的生产经验，最终确定熟料率值为 KH 值为 0.915 ± 0.01、n 值为 2.70 ± 0.1、P 值为 1.5 ± 0.05。依实际生产，熟料 3d 抗压强度可以维持在大于 30MPa 以上，28d 抗压强度大于 57MPa 以上，熟料产量基本可维持在 5400~5500t 之间（表 13）。

表 11　湖北亚东 2015/08~2017/10 熟料氧化镁变化趋势

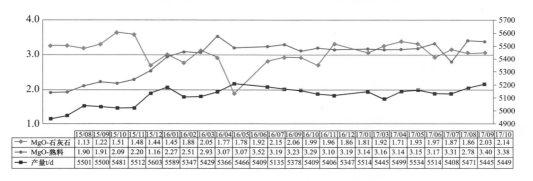

	15/08	15/09	15/10	15/11	15/12	16/01	16/02	16/03	16/04	16/05	16/06	16/07	16/09	16/10	16/11	16/12	17/01	17/03	17/04	17/05	17/06	17/07	17/08	17/09	17/10
MgO-石灰石	1.13	1.22	1.51	1.48	1.44	1.45	1.88	2.05	1.77	1.78	1.92	2.15	2.06	1.99	1.96	1.86	1.81	1.92	1.71	1.93	1.97	1.87	1.86	2.03	2.14
MgO-熟料	1.90	1.91	2.09	2.20	1.16	2.27	2.51	2.93	3.07	3.07	3.52	3.19	3.23	3.29	3.10	3.19	3.14	3.16	3.14	3.15	3.17	3.31	2.78	3.40	3.38
产量t/d	5501	5500	5481	5512	5603	5589	5347	5429	5366	5466	5409	5135	5378	5409	5406	5347	5514	5445	5499	5534	5514	5408	5471	5445	5449

表 12　湖北亚东 2015/08~2017/10 熟料 SM 及 KH 率值变化趋势

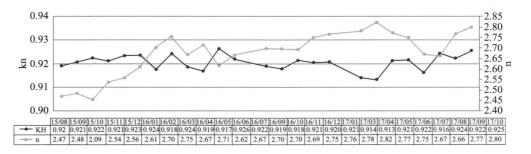

	15/08	15/09	15/10	15/11	15/12	16/01	16/02	16/03	16/04	16/05	16/06	16/07	16/09	16/10	16/11	16/12	17/01	17/03	17/04	17/05	17/06	17/07	17/08	17/09	17/10
KH	0.92	0.921	0.922	0.921	0.923	0.924	0.918	0.924	0.919	0.917	0.926	0.922	0.919	0.918	0.921	0.920	0.921	0.914	0.913	0.921	0.922	0.916	0.924	0.922	0.925
n	2.47	2.48	2.09	2.54	2.56	2.61	2.70	2.75	2.67	2.71	2.62	2.67	2.70	2.70	2.69	2.75	2.76	2.78	2.82	2.77	2.75	2.67	2.66	2.77	2.80

表 13　湖北亚东 2015/08~2017/10 熟料 3 及 28 天强度变化趋势

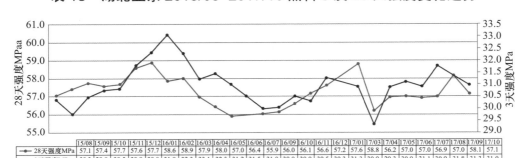

	15/08	15/09	5/10	15/11	15/12	16/01	16/02	16/03	16/04	16/05	16/06	16/07	16/09	16/10	16/11	16/12	17/01	17/03	17/04	17/05	17/06	17/07	17/08	17/09	17/10
28天强度MPa	57.1	57.4	57.7	57.6	57.7	58.6	58.9	57.9	58.0	57.0	56.4	55.9	56.0	56.1	56.6	57.2	57.6	58.8	56.2	57.0	57.0	56.9	57.0	58.1	57.1
3天强度MPa	30.3	29.8	30.5	30.8	30.8	31.8	32.3	33.1	32.3	31.2	31.5	31.0	30.0	30.0	30.5	30.3	31.3	30.9	29.3	30.9	31.1	30.9	31.8	31.3	31.0

六、实施成果

6.1　2015 年 7 月至 2021 年 5 月节省排废成本 34158503 元，增加资源利用量 4101653t（表 14）。

6.2　延长资源使用年限 0.71 年。

6.3　通过以上的改善，黄冈亚东窑平均日产量可达 5350~5400t，湖北亚东窑平均日产量维持在 5400~5500t。

6.4　黄冈亚东熟料 3d、28d 强度平均达到 30.5MPa 及 58MPa，最高可达 31MPa 及 59MPa，湖北亚东熟料 3d 抗压强度可以维持在大于 30MPa 以上，28d 抗压强度大于 57MPa 以上。

表 14　石灰石 MGO 提高后掺入高镁石灰石量及节省金额表

年份	掺配量（t）	节省金额（元）	备注
2015 年	334532	2488918	本年度统计起始日期为 7 月 1 日
2016 年	626350	5630721	
2017 年	826170	6259519	
2018 年	752242	5805825	
2019 年	649131	5869818	
2020 年	616596	5392732	
2021 年	296632	2710969	本年度统计截止日期为 5 月 31 日
合计	4101653	34158503	

七、结论

水泥厂的制程从原料的制配到水泥产品的产出，是整体性的系统问题，原料供应品质政策的改变，除原来矿场作业的管制作业需要改变外，流程后端的生料配置的品管、熟料烧制参数的调整也是很重要，必须寻求系统的动态平衡状态。

本项目目标的达成系有四方面因素：①数字化分析：利用数字化建立矿山的数值化矿山地质块体模型，准确统计出全矿区的平均品质及品质分布情况，并能模拟各种品质管制标准设定所产生的抛废状况；②最高技术主管的决断：此问题分析是由采矿部门提出，在很短的时间内通过最高技术主管的果断决策，并取得制造组与品管组的高度共识，使得项目可以顺利推展；③精细化管理：所有的实施程序需要透过充分的讨论，并引用外界的资讯，将所有的程序细化至可以操作及成果检视；④平行合作：打破专业藩篱，互相平行探讨合作，攻关克难突破瓶颈。

绿色矿山是国家长期资源政策，为实现矿产资源开发全过程的资源利用的目标，本司遵循国家政策，致力实践发展成资源节约型及品质卓越型企业，本项目于 2015 年 4 月启动，2016 年 6 月达到既定目标，后续持续优化完善，并于 2018 年获选为第一届绿色矿山科学技术奖三等奖。

中温中尘 SCR 脱硝技术在水泥窑生产线应用实践

张振昆[1]，卢春林[1]，汪澜[2]

［1. 亚洲水泥（中国）控股公司，江西瑞昌 332207；

2. 中国硅酸盐学会工程技术分会，北京 100024］

摘要：分析了双高温风机系统预热器选用不同的 SCR 脱硝方式的特点，总结出实际投运中温中尘 SCR 项目运行参数和操作经验。由于低氮燃烧脱硝效率高，再结合高效中温中尘 SCR 技术应用，可以降低水泥窑炉烟气脱硝氨水用量，实现 NO_x 达到环保部规定的 A 级排放标准条件下，熟料成本降低 0.21 元 /t 的实绩。

关键词：双高温风机；NO_x 超低排放；中温中尘 SCR；低氮燃烧；熟料成本降低

TQ172.625.3　B

0 引言

亚洲水泥（中国）控股公司［以下简称"亚泥（中国）"］目前拥有 10 条 KHD $\Phi4.8\,m\times$ 52m、设计熟料产能 4200t/d 短窑生产线，2 条 KHD $\Phi5.2m\times61m$、设计熟料产能 6000t/d 短窑生产线，所有短窑均为两组托轮，配置有高效率低氮燃烧管道分解炉系统。采用低氮燃烧系统 +SNCR，NO_x 可以控制小于 100mg/Nm^3，熟料氨水消耗 3.06kg/t。为实现 NO_x 排放小于 50mg/Nm^3，达到环保部规定的 A 级排放标准，亚泥（中国）率先在四川亚东水泥公司 2# 生产线进行中温中尘 SCR 技术应用，投运后一段时间运行数据为：NO_x 排放值 31mg/Nm^3，氨逃逸 1.6mg/Nm^3，熟料氨水消耗 1.49kg/t 熟料，熟料生产成本降低 0.21 元 /t，全系统电耗小于 1（kW·h）/t，取得良好的经济效益和环保效益。

1. 预热预分解系统工艺布置

KHD 设计管道分解炉 + 短窑系统，工艺布置和国内水泥生产线有明显不同。主要区别在于预热器配置两套管道分解炉、双系列旋风筒、两台高温风机，当其中一个系列故障时可以单独运行另外一个系列。图 1 为双高温风机预热预分解系统工艺流程，表 1 为设备型号及尺寸。

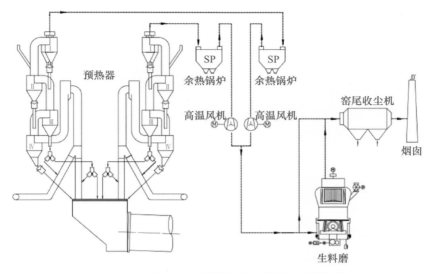

图1 双高温风机预热预分解系统工艺流程

表 1 设备型号及尺寸

名称		数据	备注
回转窑	规格 /m	$\Phi4.8 \times 52$	
	设计生产能力 /(t/d)	4200	
	斜度 /%	3.5	
	窑速 /(r/min)	4	
分解炉	型式	管道式	
	规格 /m	$\Phi3.285 \times 82$	2 套
	分解率 /%	95	
预热器	型式	四级预热器	
	C_1/mm	4000/4130	4 个
	C_2/mm	5970/6400	2 个
	C_3/mm	5970/6400	2 个
	C_4/mm	5970/6400	2 个
高温风机	型号	HKS200/315	2 台
	风量 /(m³/h)	396360	
	风压 /kPa	7.75	
	转速 /(r/min)	995	
	工作温度 /℃	330	

2. 不同 SCR 脱硝方案比较分析

NO_x 是一种大气污染物，是形成光化学烟雾和酸雨的一个重要原因。许多地方出台了较为严格的排放限值标准，要求水泥窑炉烟气 NO_x 排放浓度小于 50mg/Nm³（A 级排放要求）。水泥窑炉将 NO_x 控制小于 50mg/Nm³，SCR 脱硝是最优选的技术路线。

SCR 是英文 Selective Catalytic Reduction 的首字母缩写，即为选择性催化还原技术。由于采用了催化剂，SCR 脱硝技术可在较低的工况温度下，通过氨基还原剂将烟气中的 NO_x 还原为 N_2[1]。SCR 脱硝技术不仅脱硝效率高，而且可将氨逃逸控制在 5mg/Nm³ 以下。然而，水泥窑炉烟气 SCR 脱硝有多种不同的布置形式，包括高温布置、中低温布置等。

针对双高温风机预热器工艺，采用不同的布置方式，投资成本、运行成本、脱硝效率等会有一定差异。其对比见表 2。

表 2　双高温风机生产线采用不同布置方式比较

项目	高温高尘 SCR	高温中尘 SCR	中温中尘 SCR
建设位置	C1 出口至 SP 锅炉	C1 出口至 SP 锅炉	高温风机后
反应温度 /℃	300~330	300~330	180~220
粉尘浓度 /(g/Nm³)	100	30~50	40~60
除尘设备 / 套	0	2	0
反应器数量 / 套	2	2	1
投资费用	高	高	较低
运行成本	高	高	较低
对余热发电影响	有影响	有影响	没有影响
对窑系统通风	有影响	有影响	没有影响

通过表 2 可以看出，由于预热器采用双系列布置，且有两台高温风机，采用高温高尘和高温中尘布置方案需采用 2 套 SCR 脱硝设备。中温中尘布置在高温风机后，只需要采用 1 套 SCR 脱硝设备，同时中温中尘对余热发电没有影响，粉尘含量低，吹灰用气量小，因此投资和运行成本低、对窑系统通风影响小。

3. 中温中尘布置方案

中低温 SCR 脱硝工程项目包括氨水循环输送系统、计量/喷射系统、脱硝烟道系统、SCR 反应器系统、催化剂系统、吹灰系统、压缩空气系统、输灰系统以及相应的电气自动化及仪器仪表等。SCR 主反应器建立在高温风机之后，采用中温中尘选择性催化还原法（SCR）脱硝技术。烟气经过进口烟道膨胀节、入口烟气挡板门、导流板进入中低温 SCR 反应器内部进行反应，后经 SCR 出口烟道膨胀节、出口烟气挡板门后进入生料磨前烟道。烟气中的粉尘经声波吹灰器振动，耙式吹灰器吹扫，部分粉尘随着净烟气离开脱硝装置，部分粉尘自然沉降至反应器和净烟道下方的灰斗中，由密封型输灰器输送至 SP 锅炉回料系统。图 2 为双高温风机配置中温中尘 SCR 工艺简图。表 3 为四川亚东 2# 线 SCR 脱硝工艺设计参数。

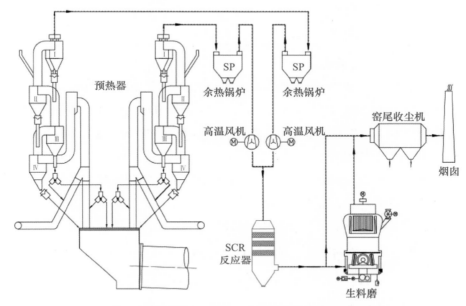

图2　双高温风机配置中温中尘SCR工艺简图

表 3　四川亚东 2# 线 SCR 脱硝工艺设计参数

序号	参数	值	备注
1	烟气量 /(Nm³/h)	360000	设计值
2	O₂ 含量 /%	≤ 3.5	
3	烟气温度 /℃	180~220	设计值
4	SO₂ 浓度 /(mg/Nm³)	≤ 30	10%O₂，干基，标况
5	催化剂层数 / 层	3+1	
6	催化剂体积 /m³	158	
7	系统阻力 /Pa	≤ 1000	
8	粉尘浓度 /(g/Nm³)	≤ 60	10%O₂，干基，标况
9	入口 NOₓ 浓度 /(mg/Nm³)	< 400	10%O₂，干基，标况
10	耙式吹灰器 / 套	18	
11	声波吹灰器 / 套	12	
12	窑尾烟囱 NOₓ 浓度 /(mg/Nm³)	< 45	10%O₂，干基，标况

序号	参数	值	备注
13	氨逃逸 /（mg/Nm³）	＜ 5	10%O_2，干基，标况
14	脱硝系统电耗 /（kW·h）/t	＜ 2	
15	SNCR+SCR 氨水用量 /（kg/t）	＜ 2.5	

4. 中温中尘方案运行成效

四川亚东水泥公司 2# 线 SCR 脱硝系统从 2022 年 5 月 10 日开始投运，系统运转稳定。原设计 SCR 进口 NO_x 浓度 400mg/Nm³，实际运行通过优化低氮燃烧和 SNCR 脱硝效率，SCR 进口 NO_x 浓度在 200~260mg/Nm³（3.3%O_2），控制窑尾烟囱 NO_x 排放值小于 35mg/Nm³（10%O_2），单位熟料氨水用量从 3.06kg/t 降低到 1.49kg/t，下降 51%。氨水浓度一般在 23%，氨水喷入到分解炉约有 77% 的水进入分解炉吸热，水分吸热后汽化由 C_1 出口作为废气排出，会增加系统热耗。

SCR 投运后，喷氨量下降，分解炉热耗减少。同时 NO_x 排放浓度下降，环保税费也减少，在实现 A 级排放条件下，熟料综合生产成本比投运前略有下降，见表 4、表 5。

表 4　脱硝效果统计

项目	实际运行数据	合约值
吨熟料电耗增加 /（kW·h）/t	1.22	≤ 2
NO_x 排放浓度 /（mg/Nm³）	30.9	≤ 45
氨逃逸浓度 /（mg/Nm³）	1.6	≤ 5
吨熟料氨水消耗 /（kg/t）	1.49	≤ 2.5
系统阻力 /Pa	900	≤ 1000

表 5　熟料脱硝成本统计

费用分类	熟料成本变化 /（元 /t）	备注
电费	增加 0.69	电耗增加 1.22（kW·h）/t
催化剂成本	增加 1.46	
氨水成本	下降 1.69	购买氨水费用
氨水耗热	下降 0.51	计算氨水在预热器吸热
NO_x 环保税	下降 0.16	
合计	下降 0.21	

在投运后，针对单位熟料氨水大幅下降的原因进行了详细的分析，原因是 KHD 低氮分解炉特殊设计，通过煤粉不完全燃烧产生 CO 将大部分 NO_x 还原成 N_2，脱硝效率达到 72%，可以大幅降低 NO_x 排放浓度。后续的 SNCR 脱硝效率偏低，仅作为调节手段。同时 SCR 系统不喷氨水，通过 SNCR 系统逃逸的氨水进入到 SCR 催化反应塔内进行脱硝。通过以上优化措施，SNCR+SCR 氨水用量明显降低。表 6 为低氮燃烧、SNCR、SCR 脱硝效率统计。

表 6　低氮燃烧、SNCR、SCR 脱硝效率统计

项目	出口 NOx 浓度 /（mg/Nm³,10%O₂）	脱硝效率 /%
本底浓度	1060	
低氮燃烧	294	72
SNCR	150	49
SCR	31	80

一般情况下，低氮燃烧脱硝效率 20%~30%，SNCR 脱硝效率 40%~60%，SCR 脱硝效率 80%~90%。从表 6 可以看出，四川亚东 2# 线由于采用 KHD 低氮分解炉，低氮燃烧脱硝效率远高于 20%~30%，成为降低氨水用量的一个重要因素。图 3 为 KHD 低氮分解炉示意图 [2]。

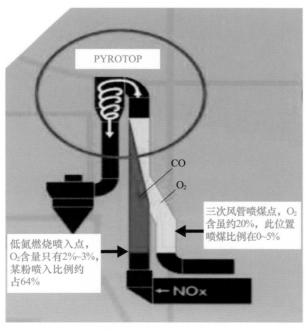

图3　KHD低氮分解炉示意图

图4　四川亚东2#线SCR项目现场照片

5. 总结

（1）亚泥（中国）针对两台高温风机预热器选用中温中尘 SCR 脱硝技术，有利于降低投资和运行成本，减少对预热器系统的影响。

（2）分解炉低氮燃烧脱硝、SNCR、SCR 三个系统如何分配脱硝任务，需要在实际操作中不断摸索，实现 A 级排放条件下低氨水用量脱硝。

（3）采用 SCR 脱硝技术一般会增加熟料生产成本。亚泥（中国）旗下四川亚东水泥公司 2# 线，通过提高低氮燃烧脱硝效率，合理分配 SNCR 脱硝效率，实现 NO_x 排放 $31mg/Nm^3$，吨熟料氨水消耗 1.49kg/t 的实绩。由于氨水费用降低，系统热耗降低，NO_x 环保税费减少等因素，综合计算熟料生产成本降低 0.21 元 /t。

（4）文中叙述中温中尘 SCR 项目投运参数和经验，供水泥同行参考借鉴。

参考文献

[1] 段振洪，臧剑波，陈晓宏 . 水泥窑炉烟气中低温 SCR 脱硝工程技术的设计、建设和运行 [J]. 中国水泥，2021（10）：79-83.

[2] 张才雄，张振昆 . 亚洲水泥（中国）控股公司成功应用水泥短窑系统的运转实践 [C]//2017 年第五届中国水泥节能环保技术交流大会会议手册，2017.